国家"十二五"重点图书出版规划项目

城市科学发展丛书

基于公共空间价值建构的城市规划制度研究

A Study on Urban Planning Institution in Public Space Value Perspective

宋立新　著

中国建筑工业出版社

图书在版编目（CIP）数据

基于公共空间价值建构的城市规划制度研究／宋立新
著 . —北京：中国建筑工业出版社，2016.11
（城市科学发展丛书）
ISBN 978-7-112-19936-5

Ⅰ.①基… Ⅱ.①宋… Ⅲ.①城市规划—制度—研
究—中国 Ⅳ.①TU984.2

中国版本图书馆CIP数据核字（2016）第236516号

随着21世纪中国社会经济和城市化进程的快速发展，城市规划从空间工程技术向社会实践科学的扩展趋势逐步增强。城市规划制度之所以成为学术界持续关注的研究命题，是因为制度研究既符合基于中国国情的，规范性的政府治理思维，又被赋予了社会改革的历史使命，这恰恰与当前社会各界对城市规划工作改革创新的期待不谋而合。本书从公共性价值建构的视角，阐述了当前城市规划制度变革的重要政治伦理基础和社会实践意义，并分别以公共空间的价值批判和重构，作为全书的理论起点和实践归宿，为城市规划的制度批判与重构创新，探索了一种面向制度实践的后现代社区空间方法论。本书可作为从事城市社会学、公共治理和城市规划研究领域的高等院校和科研机构人员的参考用书。

责任编辑：张　明　陆新之
责任校对：王宇枢　张　颖

城市科学发展丛书
基于公共空间价值建构的城市规划制度研究
宋立新　著
＊
中国建筑工业出版社出版、发行（北京海淀三里河路9号）
各地新华书店、建筑书店经销
北京京点图文设计有限公司制版
北京中科印刷有限公司印刷
＊
开本：787×1092毫米　1/16　印张：16　字数：308千字
2016年12月第一版　2016年12月第一次印刷
定价：55.00元
ISBN 978-7-112-19936-5
　　　（29420）

序　言

当前，中国社会处于一个从计划经济向市场经济、从传统社会向现代社会、从乡村社会向城市社会、从封闭社会向开放社会的全方位、多层次的转型发展阶段，在此背景下，中国城市空间及社会发展出现了社会阶层分化、城市空间异质化与碎片化、个人主义与公共空间消极化等一系列的新情况和新问题，急需多学科开展对这些问题的理论研究与实际的探讨。而城市规划制度是确保公平与高效的城市建设管理的重要公共政策、技术规范和行动指南。

本书以公共性价值为导向，从多学科交叉融合的视角，针对中国城市规划制度的改革问题提出了一套比较新颖的研究框架，既有一定的理论前瞻性，又有较强的现实指导作用，对于强化价值领域的城市规划理论研究，促进传统空间规划理论与政治、社会哲学等人文科学的融合发展，具有重要的借鉴价值。

首先，"制度既是当代政治哲学研究的核心命题，又是社会实践方法论研究的重要工具。"在世界政治与经济全球化背景之下，以宪政国家理论为基础的自由主义现代政治哲学体系正受到社群主义等社会民主思想的挑战。基于社会共同体价值实践的新制度主义，将古典公共性政治伦理精神与当代社区治理实践方法有机融合，进一步夯实了城市规划制度研究的政治、社会哲学元理论基础，促进构建更为规范的学术话语体系。

其次，公共性价值本来是传统中西方哲学共同坚守的形而上学根基，但是，随着现代社会启蒙运动的发展和人类个体的"崛起"，公共性价值的伦理基础受到冲击，大众社会中个体的"原子化"带来的社会私匿性取代了公共性。当代社会的公共性价值批判，体现了古典价值哲学伦理精神的觉醒，是对全球化时代中人与社会关系，以及人类个体命运的重新反思和价值扣问。在本书的研究中，对公共性价值的呼唤与重建的努力贯穿始终，这一研究设计体现了作者以城市规划制度建构为切入点，开展城市空间公共性价值探索的学术理想与抱负。作者采用历史主义的社会变迁研究叙事手法，并通过对"正义、权力、空间"等话语的文本诠释与嵌入，借鉴关于公共性价值的后现代解构主义方法，遵循从形而上学批判到价值实践建构的一般学术逻辑，并尝试对传统的社会实践研究方法进行了新的综合和拓展尝试。

第三，对"社区"概念的巧妙阐释与运用，成为本书立论与创新的关键点，公共性价值问题的溯源、批判与探索构成了全书的主要价值研究基调，而"社区"正是积极响应这种价值目标的核心关切。作者分别从思想与实践两个视角探讨了公共性价值在现代社会中的异化根源。值得注意的是，从社会观察层面，作者从城市史学的角度以公共空间的虚拟化、私有化等问题为突破口，将抽象的价值哲学思辨与城市空间的社会政治批判有机结合，为本书后半部分的城市规划制度建构奠定实践批判的理论基础和价值取向。从社会实践层面，公共性价值的实践基础是前现代社会的共同体观念建构，批判对象是现代社会中民族国家与资本的权力结盟所带来的传统社会道德共同体的瓦解，重建思路是基于后现代社会哲学的社区治理。"社区"概念在本书中被赋予两重内涵：其一是从对象化认知与研究的角度，作为社会共同体的空间想象，在城市空间研究层面也可以被理解为城市公共空间的另一种社会学表达；其二是从社会实践方法论的角度，阐释了社区组织和行动在后现代社会空间形态中的公共性价值建构中的实践机制，主要强调了社区的价值实践功能。以上关于社区内涵的诠释为本书第五、六、七章的城市规划制度建构研究指明了清晰的价值定向和实践路径，整体研究结构严谨、逻辑运用合理。

作者还通过翔实的案例调研工作，对广州市越秀区北京路街道的三个传统社区进行了深入的访问研究。这必将对当前公共服务供给侧改革背景下，推动以社区治理为核心的旧城更新规划与管理实践，探索开展存量规划的新理论、新方法提供有益的指导。

宋立新同志撰写的这部专著，是在由我指导的博士论文基础上修改与深化完善而成的。本书的主要学术研究要点可概括如下：第一，以"公共性"为政治伦理基石，结合当代公共空间的批判性观察，提出了全球化时代城市空间治理的重要价值命题；第二，以"社会共同体"为核心，将源自西方古典政治学的公共性价值观念与基于权力解构的后现代空间社会实践理论有机融合，一方面诠释了公共空间的正义价值，为城市治理中的公共性价值建构提供了政治伦理学依据；另一方面，解析了公共性价值建构的社区实践机制，突出了未来城市规划中的分权治理和微观社会空间建构的新的目标取向；第三，系统梳理了城市规划从理论到实践的历史发展脉络和制度建构逻辑，并分别从公共政策和社区行动的视角，诠释了制度重构与创新的价值实践功能，探索了基于价值批判的城市规划理论发展方向与实践路径。

中央城镇化工作会议和全国城乡规划改革工作座谈会，提出了做好民生规划和制度规划的城乡规划改革的新思路，强调要将城乡规划工作的重点从空间关注转变为人本关注，从工程技术转变为制度设计，而制度建设的重点是促进城市微观空间治理。"空间治理"既涉及政府公共行政体制的顶层改革设计，又需要基层社会组织的成长与社区行动作为实践保障。以此观察，本书不仅在理论层面进行了很多创新探索，也在实践层面提出了以"社区"为载体的微观空间治理的规划制度重构路径，因此对相关领域的学术研究一定会有所裨益。

2016-9-18

目　录

引言

全球化是 20 世纪 60 年代以来世界经济发生的巨大变化，经济全球化追求生产要素的全球配置和经济收益的全球获取，它不仅要求各民族国家在统一的世界市场框架内调整传统的经济行为，而且给人类政治生活造成极其广泛深刻的影响。全球化既是一个实践政治命题，也是一个社会经济命题，还是一个思想文化命题。虽然全球化话语的具体陈述之间存在着差异与断裂，但是不同陈述诠释了一个共同的文本：一种对全球空间和共同体的展望，以及统一的信仰。更重要的是，一种隐藏在知识和话语背后的中心主义的思想。正是这个"中心"的存在才赋予了全球性制度扩展、资本扩张和文化趋同以基础和根源。

吉登斯将全球化视为"现代性制度的全球性扩张"，按照马克思和韦伯等思想家的阐释，现代性是一个历史断代术语，它与传统社会（中世纪或封建时代）相对立。从西方启蒙运动和工业革命以来，随着理性主义的扩张，现代性逐步被建构成为现代社会的所谓"基础"和"本质"，并获得了一种近乎先验的合法性。正是现代性的泛滥导致了资本的霸权、技术的统治和人自身的异化，人类所创造出的科学技术反过来控制了人的思想，人们不得不以精神的沉沦换取物质的丰厚。而全球化这一"现代性的全球扩张"现象，其负面影响不容低估。

"后现代全球意识"是后现代主义思潮在全球化时代的产物，它是对基于宏大叙事的现代性话语的超越。它反对物质消费的过度追求，以及对人的异化，注重生活的意义、生命的价值及精神的终极关怀，倡导人与自然的统一与和谐。后现代主义拒绝普遍主义思维，对传统模式、规范、言语结构进行解构与转换，提倡多元文化主义的地方化与差异化解构。一种全球地方化（glocalization）的多元文化理念开始显现（金新，2010）[①]。

后现代主义理论的发展与社会哲学的空间化转向密不可分。福柯提出了一种空间权力的批判思想，他认为现代国家通过赋予空间一种强制性，达到控制个人的目的；列斐弗尔认为当代资本主义的本质不是物质的，而是空间的生产与再生产，而空间的精神场所感则在资本生产过程中被消灭；鲍德里亚批判了全球化城市中的超现实空间。后现代空间理论不仅从资本空间视角对现代化和全球化空间进行了深刻批判，而且也借助地方性文化景观，提出了空间权力的微观多元再造与新的社区共同体的价值重构理想（冯雷，2007）[②]。

全球化视野下的文化空间批判研究，为思考我国快速城市化与社会转型中的都市空间的文化价值冲突，以及城市治理问题提供了现实背景和理论参照，也是本书研究的基本立足点。

---

① 金新．全球化大叙事：批判与超越——全球化文本的后现代主义解读．国际论坛．2010，12（3）：39-41.
② 冯雷．全球化时代的空间论课题．浙江树人大学学报．2007，7（1）：54-55.

中国的社会转型（郑杭生，1997）[①] 起始于 1978 年的改革开放和农村改革；城市的社会经济转型是从 1987 年"明确市场经济取向的改革目标开始的"。从 1949 年新中国成立以来实行的计划经济体制，突出表现于资本密集型重工业优先的城市经济发展战略和以城乡二元化户籍管理为基础的城乡空间约束分割发展战略。自 1978 年以来的社会转型实际上蕴含着两个过程，一个是市场化过程，一个是现代化过程。前者主要是一个体制转轨过程，即从高度集权的计划经济体制向多元和分散的市场经济体制转变；后者主要是一个结构转型过程，即从农业的、乡村的、封闭或半封闭的传统社会，向工业的、城镇的、开放的现代型社会的转变。

伴随着城市的社会经济转型过程的是空间结构的深刻变化。传统的空间经济学常用实证主义方法，探讨资本要素流动与积累作用下的城市空间结构变迁逻辑。制度主义将社会关系和制度变迁纳入城市空间结构变迁的内生框架中，视为空间结构变迁的基本内涵，同时也开创了城市社会空间批判和价值建构的重要途径。制度主义认为，对城市空间结构产生影响的是多元的社会制度，而非抽象的"超结构"（殷洁，张京祥，罗小龙，2005）[②]。制度主义将芝加哥生态学派的社会空间分异与韦伯的基于个体价值判断的社会行动理论结合起来，提出基于市场机制（经济权力系统）和科层制（政治权力系统）的二元要素推动下的社会空间结构变迁路径。20 世纪 90 年代以来，"制度演进主义"强调市场经济制度变革的长期性，"增长机器（Growth Machine）模型"和"城市政体模型"成为分析城市政治、经济、社会等体制的结构性变化的重要工具（张京祥，洪世键，2008）[③]。

增长机器和城市政体模型，为阐述中国改革开放以来的城市治理体系的变迁和城市空间的社会正义问题奠定了理论基础。随着经济改革下的地方分权化，地方（城市）成为新的经济利益体。在经济发展和自身利益（包括财政收入和政绩）的驱动下，城市为增长而展开激烈竞争，城市政府表现出了"企业化"的倾向。拥有行政资源特权的城市政府与城市中的经济主体（开发商、投资商）结为增长联盟，进而形成复杂而有力的增长机器。在此发展背景下，城市的空间正义和公共性价值受到严峻挑战，主要表现为空间剥夺、空间隔离与私有化等问题。这一结果不仅造成社会矛盾的激化和社会断裂，而且影响政府的公信力（曹现强，张福磊，2012）[④]。

在西方古典政治哲学的语境中，"正义"蕴含着深刻的宗教思想基础，又在现代化进程中被赋予了崇高的公共性政治伦理内涵。系统阐述正义思想的前世今生，

① 郑杭生指出，社会转型"意指社会从传统型向现代型的转变，或者说由传统型社会向现代型社会转型的过程"，并涵盖了经济、政治、文化、社会等一系列领域的转型表征（详见：郑杭生，李强等 . 当代中国社会结构和社会关系研究 . 北京：首都师范大学出版社，1997：19. ）。
② 殷洁，张京祥，罗小龙 . 基于制度转型的中国城市空间结构研究初探 . 人文地理，2005（3）：60.
③ 张京祥，洪世键 . 城市空间扩张及结构演化的制度因素分析 . 规划师，2008，24（12）：41.
④ 曹现强 . 张福磊我国城市空间正义缺失的逻辑及其矫治 . 城市发展研究，2012，19（3）：5-7.

并将其公共性价值理念和社会实践方法运用于城市的空间治理和制度实践之中，对于维护社会公平，实现基于政治、社会、生态文明的新型城市化的发展目标，具有重要意义。

本书从一开始，就采用了城市社会观察的叙事手法，对公共空间发展、变迁和私有化等社会问题进行了分析概括，并引申出对后现代都市中的公共性价值危机的思考。本书开宗明义地阐述了"公共性"概念的历史发展内涵以及价值建构理论，并拟定了基于价值问题的探索性研究的总体学术基调。公共性有其深远的古典形而上学哲学基因，但在西方近现代社会进程中，主要被发展为政治伦理哲学的特定概念。公共性既是社会共同体的伦理规范，也是公民个体的道德准则，只是自由主义强调其个体基础，社群主义则强调其社会基础。

通过系统梳理社会行动理论的哲学基础、价值定向和制度实践方法，本书尝试探索一套公共性价值批判与建构的社会实践理论框架。公共性的形而上学价值基础是自然法和公共正义，公共性的社会实践价值载体是社会共同体。"共同体"是从古典政治哲学逐步衍生过来的政治组织概念，偏重于观念建构。如何通过社会实践实现共同体的公共性价值效应，本书通过对"权力空间"的价值诠释和"社区空间"的价值建构来阐释这一社会实践机制。

本书的下半部分，转入新制度主义的价值实践建构研究，并针对我国城市规划现行制度体系中存在的实践问题，从城市设计政策与设计创新、社区规划制度体系创新的视角，提出了制度变革重构的目标与行动策略。这两种制度创新视角，分别代表了两种价值关注：一是基于城市设计的政府治理和公共政策变革，二是基于社区规划的社区治理和行动。

第一章

概论

1.1 研究背景

古希腊著名思想家亚里士多德（Aristotélēs）对"城市的本质"有一个经典的论断，即其所彰显的"公共性"。在他的思想中，城市并非仅仅是具有一定形态的空间实体，相比之下，其所承载的公民意识和公共精神更具光辉。也正因为如此，在城市的各类"场所（place）"当中，"公共空间（public space）"被认为在促进社会文明与思想进步方面发挥着独特的重要作用。相比古希腊时期城邦图书馆、剧院、广场甚至集市处处闪耀思辨与理性的思想光芒，现代城市公共空间逐渐显现出世俗化、私人化的倾向，重构公共空间的"公共生活本质"具有积极的时代意义。

1.1.1 城市化与城市空间结构变迁

1.1.1.1 城市化和城市空间生产

1）历史主义的城市空间观

历史主义的城市空间观，将为我们开启本书研究的序幕。我们首先将建构一种历史与文化相交织的传统城市形态分析框架，并试图为"公共空间"的生产、变迁和价值批判研究提供一种城市社会经济发展的空间演化背景。

历史是最包罗万象的一门学问，因为它涉及人类发展的整个过程。由于历史往往都是事后的重构，且由于意识形态、知识体系的差别所建构的不同的话语诠释，则使得历史呈现出不同的命运。基督教认为，历史是有限的，以基督再降临为终结；文艺复兴引进了"发展"的思想，认为进步实际上是与历史进程相伴生的；马克思主义同样将历史视为一系列的发展阶段；而福山认为历史已然接近终点，"发展"的启蒙思想终将带来对人类自身的毁灭。由此，所有的历史观点都存在主观性缺陷，历史在很大程度上是一种创造，而拥有最多的信仰者的即是最可信的创造。

卡斯伯特（2011）[①]认为，"城市形态"是从历史视角考察城市的最佳方式。早期的城市被视为一种时间系统，如芒福德在《城市发展史》中对城市文明史的沿历史轴向的形态与价值演化研究。然而，很多历史学家并不将城市看作时间的系统，而视为形式的系统，如克里尔在《城市空间》中对城市历史的形态考察，则是时间顺序让位于类型化的特定城市形态关联。

如果说类型学研究提供了一种城市形态及其意义研究的科学主义的系统归纳法，那么，乌托邦概念则提供了研究理想城市的类型学基础。克里斯蒂娜·博耶的《集体记忆的城市》描述了三种城市"图示"：即传统城市（艺术品）、现代城市（全

---

① ［澳］亚历山大·R·卡斯伯特.城市形态——政治经济学与城市设计.北京：中国建筑工业出版社，2011：23-28.

景画）和当代城市（景象）。

总之，历史的类型学为城市形态研究（尤其是文化领域中的）提供了一种重要又有趣的视角，但同时它也掩盖了政治经济力量对城市形态的生成、意义和表现所具有的决定性作用。

2）城市化

如果说，"城市形态"建构了历史主义的城市空间研究范式，那么，"城市化"则阐述了城市空间的动态变迁特征与机制。"城市化"（urbanization）这一术语是西班牙巴塞罗那的城市规划师、建筑师依勒德丰索·塞尔达在《城市化概论》（1867）中首次提出来的（苏雪串，2005）[①]。学术界对于"城市化"的定义，大体可分为三种观点：一是从社会学视角，强调城市化是人口从农村向城市转移和集中的过程，也包含了城市生活方式、城市整体文化和价值观念在农村地域的扩散（Wirth，1938）[②]（秦润新，2000）[③]（钱文荣，马继国，2003）[④]；二是从经济学视角，以工业化指标衡量城市化水平，将城市化视为工业化的过程表征和产物（库兹涅茨，1999）[⑤]（佩鲁，1988）[⑥]；三是从地理学视角看，城市化是居民聚落，经济布局和空间区位再分布，并呈现出日益集中化的过程。另外，也是通过城市空间的聚集和扩散，城市功能在深度和广度上的扩展（郑弘毅，1998）[⑦]（靖学青，2005）[⑧]。因此总体来看，"城市化"这一概念综合了动态的社会经济转型和空间结构变迁的城市发展内涵。

城市空间结构是城市要素的空间分布和相互作用的内在机制，它使各个子系统整合成为城市系统（Bourne，1982）[⑨]。它包括三个组成要素：第一，城市形态；第二，城市的相互作用；第三，规定前两者之间关系的一系列组织原则。城市空间结构是一个动态的概念，Friedmann[⑩]（1966）将城市空间结构的演变过程划分为四个阶段：前工业阶段的离散式空间结构；过渡阶段的极核式空间结构；工业化阶段的点轴式空间结构；后工业化阶段的网络式空间结构。研究表明，城市空间结构是政府、市场和社会等多种因素综合作用的过程，而这样的综合作用所造就的城市产业结构优化是推动城市空间结构重组的核心动力。传统产业经济学研究分析了产业结构演变

① 苏雪串.中国的城市化与二元经济转化.北京：首都经济贸易大学出版社，2005：21.
② Wirth L. Urbanism as A Way of Lifes. American Journal of Sociology，44：19.
③ 秦润新.农村城市化的理论与实践.北京：中国经济出版社，2000.
④ 钱文荣，马继国.中国城市道路探索——以海宁市为例.北京：中国农业出版社，2003：1-9.
⑤ [美]库兹涅茨.各国的经济增长.北京：商务印书馆，1999：114.
⑥ 佩鲁.增长极概念.李仁贵译，1988：9.
⑦ 郑弘毅等.农村城市化研究.南京：南京大学出版社，1998.
⑧ 靖学青.长江三角洲地区城市化与城市体系.上海：文汇出版社，2005：18.
⑨ Bourne L S.，Urban Spatial Structure：An Introductory Essay on Concepts andCriteria[A]. in BourneL，（ed.）. Internal Structure of the City（2ndEdition）. New York：Oxford University Press，1982：28-45.
⑩ Friedmann J. R：Regional Development Policy：A Case of Venezuela. Cambridge：MIT Press，1966.

与空间结构演变的对应关系；而以 Krugman[1]（1991）为代表的空间经济学理论，通过核心—边缘模型，阐述了因经济活动发生空间聚集从而导致"块状"经济的非均衡的空间作用结果（赵仁康，许正宁，2010）[2]。

1.1.1.2 城市空间结构变迁研究的方法论

上述研究采用产业和空间经济学的实证主义方法，探讨了产业升级作用下的城市空间结构变迁逻辑。而结构马克思主义的空间社会学方法和新韦伯主义方法（又称制度主义）不仅将社会关系和制度变迁纳入城市空间结构变迁的内生框架中，视为空间结构变迁的基本内涵，而且也开创了城市社会空间批判和价值建构的重要途径。

结构马克思主义学派认为，决定城市空间结构的是隐藏在表面世界后的深层社会经济结构，其研究重点在于资本主义生产方式对城市形态及发展的制约；而制度主义则认为对城市空间结构产生影响的是多元的社会制度，而非抽象的"超结构"（殷洁，张京祥，罗小龙，2005）[3]。制度主义将芝加哥生态学派的社会空间分异与韦伯的基于个体价值判断的社会行动理论结合起来，提出基于市场机制（经济权力系统）和科层制度（政治权力系统）二元要素推动下的社会空间结构变迁路径。

城市空间研究的方法论转变，对公共空间价值研究具有重要的指导意义：首先，为本书的研究视角选择和整体研究框架构建提供了理论依据。"公共空间"在城市研究和其他学术领域是一个歧义横生的概念，既属于城市空间研究的核心领域，又在政治、社会哲学等领域以"公共领域"、"权力场域"等面目时隐时现。借助历史主义的城市空间研究路径，我们将为公共空间价值研究锚定一个坚实的分析对象和理论起点，通过城市发展中的公共空间的成长、变迁的研究，逐步导入对公共性价值问题的批判与建构的思考。同时，也将使得本书的研究目标——城市规划制度建构与创新实践方法——能够体现明确的城市空间管理的针对性与实效性；其次，制度主义的方法论表达了对于"显性"的城市空间结构分析和"隐形"的公共性政治伦理价值建构的理论整合作用和社会实践功能，进一步强化了城市规划制度体系研究的创新意义。

1.1.2 西方城市公共空间的发展与公共性价值问题

1.1.2.1 公共空间的发展史

从西方城市发展历史看，公共空间在市民的社会生活中一直起着相当重要的作

---

① Krugman P. ，Increasing Returns and Economic Geography. Journal of Political Economy，1991，99（3）：483–499.
② 赵仁康，许正宁.城市空间重组的产业动力机制.西南民族大学学报（人文社会科学版），2010，4：146–149.
③ 殷洁，张京祥，罗小龙.基于制度转型的中国城市空间结构研究初探.人文地理，2008，3（3）：60.

用。在传统西方城市中，城市公共用地主要用于教堂和学校等的建设，而当时的城市广场和街道等公共空间也充满生机。进入 20 世纪，随着社会变迁、城市规模扩大和数量剧增，特别是汽车交通和信息技术的普及，"教堂"等具有一定政治色彩的传统公共空间开始衰落（张维，2008）[1]，出现了较大数量以满足市民休闲和社会交往需求的新型公共空间，如公园、公共图书馆等。进入 20 世纪 70 年代中期以来，以美国为典型代表的西方国家城市开始出现公共领域和公共生活的衰落——财政预算缩减对城市保持此前较多数量公共空间的能力带来了灾难性影响。纽约就是一个突出的例子，它原先拥有 26000 英亩的公园，而进入 1970 年代末，它的维护员工相比十年前缩减了将近一半。随着维护能力的削弱，公园对不合理使用情况变得无能为力，公众开始避而远之。其中最为典型的代表是纽约布莱恩特公园（Bryant Park）[2]，到 1980 年代已逐步沦为"瘾君子、妓女、酒鬼和流浪汉的天堂"（Thompson，1997）[3]（图 1-1）。

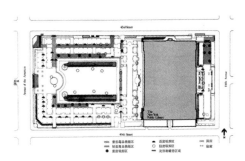

图 1-1　1981 年布莱恩特公园的部分社会问题分布

（资料来源：J.W.Thompson，1997）

面对第二次世界大战后城市中心的公共设施衰落，以 1949 年美国国会通过的住房法案为起点的城市更新运动，通过联邦政府提供的资金，填充支付中心城区房屋更新改造的巨额成本，以帮助在商品住房市场中无购买力的低收入家庭。然而，过于庞大的更新改造目标使政府财政难以支撑，不得不交由私人住房市场摆布。另外，相应的政府财政预算的削减使得现有城市公共设施的维护管理出现问题。在此背景下，新自由主义提出放弃地方政府在城市公共设施建设中的主导地位，建立以市场为主导的，地方政府和全球资本伙伴关系形式的城市增长联盟。于是，政府鼓励的公共空间多元化投资模式导致公共空间所有权与使用权的分化，也造成了私有和公共之间的界限模糊。"私有公共空间"[4]（privately owned public space，POPS）已经成为当代西方国家盛行的城市空间概念，反映了全球化时代的社会空间生产逻辑和经济文化特征。

由于私有公共空间向公众让渡的常常只是不完整的使用权（时间与行为的限

① 张维. 20 世纪西方城市公共空间的衰退与复兴. 山西建筑，2008，（9）：32–33.
② 该公园坐落在曼哈顿市中心的中央地带，为纪念美国著名诗人威廉·库伦·布莱恩特（William Cullen Bryant，1794–1878）于 1884 年兴建。
③ Thompson J W. The Rebirth of New York City's Bryant Park. Spacemaker Press. 1997.
④ 与"私有公共空间"相对应的是传统意义上的公有公共空间，是指在现代国家体制和税收体制中建立的，通过政府和社会的契约关系，依靠税收公共资金投资建造的城市公共空间。而"私有公共空间"是指由非公共投资在非公共产权土地上建造的、但是供公共使用的公众活动场所，主要包括建筑物的室外广场和内部庭院、市内中庭空间、购物中心的公共活动部分等辅助空间。

制），营运管理仍然掌握在私人机构手中，因此，以获得容积率和建筑占地率奖励为目标的公共空间开发往往出现降低建设和维护费用的情况，影响公共空间质量（Loukaitou-Sideris & Banerjee, 1988）[①]。出于对企业形象的考量，这些私人公共空间的管理者一般会对一些非消费性的行为（如机会、闲逛和聊天）进行诸多限制，并设置摄像头和保安监控等措施，对公共空间的可达性和使用造成了高度的控制。Davis[②]（1990）将其描述为"堡垒化"的环境。另外，私人资本投资开发的购物中心、公司广场和画廊等臆造的人工环境制造出了公共空间的假象，并通过地下隧道、天桥等步行网络将这些孤立的空间连成一体，"巧妙地"排斥了一些边缘的社会群体（如流浪乞讨人员）的进入，将自由和丰富多元的社会公共性空间贬低为简单的商业共享空间。

公共空间的使用权排斥也在大量"门禁社区（Gated Community）"的增长中反映出来。Charles Tiebout（1956）将其称为公共空间设施使用的"俱乐部现象"。以沃尔特·迪士尼为代表的娱乐产业公司以电影"蒙太奇（Montage）"的手法拼贴更加娱乐化和乌托邦的城镇社区空间，将这种充满幻觉的公共生活的伪装推向极致（Anderson, 1999）[③]。主题公园被认为是另外一种伪公共空间的典型代表。通过对基于新的"体验经济"提供的消费文化的"第三地方"公共生活[④]的剪贴、拼凑和公式化的剧情设计，主题公园提供了虚拟化、舞台化的城市公共文化的再现和拷贝，其实质无非是商业活动的副产品。然而，这种空间策略很容易以文化公共空间为娱乐性诱饵，达到刺激大众消费欲望的目的，从而模糊公共空间与私人空间之间的界限（Moustafa, 1999）[⑤]。

1.1.2.2　公共空间的公共性价值危机

1）公共空间的变迁特征

随着西方国家从工业化社会向后工业化社会的过渡以及商品经济的快速发展，城市公共空间的物质与社会形态发生了深刻而多样的变化。在此过程中，城市规划学、城市地理学、社会学、建筑学，乃至政治学、经济学等多学科、多领域关于公共空间研究的成果大量涌现，从多角度、多层面勾勒分析了城市公共空间的演变机制与结果，并呈现出市民社会视角下的研究热点（徐苗、杨震，2011）[⑥]。1996年，

[①] Loukaitou ~ Sideris A，Banerjee T. Urban design downtowns: poetics and politics of form. Berkeley，CA: University of Cailifornia Press，1988.

[②] Davis M. city of quartz: excavating the future in los angeles. New York: Verso，1990.

[③] Anderson K. Pleasantville: Can Disney reinvent the burbs? The Yorker，1999，6: 74~79.

[④] 第三地方的公共生活可以理解为：公共生活的个人轨迹是被新的"体验经济"提供的消费文化和机会塑造的，这种公共社会环境并不需要是公共空间。这种环境可称为"第三空间"，对应于家庭的第一空间或工作或学校的第二空间，如酒吧旅舍、漂亮的沙龙、水池大厅、街边咖啡馆等。

[⑤] Moustafa AA. Transformations in the urban experience: Public life in private places. University of Southern California. 1999.

[⑥] 徐苗，杨震.消费时代城市公共空间的特点及其理论批判.城市规划学刊，2011，（3）: 87 ~ 95.

Public Culture、*Urban Studies*、*International Journal of Urban and Regional Research*
等诸多在学术界有重要影响力的国际刊物对这一研究热点给予了充分关注，出版了
公共空间及公共领域研究的专刊。在这些研究当中，许多学者关注到西方城市公共
空间私有化、商品化等衰落问题。一些西方学者通过对比 19 世纪至 20 世纪早期、
20 世纪中后期的公共空间及其所反映的公共生活发现，公共空间中的公共政治生
活变得不再重要，公共空间已经完全世俗化；公众对公共空间热情正在淡化，而这
又缘于私有化背景下"伪装的公共空间"无法承载公众的利益。持这种观点的代表
人物是理查德·桑内特（Sennett，1977）[1]，他在《公共人的衰落》[2]一书中提出："人
们不再将城市公共空间当作有意义的场所"（刘荣增，2000）[3]。

主流的西方观点认为"公共空间之失落"是 20 世纪以来的西方城市公共空间
相比 18、19 世纪发生的主要变化。然而，也有相当部分研究者对此持不同意见，
他们认为这一观点忽视了公共空间演变其对当代生活的适应性（Mitchell[4]，1995；
Bhabha[5]，1997；Zukin[6]，1998；Mean and Tims[7]，2004；Worpole and Knox[8]，2007）。
总的来看，这部分学者的主要观点具有两个基本共同点：一是通过历史对比发现当
代城市公共空间的进步，如更加适应现代人的生活需求（认为公共空间的演变本质
上是人的需求演变所导致的，如公共空间的上商业化实际上是为了适应当代城市人
的消费生活）；二是以乐观的态度看待城市公共空间的演变，认为当前以及未来的
城市公共空间变迁，将更加体现公共生活的另一层含义，即追求享受美好生活（有
别于追求辩论等严肃的公共生活）。

综上所述，西方学者对城市公共空间变迁特征的研究，大致分为批判主义和
积极主义两个方面。批判主义学者认为城市公共空间变迁具有社会排斥性（social
exclusion in public space）、功能和外观单一化（homogenization of public space）；而
积极主义学者认为城市公共空间的变迁具有更好体现当代公共生活的特征。

（1）社会排斥性

持批判主义的研究者认为，由于市场要素介入公共空间建设，当代的公共空间

---

① Sennett R. The Fall of Public Man. Cambridge Eng：Cambridge University Press，1977.

② 作为汉娜·阿伦特的学生和尤尔根·哈贝马斯的好友，理查德·桑内特和他们两个人鼎足而立，分别代表了西方
公共生活理论的三种不同学派。《The Fall of Public Man》（2008 年中译本名为《公共人的衰落》）具体展示了现
代社会特有的公共生活现状，从城市人口、建筑交通、户外空间、环境失衡等方面揭示出人们的紧张和焦虑，
由此证明了现代社会普遍存在的自我迷恋是公共生活衰落的结果。

③ 刘荣增.西方现代城市公共空间问题研究述评.城市问题，2000，（5）：8 ~ 11.

④ Mitchell D. The end of public space? People's Park，definitions of the public，and democracy. Annals of the Association of
American Geographers. 1995，（8）：108 ~ 133.

⑤ Bhabha K. Life at the border：hybrid identities of the present. New Persectives Quarterly. 1997，（1）：30 ~ 31.

⑥ Zukin S. Urban lifestyles：diversity and standardisation in spaces of consumption. Urban Studies. 1998，（5/6）：
825 ~ 839.

⑦ Mean and Tims. Consuming cities. New York：Palgrave Macmillan，2004.

⑧ Worpole and Knox. The social value of public spaces. New York：Joseph Rowntree Foundation，2007.

已经演变为私人的或半私人的"商品"。无论是在居住社区还是体育馆等公共空间，经营者为满足投资利润回报和消费者对购物环境的追求，将不利于这一目标实现的"人群"排斥在外（Madanipour，2003）[①]。Mike Davis[②]（1990）将这些具有"社会排斥性"的公共空间描述为"堡垒化"的环境。私人资本投资开发的购物中心、公司广场和画廊等臆造的人工环境制造出了公共空间的假象，并通过地下隧道、天桥等步行网络将这些孤立的空间连成一体，"巧妙地"排斥了一些边缘的社会群体（如流浪乞讨人员）的进入，将自由和丰富多元的社会公共性空间贬低为简单的商业共享空间（张庭伟，于洋，2010）[③]。

为探求公共空间产生"社会排斥性"的根源，一些学者进一步分析了公共空间"私有化"和"商品化"的过程，并一般将公共空间"私有化"归咎于政治经济和社会文化两个方面原因（徐苗，杨震，2011）[④]。在政治经济层面，即在"新自由主义"（new-liberalism）思潮主导下，市场主体广泛参与到公共空间建设当中，市场逐利性导致了公共空间的私有化（Punter，1990）[⑤]；在社会文化层面，在"现代主义（modernism）"思潮影响下，一味追求公共空间的现代化，追求公共空间与先进技术的结合，其结果是形成了大量呆板的消极社区和公共空间（Ellin[⑥]，1999；Newman[⑦]，1973）。随着社会进入"消费时代"（the era of consumption），公共空间在不同程度体现出"商品化"特征，如主题公园就是商业化的"伪公共空间"的典型代表。

（2）功能和外观单一化

批判主义学者普遍认为，"理想"的公共空间，在功能上应该对各种社会公共活动具有吸引力（徐苗，杨震，2011）；在建筑形式上应该多元化，并一定程度上展示城市的精神。然而，城市公共空间的当代变迁却更多地把公共空间视作休闲、放松的场所，而使市民或市民团体丧失了在公共空间内进行公民活动（如演讲、政治游行等）的热情。Light and Smith[⑧]（1998）进一步指出，当代的公共空间已经沦为"没有社会深度"的、单一的商业场所。研究者还发现，当代商业公共空间往往通过标准化建设实现空间的"符号化"，如星巴克、麦当劳等标准化的空间（这种标准化空间在商业上由于具有"熟知性"而更加容易获取快速成功），使城市公共

① Madanipour A. Public and private space of the city. London：Routledge，2003.

② Davis M. city of quartz：excavating the future in los angeles. New York：Verso，1990.

③ 张庭伟，于洋. 经济全球化时代下城市公共空间的开发与管理. 城市规划学刊，2010，190（5）：4～6.

④ 徐苗，杨震. 消费时代城市公共空间的特点及其理论批判. 城市规划学刊，2011，（3）：87～95.

⑤ Punter J. The privation of public realm. Planning Pratice and Research. 1990，（3）：9～16.

⑥ Ellin N. Postmodern Urbanism（Rev. ed.）. New York：Princeton Architectural Press. 1999.

⑦ Newman O. Defeasible space：people and design in the violent city. London：Architectural Press，1973.

⑧ Light A，Smith J. Introduction：geography，philosophy and public space. Lanham：Rowman & Littlefield Publishers，1998.

空间往往表现为外观的单一化（Klingmann，2007）[①]。

（3）对当代公共生活的适应性

一些持积极态度的学者通过历史比较的研究方法，证明了城市公共空间变迁过程中的进步性。美国学者Mitchell[②]（1995）在研究古希腊"集市"、"广场"等空间时指出，这些公共空间中的使用者，即"城邦公民"（Citizens）身份十分单一，都是具备社会权力和地位的人，而奴隶、妇女和"外国人"是被排斥在外的。同样，古罗马时期、欧洲中世纪的所谓公共空间中，弱势群体"被排斥"的现象也都并非少数(Carmona M.et al.，2008)[③]。因此，城市公共空间变迁中出现的私有化和商业化，以及由此而衍生的"社会排斥"问题，正是城市空间演化过程中的一种自然"伴生现象"（Bhabha，1997）[④]。一些学者甚至认为，城市公共空间"失落之批判"忽视了当代城市公共空间在城市公共生活建构中发挥的积极作用。Zukin[⑤]（1998）研究发现，当代许多商业化的公共空间（shopping mall、百货公司等）中，并没有对"非消费群体"进行主观排斥，而是提供了免费的休息座椅。Mean and Tims[⑥]（2004）观察到 shopping mall 等一类商业化公共空间中安全、干净、舒适的环境吸引了较多的退休老人、失业者（这部分群体往往不是消费者）在其中逗留、聚会或是闲逛，并且这比传统意义的（或者某些学者认为的"真正意义的"）公共空间更令他们感到愉悦。据此，Worpole and Knox[⑦]（2007）认为当代的公共空间，虽然具有私有化和商业化的倾向，但这正是迎合了当代的市民公共生活需要；并提出，对城市公共空间的评价，不能简单地从其所有权和物质外观来衡量，而更应该强调人在其中的体验和感受，即是否在客观上创造了可共享的、受欢迎的公共用途。

然而，就西方消费社会研究的主流文献看，公共空间的商品化倾向，其本质并非适应当代公共生活的变迁，而是通过煽动人们的消费欲望获得经济利益（莫少群，2005）[⑧]。美国政治家布热津斯基不无忧虑地指出，从消费中获得的满足感，遮蔽了公民参与政治的权利和需求，整个美国社会弥漫着纵欲无度的消费主义，这将使美国的全球霸主地位失去道德优势（莫少群，2006）[⑨]。

综上所述，20世纪以来，西方社会逐渐向后工业社会过渡，城市公共空间随

① Klingmann A. Brandscpes：architecture in the experience economy. Cambridge：MA，MIT Press，2007.

② Mitchell D. The end of public space? People's Park，definitions of the public，and democracy. Annals of the Association of American Geographers. 1995，（8）；108 ~ 133.

③ Carmona M. et al. Public space：the management dimension. London：Routledge，2008.

④ Bhabha K. Life at the border：hybrid identities of the present. New Persectives Quarterly. 1997，（1）：30 ~ 31.

⑤ Zukin S. Urban lifestyles：diversity and standardisation in spaces of consumption. Urban Studies. 1998，（5/6）：825 ~ 839.

⑥ Mean and Tims. Consuming cities. New York：Palgrave Macmillan，2004.

⑦ Worpole and Knox. The social value of public spaces. New York：Joseph Rowntree Foundation，2007.

⑧ 莫少群 . 20 世纪西方"消费社会"研究述略 . 淮阴师范学院学报（哲学社会科学版）. 2005，（2）：183 ~ 188.

⑨ 莫少群 . 20 世纪西方消费社会理论研究 . 北京：社会科学文献出版社，2006.

着商业和文化消费功能的增强，以及对传统政治公共性价值的挤压，"公共空间失落"成为公共空间变迁的主要特征。这里包含了两层基本含义：其一是通过传统权力手段建构的规制的公共空间社会功能的异化，即从直接的、开放式的政治参与功能为主导向商业消费与社团组织需要为主导转变；其二是人们对于传统公共空间价值功能的信心的丧失，以及对当代"公共空间"概念在空间形态和价值内涵上的重构。

在全球化经济背景下的消费社会的兴起，一方面借助市场力量重新解构了传统城市公共空间的权力象征意义（无论是国家本位还是社会本位），体现了对当代公共生活的适应性；另一方面，新生的"伪公共空间"所呈现的社会排斥性（私有化）、文化单一性（商业化）对于当代公共理性价值建构造成新的障碍。通过分析公共空间的变迁特征，我们可以发现，随着全球化的影响逐渐深入社会的每一个毛孔，从价值建构的角度看，无论在形式还是内容方面，传统城市公共空间已经逐渐走向没落，难以实现公共性价值建构功能。在这一研究领域，我们需要全新的理论视角和思维。

2）公共空间的私有化和"公共性"危机

（1）公共空间私有化机制研究

在认识公共空间演变特征的基础上，西方学者对公共空间演变的根源进行了剖析。从总体上看，无论是社会排斥性，还是功能与外观的单一化，主流观点认为公共空间衰落的重要原因即是私有化——背离了公共空间所应承载的"公共性"①价值。

持"公共空间失落"观点的代表人物桑内特（Sennett，1970）②认为，四种因素导致了公共空间公共性价值的丧失：一是居住环境、信息渠道等的改善使人们更满足于"家庭生活"或"在住所中进行虚拟空间的交流"；二是政府投入不足使公共空间的安全性和舒适度降低，对市民的吸引力下降。

Minton③（2002）从后现代城市的经济、文化和政治关系视角，分析了公共空间私有化的复杂机制。从经济机制看，以后福特主义（Post-fordism）和新知识经济为特征的社会经济结构在促成了金融和IT等新型行业的财富增长的同时，将工人、护士和教师等属于传统公共部门的行业推向贫困，加速了社会财富的两极分化，造成新的社会排斥。而以私人资本为主体推动的城市公共空间和社区建设，趋向于维护财富阶层的空间利益。因此，内在于社会群体之间的不信任助推了空间排斥、分裂和公共空间的私有化；从文化机制看，后现代城市（如洛杉矶、拉斯维加斯和迪拜）在一种分离、恐惧、监视与控制的模式化的环境中，呈现出虚幻的消费主义的娱乐

---

① "公共性"一词来源于古希腊，其古典含义是与古希腊城邦生活紧密相关的，是对古希腊城邦公民德性的一种概括。古典自然法通过对人的自然理性的正义价值的阐述，确立了公共性的价值基础。我们将在下面章节中进行详细研究。

② Sennett R. The use of disorder. New York：Knopf，1970.

③ Minton A. Building Balanced Communities：The US and UK Compared. RICS，2002.

文化特征，并且依赖信息技术的全球化经济扩展造成不断增加的地方性的断裂，和"无地方"的同质化"公共空间"（如机场、购物中心、会议中心和高速公路服务区等场所）（ Davis Mike，1990 ）[1]；从政治机制看，第二次世界大战到 20 世纪 70 年代，地方政府在公共服务供给方面的角色转换，使基于福利经济思想的公共产品的国家供给向市场化转型，造成公共空间供给主体的私有化。

综合以上研究，Banerjee[2]（ 2001 ）将公共空间私有化的社会总体趋势归结于以下三个主要原因：

一是新自由主义思想导向下的，市场力量在公共物品和服务的供应方面对政府主导的取代作用。Cybriwsky[3]（ 1999 ）阐述了后福特制生产方式作用下的城市空间结构的转变，并从此视角考察城市公共空间的私有化机制。主要表现为：大都市地区由单中心的商务区向强调外围商业中心和"边缘城市"的多元节点模式的转变；老化的工业地区和废弃的用地向其他使用功能的转变，出现所谓的消费景观，如滨水的商业娱乐综合体、体育设施、新公园和大规模的住宅开发。这里的公共空间私有化表现为传统公共空间的离心化和新的"伪公共空间"的再造。

二是全球化经济背景下，依托跨国资本推动的城市更新运动中的传统公共空间的产权易位结果。在全球化经济推动下，跨国公司往往利用布局于世界级都市中心和重要工业城市中心的公共空间，作为获取全球市场中的新的竞争位置的重要资源（ Müge，2005 ）[4]。这进一步助推了公共空间的同质化、排他性和"社会过滤"，削弱了公共空间的公众参与的广泛性和可达性（ Hubbard，1995 ）[5]，同时强化了绅士化、社会分层和碎片化（ Mitchell[6]，1995；Lefebvre[7]，1991；Zukin[8]，1991；Madanipour[9]，1999 ）。

三是在现代化的信息技术影响下，由于人们交往方式的虚拟化导致的城市实体公共空间的社会交往功能的减弱结果。Carlo Sini[10]（ 1996 ）从市民公共领域的历史形态变迁，揭示了信息化推动的公共空间的虚拟化演化路径，即从古典时期的体现符

① Davis M. city of quartz: excavating the future in los angeles. New Jork: verso, 1990.
② Banerjee T. The future of public space: Beyond invented streets and reinvented places. Journal of the American Planning Association. 2001, 67（1）: 9–24.
③ Cybriwsky R. Changing patterns of urban public space. Cities. Journal of the American Planning Assiciation. 1999, （4）: 223 ~ 231.
④ Müge A. The changing "publicness" of contemporary public spaces: a case study of the Grey's Monument Area, Newcastle upon Tyne. Urban Design International. 2005, （10）: 95 ~ 113.
⑤ Hubbard P. Urban design and local economic development. Cities. 1995, （12）: 243 ~ 251.
⑥ Mitchell D. The end of public space? People's Park, definitions of the public, and democracy. Annals of the Association of American Geographers. 1995, （8）: 108 ~ 133.
⑦ Lefebvre H. The Production of Space, translated by Donald Nicholson–Smith. Oxford: Blackwell, 1991: 33.
⑧ Zukin S. Landscapes of Power: From Detroit to Disney World. Berkeley: University of California Press, 1991.
⑨ Madanipour A. Why are the design and development of public spaces significant for cities? Environment and Planning B: Planning and Design, 1999, （26）: 879–891.
⑩ Sini C. Forme e senso. Paradosso, 1996: 1.

号化的神圣秩序的、石头砌筑的物质公共空间，到中世纪城市的辩论演讲空间，再到依托互联网交流的信息空间的过程。

（2）关于公共空间私有化的学术争论

随着公共空间价值研究视角的日益差异化，围绕公共空间的私有化问题也呈现了大量的学术争论：针对桑内特的担忧，Ethington[1]（1992）指出，公共空间仍是支配公共导向和提出主张的一个至关重要的地点。朱克尔（Zukin，1995）[2]认为对于公共空间的关注应该由政治和经济视角转向文化视角，并从公共文化发展方面考察公共空间的变迁（刘荣增，2000）[3]。

首先，基于政治性的不同认识：哈贝马斯（Habermas，1990）认为公共空间的兴起有赖于社会行动，社会行动是建构公共空间价值的重要方法；而朱克尔（Zukin，1995）[4]则认为公众的需要是公共空间演变的动力，公共空间的当代变迁正是为了适应不断变化的公共需求，特别是公共文化需求。相反，桑内特（Sennett，1970）[5]却认为公共政治生活是公共空间的唯一本质，而公共空间的政治性变化的根源在于社会制度与个人需求（或追求）的变迁。由于社会发展的重点由政治转向经济，公众对政治生活的兴趣逐渐淡化，导致了公共空间的价值衰落。

其次，基于生活性的不同认识：桑内特（Sennett，1970）认为，随着生活水平的提高，私人空间相比公共空间具有更高的舒适性，特别是1960年代以来由于财政投入的削减，公共空间管理缺位，导致公共空间成为城市中各类社会问题最为集中的地区，这使得公众逐渐从公共空间中退出。而对于进入公共空间中的大部分人，他将其视为消极的"旁观者"（这部分群体没有太多的政治生活经验，在公共空间中更多进行着与社会发展无关的日常琐事），而并非真正意义的"公众"（有着丰富的经历，乐于为推动社会发展表达观点）。Certeau[6]（1984）对桑内特的观点提出了批判，他认为公共空间是人们讨论甚至争论的场所，所以公共空间本身就不是安静的；而另一方面，正是这种喧嚣的环境增添了公共空间本应有的活力，为城市带来了无限的创造力。

再者，基于"公共"与"私人"的不同界定：桑内特（Sennett，1970）认为公共空间与私人空间是明显对立的，人们对公共空间中的公共生活具有"与生俱来的参与感"，但公共空间安全性降低与环境恶化使人们被迫退回到私人空间。而

[1] Ethington，P. J. Hypothesis from Habermas：notes on reconstructing political and social history，1890 – 1920. Intellectual History Newsletter，1992：16，21–40.
[2] Zukin S. The culture of cities. Cambridge：Blackwell，1995：27.
[3] 刘荣增. 西方现代城市公共空间问题研究述评. 城市问题，2000，（5）：8 ~ 11.
[4] Zukin S. The culture of cities. Cambridge：Blackwell，1995：27.
[5] Sennett R. The use of disorder. New York：Knopf，1970.
[6] Certeau M. The practice of everyday life. Berkeley，CA：University of California Press，1984.

Davidoff 和 Hall[①]（1987）则认为，公共空间与私人空间本无差别，都是人类生活的一个部分，但公共空间安全性下降导致了公共空间与私人空间中性别的差异——男性更加乐于在公共空间中活动，而女性则由于心理因素而更多囿于私人空间。

也有部分学者认为公共空间与私人空间的界线正在慢慢模糊，相互交叉，而正是这种交叉模糊了人们对公共生活与私人生活的区别——人们在公共空间内的日常琐事，使公共空间不再像过去那样充满激情和理性。Robert Sack[②]（1992）在此基础上进一步认为，既然公共空间与私人空间的边界逐渐模糊，社区便可以作为密切二者联系的纽带。

总之，西方公共空间的私有化问题是现代城市公共空间变迁的基本性和关键性特征。相关研究提出了两种分析视角：第一，从实证主义社会研究视角看，后工业和全球化经济的发展助推了社会治理结构的变迁和传统上以权力政治为核心的意识形态的重新解构，阐释了消费文化对公共空间的形态和内涵进行重新定义的可能性；第二，从人本主义价值哲学的立场看，人们对传统政治公共空间的价值认知正在发生悄然改变，相对于作为形态象征意义上的公共空间，人们更加关注围绕日常生活展开的社会行动空间，以及由此类空间建构的大众性政治公共领域的价值，因此，对公共空间私有化的批判思想也就呈现出较为多元的面貌。

1.1.3 国内城市公共空间价值问题研究

1.1.3.1 转型背景下的城市空间及社会演化

当前，我国社会正进入从计划经济向市场经济、从传统社会向现代社会、从农业社会向工业社会、从乡村社会向城市社会、从封闭社会向开放社会的全方位、多层次的转型发展阶段（翁一峰，2007）[③]。在此背景下，我国城市空间及社会发展出现了一系列新情况和新问题。

1）社会阶层分化态势日益显化

改革开放以来，随着所有制结构的变化和产业结构的调整，我国社会阶层结构发生了前所未有的深刻变化。在社会转型时期，旧的社会阶层结构被打破，各种社会群体不断分化、组合，新的社会阶层不断涌现。阶层分化使中国城市产生了"绅士化"现象与"新贫困"现象，同时带来了诸如住房需求、交往需求以及价值观念的分化（这种分化有时是迥然相异的两极表现）（图1-2）。就居住空间分异而言，

① Davidoff L，Hall C. Family fortunes. Chicago：University of Chicago Press，1987.

② Sack R D. Place，modernity and the consume's world. Baltimo re，MD：Johns Hopk ins University Press，1992.

③ 翁一峰．转型期城市社区空间组织的策略——以常州市钟楼区为例．同济大学硕士学位论文，2007.

高收入人群的居住倾向往往为居住面积较大、居住密度较小的高档社区，而低收入人群则被滞留在人均居住面积较小、居住密度较大的密集街区（程晓曦，2011）[1]。

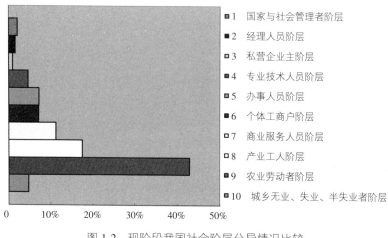

图1-2 现阶段我国社会阶层分异情况比较

（资料来源：笔者自绘）

2）城市空间异质化与碎片化倾向

受住房市场化改革影响，阶层分化进一步加剧了城市空间的异质化，即不同收入水平居民对房价的不同承受能力，导致收入水平相当的群体在空间上集聚，并形成所谓的"同质化社区"现象。而同质化社区的增多，又成为城市整体空间"异质化"的直接诱因。同时，同质化社区割裂了传统的以血缘、业缘为基础的社会关系，社区内部陌生居住问题突出，也导致了封闭式社区的大量出现，城市空间总体上呈现碎片化倾向（图1-3）。

图1-3 "豪华楼盘"与"城中村"形成的城市居住分异实景

（资料来源：笔者拍摄）

---

① 程晓曦. 北京旧城居住空间分异状况与居住密度问题初探. 北京规划建设. 2011,（4）: 35～39.

3）个人主义与公共空间消极化

在社会转型背景下，随着政府职能调整以及市场行为渗透到城市建设当中，开发商逐渐成为公共空间的主要提供者，公共空间"全民共享"的本质也逐渐私有化、商业化。公共空间的私有化主要体现在"门禁社区（Gated Community）"成为社区开发的主导模式，这大大削弱了市民对公共空间的归属感与参与意愿，社群意识逐渐淡薄，甚至消失。公共空间的商业化倾向则表现在营利性主题公园开发、商业空间向市民社会的渗透等方面。这种空间开发虽然满足了市民对公共空间的部分需求，但由于营利性公共空间的消费本质，低收入群体逐渐被排除在外而形成一种社会性的消极情绪（胡咏嘉等，2011）[①]。

1.1.3.2　国内城市公共空间的变迁研究

1）公共空间的历史起源、近代发育和内涵变迁

我国城市公共空间的历史起源，可以追溯到早期封建社会具有"代表性公共领域"特征的权力公共空间（仪式、庆典空间）（孙晓春[②]，2006；张志彦[③]，2006）。一些学术研究将这一演变过程概括为从古典的仪式空间到唐宋元明时期的街巷空间（街巷空间的发展又主要经历了从唐代的"里坊制"到宋代和明代的"坊巷制"街巷空间的演变），再到以市井（可拓展到书肆戏院、茶馆酒楼等各类生活场所）生活、宗教和节庆活动为主要内涵的城市公共空间的发育转变历程。而以鸦片战争为标志的近代历史时期，外国资本入侵影响下的城市商业街区，成为中国城市重要的新兴公共空间（刘颖，2004）[④]。

从内涵变迁看，封建政治伦理观念、城市经济发展和宗教文化思想的发展分别在不同历史阶段主导了中国古代城市公共空间的发展内涵（周波，2005）[⑤]。首先，服务于统治阶级的封建礼制规定了象征皇权和等级制度的古代城市"公共空间"的基本形态特征；其次，北宋以来的商品经济的发展促进了商业街市和码头航运贸易的繁荣，为城市公共空间的发展注入了新的内涵和形式。而近代殖民主义影响下的外国资本入侵，进一步强化了城市公共空间形态上的资本主义商业化的殖民色彩；再者，从宗教影响看，兴盛于南北朝时期的佛教文化推动了大量寺院的建设，并成为城市公共空间的重要核心。

近现代中国城市公共空间的变迁和市民公共领域的发育成为重要的学术研究领

①　胡咏嘉,于涛,罗小龙.转型期公共空间重置背景下的中国城市碎片化研究.现代城市研究.2011,（3）：10～13.
②　孙晓春.转型期城市开放空间与社会生活的互动发展研究.北京林业大学博士论文,2006.
③　张志彦.城市更新背景下公共空间整合研究.南京工业大学硕士学位论文,2006.
④　刘颖.城市公共空间的整体性建构.天津大学硕士学位论文,2004.
⑤　周波.城市公共空间的历史演变——以20世纪下半叶中国城市公共空间演变为研究重心.四川大学博士学位论文,2005.

域。随着近代中国社会受殖民文化影响下的逐渐开放，源于西方现代社会结构和政治空间特征的"公共领域"也在中国一些城市得到发育，进而促进了城市公共空间内涵的变迁。关于这一过程存在两种截然不同的观点（杨仁忠，2008）[1]：第一种是否定的观点。以 Frederic Wakeman、Philip Kuhn、黄宗智、夏维中、萧功秦等为代表的中外学者认为，由于中国传统社会的中央集权政治体制所形成的"强国家、弱社会"的格局，以及缺乏一个以完善的市场经济体系为基础的公共领域的支撑体系，因而使社会不可能脱离国家的控制获得独立自主发展并取得自治的权利，也使得中国的公共领域的发展缺乏一个强大市民社会基础的支撑。第二种是肯定的观点。以 Keitnscnoppa、Rowe、Duara、Rankin、朱英、马敏、许纪霖等为代表的学者认为，近代中国已经出现了公共领域的雏形。瞿骏[2]（2007）以上海为例指出，近代中国公共领域的产生突出表现为本土文化历史资源，反封建、反殖民革命运动与西方现代公共精神相互融合而成的，以报纸和学堂等形式呈现的公众舆论空间，和以会馆、街头广场等形式呈现的仪式化空间。

一些学者通过对近代中国城市市民生活空间的形态、功能的演变分析，进一步阐述了公共领域的发育状况和空间场所表征。如吕卓红[3]（2003）从近代川西地区茶馆的变迁研究中，发现其作为交往公共空间的重要市民社会建构功能，以及对传统寺院、祠堂、会馆空间的替代作用，并分析了其后期走向衰退的政治逻辑；王笛[4]（2006）通过对成都近代下层民众日常生活的描述，历史地展示了成都近代社会中政府和精英阶层对公共空间的控制和下层民众对公共空间的权力抗争；张亮[5]（2007）和周进[6]（2008）分别以成都和北京为例，阐述了作为近代中国重要的城市公共空间的公园发展的双重价值，即政府进行意识形态教化的空间工具和市民参与政治民主生活的空间场所。

2）社会转型中的城市公共空间变迁问题研究

国内学者对于社会转型期城市公共空间变迁问题的研究，主要集中于三个方面：公共领域的价值实践、公共空间的变迁机制、公共空间的新兴领域。

（1）公共领域的价值实践

国内公共空间领域研究起源于20世纪80年代末期，苏联模式社会主义的失败引发了人们对计划经济体制下国家与社会关系问题的重新思考。一批学者对中国公

---

① 杨仁忠 . 论公共领域与市场经济的内在联结及其辩证机制 . 河南师范大学学报（哲学社会科学版），2008，（2）：30 ~ 34.

② 瞿骏 . 辛亥革命与城市公共空间——以上海为中心的研究（1911—1913）. 华东师范大学博士学位论文，2007：12-57.

③ 吕卓红 . 川西茶馆：作为公共空间的生成和变迁 . 中央民族大学博士学位论文，2003.

④ 王笛 . 街头文化：成都公共空间、下层民众与地方政治，1870—1930. 北京：中国人民大学出版社，2006.

⑤ 张亮 . 近代城市公共空间的官民互动—以近代成都城市公园为例 . 中华文化论坛 . 2007，（2）：60 ~ 64.

⑥ 周进 . 近代城市公共空间的拓展与城市社会近代化——以北京为例 . 北京联合大学学报（人文社会科学版）. 2008，（1）：45 ~ 49.

共领域的问题展开了多角度的探讨。首先，是对西方公共领域的基本理论的译介和研究。尤金·哈贝马斯的《公共领域的结构转型》、约翰·基恩的《公共生活与晚期资本主义》、汉娜·阿伦特、查尔斯·泰勒、雅诺茨基等人关于公共领域和市民社会的研究成果先后被翻译介绍引入国内；其次，也展开了对西方公共领域理论思想的研究。陈锋[①]（2003）从西方市民社会与政治国家关系的历史研究中，对城市广场、公共空间和市民社会的内在关系进行了研究；杨仁忠（2008）论述了公共领域与市场经济发展的内在联系和辩证关系；周菲[②]（2005）对公共领域、公共性、公共理性以及公共生活伦理等方面的当代欧美公共哲学研究成果进行了总结评述；敬海新[③]（2008）通过对公共领域理论研究的范式分析，提出了研究公共领域问题的现实意义；孙磊[④]（2006）通过剖析阿伦特政治行动、政治伦理思想与"公共空间"的关系，阐释了现代社会公共空间的衰落、闭合的原因以及重建的可能性；柏景、周波[⑤]（2007）在回顾中西方城市公共空间形态发展历史的基础上，提出了"后城市公共空间"新概念，并阐述了其发展趋势及对策。

（2）公共空间的变迁机制

在公共空间变迁特征研究方面，国内学者主要聚焦于公共空间的萎缩和私有化等两个方面：

关于公共空间萎缩，刘颖[⑥]（2004）从功能衰退和形态缺失两个方面，将公共空间的萎缩概括为积极街道空间的匮乏、附属开放空间的缺失、城市"残余"空间开发效率的低下、城市公共广场空间的形式化和具有丰富公共文化内涵的历史文脉的断裂等方面；刘婷婷[⑦]（2005）采用"极域型"概念来阐释居于核心价值认同地位的城市公共空间，并认为当前中国极域型城市公共空间的发展存在系统不完善、公共性降低和社会整合能力下降等问题；马清运[⑧]（2007）通过对中国公共空间的无形态、即时性和"非法"特征的概括，阐述了中国公共空间的"无体之用"的公共性内涵，并指出突破形式主义的空间建构意识，修复公共空间的激发新型生产关系的"生产力"价值，才能有效抵抗公共空间的萎缩。

关于公共空间的私有化问题，国内学术界主要聚焦于两类课题：

①消费主义文化转向背景下的传统城市公共空间的商业化和私有化。

① 陈锋.城市广场、城市空间、市民社会.城市规划.2003,（9）: 56 ~ 61.
② 周菲.当代欧美公共哲学研究述评.上海师范大学学报（哲学社会科学版），2005,（2）: 96 ~ 102.
③ 敬海新.公共领域理论研究的范式分析.江西行政学院学报，2008,（2）: 10 ~ 11.
④ 孙磊.行动、伦理与公共空间——汉娜·阿伦特的交往政治哲学研究.复旦大学博士学位论文，2006: 16 ~ 29.
⑤ 柏景，周波.后城市公共空间形态的复杂性与矛盾性.建筑学报，2007,（6）: 4 ~ 7.
⑥ 刘颖.城市公共空间的整体性建构.天津大学硕士学位论文，2004.
⑦ 刘婷婷.当代中国极域型公共空间研究.郑州大学硕士学位论文，2005.
⑧ 马清运.反形公共空间.时代建筑.2007,（1）: 14 ~ 15.

张庭伟等[①]（2010）指出，私有化的公共空间在中西方古代城市中均有存在，而在当代社会发展语境下，私有公共空间存在的主要问题在于，由于空间产权的私有特征，导致在营运和管理上只注重经济效益，而忽略社会效益，同时私有公共空间的产权所有者往往将这些建筑附属公共空间作为企业文化宣传的重要平台，对公共行为进行诸多限制，仅仅对消费行为给予鼓励。对比中国的情况，张庭伟认为主要存在三大问题：首先是在开发理念上，对于城市公共空间作为公共物品的片面认知，导致投资建设渠道的单一和公共空间项目发展的局限性，满足政绩需求的形象工程（代表型公共空间）取代了与市民生活密切关联的社区型公共空间建设，这样，小型公共空间的稀缺性为私有公共空间管理者创造了较好的寻租条件；其次，从制度层面看，政府基于利益联盟关系之下的，对开发商"搭便车"式的侵占公共空间资源，使之私有化的行为的监管缺失，造成公共空间资源的萎缩。而已经开发的私有公共空间由于管理不善，往往极易被蚕食和私有化；另外，在规划管理政策方面，宽松的容积率奖励政策使开发商削减公共空间建造成本和管理维护费用，影响空间使用质量。

国内学者对消费社会特点及其对城市空间的影响进行了研究（季松，2011）[②]，认为消费社会是经济全球化的重要产物之一，在这一社会背景下，"求新求洋"成为城市建设的主旋律，城市公共生活也充斥着国际化元素。此外，一些学者对消费文化快速发展背景下的公共空间商业化特征进行了研究。如徐晓燕、叶鹏[③]（2008）指出，在全球化资本运作模式下，消费成为大众公共生活的"共同内涵"，因此，消费对公共空间的侵占逐渐加剧，公共空间正逐渐由公有向私有转变，成为一种被消费的商品。公共空间的异化在一定程度上加剧了城市空间与社会的分离；薛滨夏、刘崇[④]（2006）分析了全球化对中国公共空间形态的若干影响，主要反映在经济模式、居住模式、社会形态、文化习俗、规划思想和设计理念等方面，以上因素综合构成了对公共空间的多元化与私有化的交错影响；王又佳、金秋野[⑤]（2008）从1990年代以来中国在城市中心区迅速扩张的购物中心将原有城市公共空间的商业街、广场、庭院等形式纳入特定消费空间中的"伪公共空间"形式分析出发，阐释了这类空间折射出来的流行商业文化的符码体系和由此构成的公共生活的文化幻象。

②从封闭化社区探讨私有化公共空间生产的动力机制和衍生问题。

西方社会学对"门禁社区"（gated community）的研究由来已久，并成为社会

---

① 张庭伟，于洋.经济全球化时代下城市公共空间的开发与管理.城市规划学刊，2010，190（5）：4～6.
② 季松.消费社会时空观视角下的城市空间发展特征.城市规划，2011，（7）：36～42.
③ 徐晓燕，叶鹏.消费时代城市公共空间的异化.规划师，2008，（2）：72～74.
④ 薛滨夏，刘崇.全球化时代的中国城市公共空间——问题及对策.华中建筑，2006，（9）：57～58.
⑤ 王又佳，金秋野.中国当代都市景观的变迁与消费文化.现代城市研究，2008，（2）：12～20.

学研究社区的一个重要视角。国内学者借鉴国外相关研究，也从这一角度对公共空间私有化的动力机制及其伴生问题进行了探讨。如余侃华等[①]（2009）对西方社区空间私有化研究成果进行了回顾，认为经济全球化与新自由主义的宏观驱动，以及城市社会空间结构的转变和政治制度的变革是西方城市社区空间私有化的产生背景和主要机制。全球化的经济重组和区域资源再分配挑战了现有的社会关系和现代社会契约制度，地方政府由管理者逐步转变为市场代理人，城市空间的私有化成为政府从公共领域撤出的一种途径，封闭社区的出现即是对这一政治经济转型的回应（宋伟轩，2010）[②]。余侃华等认为，封闭社区是后现代语境下城市空间的一种客观存在的特殊现象。一方面，"封闭社区"现象的泛化，将进一步重构公共空间与私人空间的对立关系；另一方面，"封闭社区"通过加剧城市空间的分离，深刻影响城市空间重构。

（3）公共空间的新兴领域

一些学者研究了网络公共领域的发展，对于传统公共空间的挑战，以及补充、提升作用。黄佳鹏[③]（2007）、马云驰[④]（2008）等人认为，网络公共空间的成长对于弥补中国政治公共空间发育的不足有重要的现实意义，在深度和广度上拓展了社会民主。纪海虹[⑤]（2002）、邓玮[⑥]（2008）和魏雯等[⑦]（2008）总结了与哈贝马斯的传统公共领域概念相比，网络公共空间表现出来的复合主体、网络共同体和网络舆论的特点。而与传统公共空间中的交往共同体比较而言，网络群体的"间接性"、"流动性"、"宽泛性"和"去空间化"一方面构成了与现实社会生活并行的新型的数字化空间，另一方面却容易导致"公众舆论"的非理性扭曲、行动价值的弱化和网络空间伦理问题的出现（刘大椿，张星昭，2003）[⑧]，因此，网络公共空间实现公共领域也存在明显的局限性。

另外，1990年代以来，由于中国改革开放带来的社会领域的深刻变革，吸引了大量西方城市研究者关注中国的城市公共空间建设及变迁问题。这些西方学者将西方市民社会的新思潮和公共领域的相关理论引入中国的城市公共空间现象解释当中，从而形成了一批研究成果：一是重视纵向研究，对比公共空间在城市历史演化过程中的变迁，对比当代公共空间与历史公共空间在内涵与特征方面的差异，在此

① 余侃华，张沛，张中华.城市社区空间私有化的产生机制及发展趋势——以国外封闭社区为研究对象.城市发展研究，2009，（6）：94～100.
② 宋伟轩.封闭社区研究进展.城市规划学刊，2010，（4）：42～51.
③ 黄佳鹏.网络公共空间的生长及对中国民主政治的影响.北方经贸，2007，（6）：142～143.
④ 马云驰.网络与公共空间.学海，2008，（1）：190～194.
⑤ 纪海虹.互联网交互与公共空间.清华大学硕士学位论文，2002.
⑥ 邓玮.公共领域的虚拟转型及其困境.哈尔滨学院学报.2008，（9）：47～52.
⑦ 魏雯，吕星，邹红波.公共领域之于网络空间的现实可能性探索.今日南国.2008，（3）：104～107.
⑧ 刘大椿，张星昭.网络伦理的若干视点.教学与研究.2003，（7）：20～26.

基础上剖析原因；二是重视多学科视角研究，将西方社会学、哲学以及经济学等理论和研究分析方法引入到公共空间研究当中，从多个角度系统分析、相对全面认识了中国城市公共空间的变迁路径（杨震，徐苗，2008）①。

西方学者回顾了新中国成立后，城市公共生活及其空间表现形式的变迁。20世纪50年代至90年代初，中国城市职能由"消费"向"生产"转变，这一时期的公共生活主要表现为新中国成立后的政治生活和改革开放后的经济生活，因此，公共空间的形式也主要体现为一种政治权力空间（游行、集会的广场和街道，公社时期的礼堂、会堂等）和经济发展空间（包括为工人生产之余建设的休闲场所，但更多是一种激励生产积极性或展示经济发展成就的空间）（Ma and Wu，2005）②。20世纪90年代末以来，市场经济体制的确立，提高了市场主体参与公共空间建设的程度，西方"消费主义（consumerism）"开始深刻影响中国城市建设价值观，并逐渐引出了城市公共空间的商品化问题（Davis，2000）③。

西方研究者对北京西单、上海南京路、重庆解放碑、哈尔滨中央大街等新兴公共空间（在空间形式和业态上表现为巨型的商业街）进行了持续观察（Broudehoux④，2004；Yucekus and Banerjee⑤，1998；Rowe⑥，2005）。一些研究者认为，以商业为主导的公共空间，由于追求经济价值（而非社会价值），过度放大了消费功能并弱化了社会文化功能，导致了城市公共生活的单一化以及公民意识的倒退（Dutton，2000）⑦。但也有一些研究者认为，这些新兴的商业空间相比封闭的"单位大院"已经体现了多方面的进步：更加开放（并非所有商业空间都限制非消费群体的进入）、提供了更加多元且舒适的空间环境；有学者在研究成都公共空间时指出，茶馆、街头大排档所呈现的"市井文化"体现了成都这座城市闲适、安逸的特质，并且这种街头文化也正是公共生活的重要组成部分（Miao，2003）⑧。

除了城市中心区和街道公共空间，也有少量研究者关注居住社区内部的公共空间问题，其焦点集中于"封闭社区"（gated community）、"邻里空间"（neighborhood public space）等（Miao，2003；Xue and Zhou⑨，2007）。Wu⑩（2004）研究了北京

① 杨震，徐苗. 西方视角的中国城市公共空间研究. 国际城市规划. 2008，（4）：35～40.

② Ma L J C，Wu F. Restructuring the Chinese City：Diverse processes and reconsituted spaces. London：Routledge. 2005.

③ Davis D S，ed. The Consumer Revolution in Urban China. Berkeley：University of California Press. 2000.

④ Broudehoux A M. The Making and Selling of Post～Mao Beijing. New York：Riutledge. 2004.

⑤ Yucekus E，Banerjee T. Xidan Street，Beijing：Reading and writing urban change. University of Michigan. 1998.

⑥ Rowe P G. East Asia Mordern. Trowbridge：Cromwell Press. 2005.

⑦ Dutton M. Streetlife China. Cambridge：Cambridge University Press. 2000.

⑧ Miao P. Deserted Streets in a Jammed Town：the gated community in Chinese Cities and its solution. Journal of Urban Design. 2003，（1）：45～46.

⑨ Xue C Q L，Zhou M. Importation and Adaptation：Building "one city and nine towns" in Shanghai：A case study of Vittorio Forgott's plan Pujiang Town. Urban Design Internaitional. 2007，（1）：21～40.

⑩ Wu F L，Klaire W. The rise of "foreign gated communities" in Beijing：between economic globalization and local institutions. Cities. 2004，（3）：203～213.

外国人社区的分布及形成机制，认为在经济全球化与地方制度变迁两种交织的力量主导下，外国人社区之所以形成封闭的社区（foreign gated communities），文化制度差异（特别是住房供给制度的差异）的影响远远大于出于安全和身份差异的影响（图 1-4）。

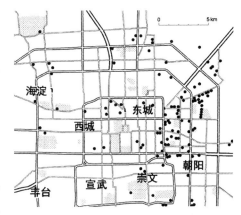

图 1-4　封闭型的外国人社区在北京的分布
（资料来源：Fulong Wu，Klaire Webber，2004）

一些学者研究了中国城市工业区及城郊接合部的"微型社区"，认为"微型社区"是一种半封闭的居住复合体（residential compound），使居民生活可以在就近范围内"自给自足"，同时因各个住区配置的资源大致相同而体现"空间平等"，并且提供小孩玩耍、邻里交往、购买日用品、吃饭、看病等日常需求，体现了空间的公共性。Bater[1]（1980）认为作为复制苏联模式的舶来品，"微型社区"（俄语为 mikrorayon）呈现了与中国传统"街巷"截然不同的空间形态——封闭、内向化管理，弱化了社区与周边环境的关系，邻里关系也不再像过去那样亲密。Friedmann[2]（2005）认为1958 年后中国城市形成的大量"单位大院（Daiwei Compound）"脱胎于"微型社区"，但在空间形态以及组织管理上更为内向化（图 1-5）。

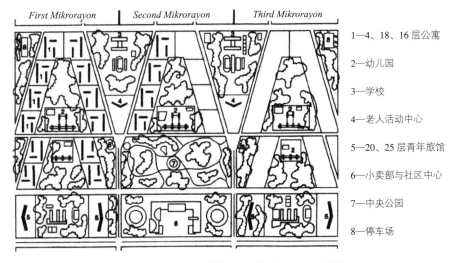

1—4、18、16 层公寓

2—幼儿园

3—学校

4—老人活动中心

5—20、25 层青年旅馆

6—小卖部与社区中心

7—中央公园

8—停车场

图 1-5　来自苏联模式的微型社区空间模型

（资料来源：Bater，1980）

① Bater J H. The Soviet City：Ideal and reality. Beverly Hills. CA：Sage Publications. 1980.

② Friedmann J. China's Urban Transition. Minneapolis：University of Minnesota Press. 2005.

1.1.3.3　国内城市公共空间的价值危机

言及我国当代城市公共空间的价值危机，并非单指城市公共空间消失或者减少，而是更多意指公共空间环境品质、魅力的下降，公共空间与公共活动疏离、与市民实际需求对立。"消费主义"影响下的公共空间大量商品化、私有化，"功利主义"影响下公共空间日益背离市民日常活动的本质，使其沦为展示政治功绩的"作秀场"（杨保军，2006）[1]。

1）公共领域萎缩与公共空间私有化

一方面，一些城市追求城市形象的塑造，使公共空间及场所脱离市民实际需要，利用性不强；公共空间脱离了公共生活的根本需要，其存在变得可有可无。在很多城市广场上，有的只是大片的硬质地面、"禁止进入"的草地，而其所应承载的公共活动却几乎没有。在这种以"展示"为主要功能的、所谓的公共空间建设盛行的背景下，城市公共生活逐步萎缩。

另一方面，随着市场经济的发展，开发商介入到公共空间开发建设中，公共空间所具有的"非营利性"本质受到挑战，逐渐转变为"半公共"或"私有化"的空间。这些公共空间存在着严重的消费主义倾向，其所服务的对象是具有特定消费能力的人群，而相应地对非消费人群具有明显的排斥性。特别是，以楼盘开发为主要模式的社区公共空间，由于"营造安全的社区环境、为业主提供独享的优质设施"等开发经营理念，社区开始"封闭化"，社区的公共空间也成为部分业主的私有化空间。

2）公共空间设计与公共活动的疏离

随着地方经济的快速发展，一些城市过分追求高标准建设城市。就公共空间的设计、建设而言，渐渐迷恋上一种"宏大叙事"的话语形式（杨保军，2006），公共空间逐渐背离了"公共性"的本真。在"宏大叙事"的概念体系中，城市公共空间成为某种意识形态的"代言人"，虽然仍是实际存在的物质空间，但其本质变得抽象，并且远离普通市民的生活体验和需求；另一方面，在经济增长的压力之下，快速化的生活与工作节奏使社会行为趋向个体化，而忽视了公共生活。

3）虚拟公共空间对实体公共空间的冲击

随着网络技术与网络基础设施的发展和完善，"网络生活"已经逐渐成为当代城市生活重要的组成部分，甚至是不可或缺的组成部分。网络空间的虚拟性、进入的便利性，超越了现实中的时空限制。从 MSN 到 QQ，从论坛到博客，从 Twitter 到微博，虚拟的公共空间正在开始出现并逐渐完善，成为人们参与公共事务讨论的重要平台。虚拟公共空间的完善，以及其提供的随时随地随需的公共交流、互动平

---

① 杨保军．城市公共空间的失落与新生．城市规划学刊，2006，（6）：9～15.

台，使现代城市人越来越依赖网络，从而也一定程度上冲击了实体公共空间。

"大众传媒空间"曾作为哈贝马斯公共领域概念中的重要现代形式予以阐述，然而，哈氏也意识到，当代传媒已经不再是大众公意的代言人，而是蜕变成为权力与金钱的工具，大批量复制和生产公众舆论。虽然网络空间因为其匿名性、自主性和参与性特征，有可能成为重新实现公共领域政治价值的新载体，但当代网络空间发展中存在的话语霸权（如论坛中的各种"删帖"现象等）等问题，也使网络空间在发挥公共空间功能方面具有一定的局限性（魏雯，吕星，邬红波，2008）[①]。因此，实体公共空间仍然具有网络空间所不能替代的功能，其提供的"面对面（face to face）"交流方式仍具价值。

1.1.3.4　国内公共空间价值建构研究——基于公共领域视角

一些学者从阿伦特和哈贝马斯等人的公共领域重建理论研究中，寻求当代中国公共空间价值重建的思想路径。杨仁忠[②]（2008）认为，阿伦特建立的对社会进行"私人领域"、"社会领域"和"公共领域"三元相分的理论分析框架，既克服了传统市民社会理论中相互对立的政治结构设计（国家与社会），又能够挽救现代社会由于政治向经济的蜕变造成的公共领域的衰退。他指出，阿伦特的公共领域是实体性、理念性和价值性等三重概念的统一（杨仁忠，2007）[③]。李国娟（2006）、张雪梅[④]（2008）对哈贝马斯的"公共领域"理论进行了解读，他们指出，哈贝马斯所阐述的"公共领域"蕴含着深刻的批判意识和社会建构理念，对公共领域反映社会问题的信号功能、监督政治系统的批判功能进行了很好的阐释。公共领域的政治功能主要体现在以下两个方面：首先，公共领域具有反映社会问题的信号功能，"公共领域是一个预警系统，带有一些非专用的，但具有全社会敏感性的传感器"；其次，公共领域对政治系统具有监督和批判的功能。杨仁忠[⑤]（2006）阐述了公共领域发展对于推动当代中国社会政治建设的重大意义：第一，公共领域是现代法治的社会根基；第二，公共领域通过对西方传统宪政体制（自由主义的间接民主和共和主义的直接民主制度）弊端的纠正，积极推进实现着民主政治；第三，公共领域促进了人本质的实现和人权的保障；第四，公共领域为现实政治提供合法性基础。公共领域的直接政治参与可以提供"持续的政治认同"，作为公共权威的合法性基础。

1.1.3.5　研究评述

总体上看，国内公共空间变迁问题的学术研究基于复杂的历史背景，阐释了多

① 魏雯，吕星，邬红波．公共领域之于网络空间的现实可能性探索．今日南国．2008，（3）：104～107．
② 杨仁忠．论公共领域与市场经济的内在联结及其辩证机制．河南师范大学学报（哲学社会科学版），2008，（2）：30～34．
③ 杨仁忠．论公共领域的结构性特征及其政治哲学意义．理论探讨，2007，（2）：29～32．
④ 张雪梅．哈贝马斯的公共领域对构建和谐社会的启示．理论界，2008，（8）：83～85．
⑤ 杨仁忠．公共领域的宪政价值及其中国意义．理论探讨，2006，（3）：31～33．

元化的影响机制。不同于西方学术界普遍聚焦于 20 世纪以来的后工业社会发展背景下的公共空间的衰落状况的分析，中国城市公共空间的形成和演化投射了更为复杂和深远的政治、经济和文化宗教背景机制的影响，这种影响至今仍然交织在一起，左右着中国城市公共空间的变迁方向和建构特征的复杂性。首先，封建政治伦理观念、城市经济发展和宗教文化思想分别在不同历史阶段主导着中国城市公共空间的基本形态和主流价值内涵，而近代以来，各种影响相互叠加，呈现出复杂与多元化的格局；其次，在西方文化的殖民影响下，近代中国城市中同样出现了市民社会的成长和公共领域的发育生成，使得中国社会在几千年的封建集权政治统治背景下，依然孕育了传统城市公共空间的价值转型——从代表性的权力公共空间向草根性的市民公共领域的转变。而且，城市公共空间的形态也从古代的仪式广场、祠堂①、寺庙和街市等依靠权力和市场建构的空间向会馆、茶馆等围绕地方社会组织需要建构的空间转变。这种实证主义的历史分析和描绘，对本书基于社区化的公共空间价值建构研究具有重要的比较与启发价值。

随着 20 世纪 80 年代以来中国经济改革开放和社会转型，城市空间结构发生了剧烈转变，国内外学者广泛关注在此背景影响下的城市公共空间新的变迁趋势：首先是随着市场经济的发展，市民社会的成长和与此关联的新型公共领域的生成。从形态上看，封闭社区和微型社区发展构建了围绕市民日常生活需求展开的公共性价值空间，而网络公共空间的成长进一步突破了对传统城市公共空间的形态束缚，以社会网络为组织基础的公共空间得以强化和建构；从观念上看，一方面，一些学者敏锐地捕捉到正在中国社会发生的以市民社会为基础的社会公共领域的成长，对城市公共空间价值形态的革命性影响；另一方面，借鉴西方政治哲学关于公共领域价值建构的相关理论思想，对中国当代公共领域的建构意义和机制进行了研究阐述；其次是对全球化经济和消费主义文化影响下，公共空间作为一种政府和开发商联合开发的城市核心的文化消费资源，迅速地商品化和私有化的特征的阐述，其结果便是具有传统式社会建构功能的公共空间的萎缩与被排斥。

从以上研究可以看出，中国的城市公共空间建设和改造在经营型政府和市场力量的共同推动下，呈现出快速地商业化和消费文化标签化趋势，新建的城市公共空间一方面置换了公共空间应有的政治公共性价值内涵；另一方面，伴随旧城空间改造进程的城市公共空间重构进一步瓦解了维系传统城市公共空间价值的社会网络结构。虽然新兴公共领域的成长为城市公共空间发展提供了一个新的舞台，也适应了随着信息社会的进步，公众的新的社会交际方式的变化，然而，基于地方空间模式

---

① 祠堂等公共空间场所从其区位格局上，看似属于地方化的市民公共空间，但实质上与现代意义上的市民公共领域有着天壤之别。它是维系中国封建宗族社会网络的权力象征空间，其本质上与维护皇权统治的仪式性空间均属于代表性权力空间。

的公共性社会空间的建构对于公民意识的成长、社会资本的积累，以及地方文化认同感的强化，仍然具有不可替代的价值。近代中国基于地方草根权力建构的公共空间的成长历史对本书的研究具有重要启发价值。

1.2 概念界定

1.2.1 空间

"空间"（space）自古以来便是西方哲学思想体系的核心概念之一。在西方哲学从思辨哲学（包括本体论、认识论以及存在论）向实践哲学的历史转变过程中，空间概念的内涵也逐渐由物理空间拓展到社会空间，再到文化空间。

古典哲学从自然哲学向形而上学本体论的演变过程中，"空间"被赋予了世界的存在本原和存在逻辑的"本质"精神。自然哲学认为世界的本原就是具有无限广延性的原初物质，即空间；本体论哲学将"空间"视为事物占有位置的总和，突出了"空间"作为物质存在的共同属性的几何学静态结构特征（冯雷，2008）[1]。随着人类认识活动的深入，近代哲学确立了以认识论为基础的哲学观。康德提出了基于认识论角度的空间观念，将抽象的空间概念内化为具体的主体经验，于是，空间就成为物质的广延和人的空间意识的综合体，成为主客观统一的结果，从而确立了空间概念的现实认识领域的存在基础（刘旭光，1999）[2]。

海德格尔的存在论哲学认为，本体论与认识论哲学都试图回答"空间是什么"的问题，而事实上，由于空间的本质只有置于"此在"（Dasein）[3]的生存结构之中才能展现，因此，"空间如何是"的问题比"空间是什么"的问题更为本源。在海德格尔的哲学观中，人的生活世界取代抽象的物质与精神二元存在的世界，成为空间阐释的新基础，也体现了哲学空间观生存论转向的真正内涵（海德格尔，1999）[4]。

20世纪中叶以来，伴随着后现代主义运动对现代性危机的批判，关注生存伦理的实践哲学逐渐取代思辨哲学，成为当代哲学的主流。"空间"问题也突破了思辨哲学的固有范畴，融入政治伦理和社会权力关系的实践建构之中，从空间认识上强调人的场所与地方感知的主体价值和意义，否定了自然主义的空间观（表 1-1）。

① 冯雷 . 理解空间：现代空间观念的批判与重构 . 北京：中央编译出版社，2008.
② 刘旭光 . 康德与时空—试析康德对时空观念的转变 . 甘肃社会科学，1999，（2）：61 ~ 64.
③ "此在"（Dasein）是海德格尔在他的巨著《存在与时间》中提出的哲学概念。Dasein 一词由两部分组成：da（此时此地）和 sein（存在、是）。"此在"是指通过对"存在"的领会而展开的存在方式。
④ 海德格尔 . 存在与时间 . 陈嘉映，王庆节译 . 上海：上海三联书店，1999.

哲学流派		哲学空间观	观点概括
思辨哲学	本体论	物质空间	空间是物质存在的静态结构特征
	认识论		空间是物质的外延和人的空间意识综合体
	存在论	社会空间	空间即人的生活世界
实践哲学	后现代主义	社会空间 文化空间	空间即基于政治伦理、社会关系、文化景观的权力实践
		实践空间	空间是被人在生活中感知的

（资料来源：笔者自绘）

1.2.2 公共空间

"公共空间"是一个动态发展和演进中的较难把握，容易产生歧义的概念。首先，从认知视角看，公共空间的内涵逐步由侧重于物质空间形态和功能描述，向侧重于强调其社会价值实践功能转变。例如，我们在传统意义上讨论的公共空间基本上都涉及城市空间形态和功能特征的描述（如广场、街道、公园、各类开敞空间），而在当代学术语境中已经逐渐摆脱了这种形态规定的束缚（如网络公共空间）。因此，公共空间的变迁实际上也包含了对其内涵认知上的变迁；其次，从建构视角看，古典和近现代的公共空间理论都强调国家公权力对于空间建构的主体地位（从代表皇权、神权的象征性公共空间，到近现代理性主义规划运动建设的广场、公园和游憩空间），而以当代公民社会为基础的公共空间研究，将基层社会组织（社区）作为公共空间的价值建构主体，公共空间的概念内涵也从实体物质空间向观念性的价值空间扩展。

因此，对"公共空间"的概念界定，应该按照三种不同的考察路径进行：一是从物理和经济属性出发定义的开放空间和公共产权空间形态；二是作为社会公共性场所空间的历史生成；三是作为政治公共领域的价值建构与变迁。

从物理的开放性特征看，城市公共空间（Public Space）是城市开放空间（Open Space）系统的子系统之一[①]，是人工因素占主导地位的城市开放空间，包括街道空间、广场空间、公园绿地、室内化开放空间等[②]；从经济属性角度，城市公共空间是公共资源，可以简单定义为城市公共产权空间。如美国学者马丹尼波尔所言，公共空间是由公共机构提供的、供所有社会成员共享和使用的城市空间（Madanipour，1996）[③]。因此，城市公共空间可以看作是属于公共所有或者属于公共价值领域的城

---

① 赵蔚. 城市公共空间的分层规划控制. 现代城市研究，2001（5）.
② 王鹏. 城市公共空间的系统化建设. 南京：东南大学出版社，2002.
③ Madanipour A. Design of urban space: an inquiry into a social-spatial process. Chichester, New York: John Wiley & Sons, 1996.

市空间部分，其主体是一种公共物品（傅睿，2007）[1]；从产权[2]属性出发，可将公共空间属性归纳为：所有权、使用权和管理权等三个方面，包含了多样属性，具有多向量的特点。从所有权角度，公共空间的所有权可包括完全公共所有、公私共同所有、完全私人所有3种；从使用权的角度，可分为完全公共使用、有条件的公共使用和供部分公众使用等3种；从管理权角度，可分为完全公共管理、公私合作管理和完全私人管理等3种模式（Nemeth and Schmidt，2009）[3]。

从社会公共性场所空间的历史生成看，古典公共空间是建构文化宗教意识、权力政治秩序和公开市场交易行为等基本城市社会生活内涵的核心场所，反映了作为道德伦理的古典公共性本质（张建强，2000）[4]；现代公共空间则突出保障个体权利自由基础上的理性交往功能，反映了作为政治权利的现代公共性本质，因此，现代城市公共空间通常侧重于能够实现市民自由参与、交往互动的公共场所空间，并与"权力"公共空间区分开来。作为"场所"的公共空间特别强调"行动与结构"相互建构的质的规定性（图1-6）。

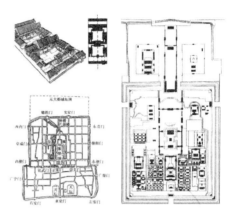

图1-6　四合院、紫禁城宫城和元大都都城"家国同构"的空间模式
（资料来源：孔祥伟，2005）

从政治公共领域的价值逻辑与变迁路径看，作为言论、行动和其他政治实践得以展开的场所，"公共空间"实现了与政治伦理学中的"公共领域"概念的重叠与链接（Arendt，1958）[5]。从词源上看，"公共领域"一词是由英文的public sphere或德文的Öffentlichkeit转译而来的，"公共的"是其核心。

英语Polis（城邦）、拉丁语Pupulus（人们或人民）以及亚里士多德著作中的Koinónia Politiké可能是"公共"一词的最早源头。它与"政治"（Politike）、"政治制度"（Politeia）、"公民"（Polites）等概念同源，指的是由"公民"构成的公共的政治空间，强调公民对公共事务开放自由的讨论或辩论，并由此形成共识和公共政策。道德化的"公共性"政治伦理观是古典"公共领域"概念的思想核心。而中世纪以后象征"礼节"、"地位"等标志的代表性公共领域和近代以来体现封建领主特权的公共权力领

①　傅睿. 小城镇公共空间系统的建构和比较研究. 苏州科技学院硕士学位论文，2007，20–21.
②　《新帕尔格雷夫经济学大辞典》（1992）对产权的定义是："产权是一种通过社会强制而实现的对某种经济物品的多种用途进行选择的权利。"产权包含排他性、有限性、可分割性、可交易性等属性。
③　Nemeth J., Schmidt S. The privatization of public space: modeling and measuring publicness. AICP Conference. 2009.
④　张建强. 从城市演化过程看城市公共空间的本质意义. 浙江工业大学学报. 2000，28（2）：181.
⑤　Arendt H. the human condition. chicago: university of Chicago press. 1958：52–57.

域的发展，大大削弱了古典公共性的价值意蕴。

随着"二战"后西方资本主义的发展，福特主义（Fordism）生产方式造就了"大众消费社会"，西方社会向后现代社会过渡过程中，后福特主义（Post-fordism）生产方式又将消费社会推演到一个新的阶段，公共空间私有化与消费型伪公共空间盛行，公共空间的变迁偏离了公共性价值坐标。

伴随着公共空间的衰落，基于价值内涵的公共空间批判与重构成为西方城市空间研究的主流方向。以价值为起点的西方公共空间研究，形成了社会学、政治学领域众多经典的理论成果，阿伦特与哈贝马斯关于公共领域批判及建构机制的理论，对公共性价值理论的发展起到了重要的作用。阿伦特（2005）[①]通过"行动领域"的意义阐释，赋予公共领域更多的古典公共性的政治伦理内涵；哈贝马斯（1999）[②]将公共领域视为一种以公共权力为内容、以公众参与为形式、以批评为目的的社会交往空间。

总之，"公共领域"概念包含了描述性、分析性和价值性等内涵的统一，既是依照自然的命令而现实地产生和存在的，又是依照人类的理性和道德的命令而应然地存在和发展的，是合规律与合目的的统一。从描述性内涵看，"公共领域"指涉一种特殊的、感性的社会空间；从分析性内涵看，公共领域指的并不是一个拥有固定边界的物质性实体空间，而是一个相对性的关系范畴；它是在与政治国家、市民社会私人领域的相对关系中获得自身规定性的；从价值性内涵看，公共领域追求的是一种通过言说来限制国家权力以保护私人权利的宪政理想（杨仁忠，2009）[③]。

由此，从研究对象看，公共空间的核心内涵是能够彰显公共性价值内涵的政治伦理空间（公共领域），在本质上属于政治、社会空间，而非物理空间；从研究方法看，制度建构是本书研究的基本体系框架，城市规划制度建构则贯穿了从城市空间的公共性价值批判，到基于政府公共政策和社区治理的公共空间价值重构的制度设计的理论与实践过程。基于以上分析，笔者对本书研究中的"公共空间"概念界定如下："公共空间"是承载古典公共性政治伦理价值的社会实践空间。从其价值研究视角看，空间权力是价值批判的核心，社会共同体是价值呈现的场域内涵，而制度创新则是价值建构的实践方法。

1.2.3 公共空间价值

西方公共空间的价值理念缘起于古希腊城邦的公共领域概念，并随着西方社会发展与政治哲学的历史演进而变迁（杜立柱，2002）[④]。西方学术界关于公共空间价值认知可划分为三个阶段：主要包括思辨哲学范畴的政治权力空间（价值客体）与

① 阿伦特.公共领域和私人领域//汪晖，陈燕谷.文化与公共性.北京：生活·读书·新知三联书店，2005：81-86.
② 哈贝马斯.公共领域的结构转型，曹卫东等译.上海：学林出版社，1999：32.
③ 杨仁忠.公共领域论.北京：人民出版社，2009：199-219.
④ 杜立柱.关于公共空间的思索——兼论法国城市规划的两种形式.国外城市规划，2002，（3）：42～45.

社会交往空间（价值主体）价值认知阶段，以及实践论哲学范畴的社会组织场域建构（价值实践）的价值认知阶段：

①价值客体角度的认知：政治权力（物质）空间。古希腊时期至中世纪前的西方古典政治哲学将政治生活视为实现最高人类道德的必由之路，而公共空间从形态上被赋予公共性政治和神权政治空间的象征功能。例如古希腊城邦广场、神庙、图书馆、集市等公共政治生活空间和中世纪以基督教堂为主的神权政治空间。

②价值主体角度的认知：社会交往（结构）空间。西方社会进入文艺复兴后，神权政治收到压制，公民社会逐渐兴起，国家政治权力弱化的同时，公共权力得到了空前的扩张。市民"公共领域"（public sphere）的兴起阐释了公共空间的社会交往建构功能。

③价值实践角度的认知：社会场域（实践）空间。近代以来，学术界更加倾向于公共空间所承载的人与活动的研究，而非过去着重探讨"公共空间是什么"的研究。总体上，虽然对公共空间内涵仍有不同界定，但在公共空间根本属性方面基本形成共识：首先，公共空间能容纳各种自发的社会活动，而这些活动内容并非单一而是"异质性"的；其次，丰富的非排他性公共活动，重建了公共空间的"公共性"价值。这将公共空间的价值内涵提升到了社会实践的层次。

进入20世纪后期以来，伴随着后现代主义运动对现代性危机的批判，空间问题也突破了思辨哲学的固有范畴，在空间认知方面强调了人的场所与地方感知的主体价值和意义。在此背景下，从价值认知的角度，公共空间也逐渐由承载政治权力或社会交往的物质、结构空间转变为构建现代公民社会的场域实践空间。

1.3 公共性价值批判与建构理论综述

1.3.1 公共性及其价值内涵

1.3.1.1 价值哲学释义

1）"价值"的释义

从词源上看，"价值"（value）一词源于古代梵文 wer（保护、掩盖）、wal（围墙、加固）和拉丁文 vallum（堤），其本意比较模糊和宽泛，大体聚合了"值得珍惜与重视"之意。

"价值"问题是哲学的基本研究对象，对"价值"概念的界定存在着不同的争议。但概括起来主要有两类：第一类是从形而上学的对象化客体的角度，对价值本体的认识，主要包括：①实体说，认为价值就是具有价值的事物本身。其中，经验"实体说"认为，价值就是某种客观存在的实体；而超验的"实体说"则把某个"超人"的独立存在的精神实体视为价值之源；②观念或意志说，认为价值是人类的一种精神或心理现象，是与人的兴趣、欲望、情感、态度、意向或规定等相关的东西。第二类是从人类主体经验与认知的角度，和主客关系上阐释价值概念的内涵，主要包括：①功能说，认为价值就是客体固有的某些功能；②关系说，认为价值是客体满足主体需要的关系（孙伟平，2008）①。

总体上看，本体论和实践论分别建构了价值研究的两种哲学思想基础。以古希腊哲学思想为源头的西方古典哲学，总体上确立了以本体论为基础的价值哲学体系。其中，自然哲学观从人与自然的同构性出发，提出原始宗教所蕴含的精神客体与物质客体相统一的"神论"价值观；以苏格拉底为代表的人生哲学观提出了以善和德行为基础的人的精神主体的根本性价值命题（潘红霞，2008）②。

实践论哲学作为与思辨哲学相对应的概念，其思想源头来自康德对"形而上学"的本体论维度和伦理学维度的划界分析（白刚，张荣艳，2006）③。19世纪末德国哲学家洛采在实践论哲学的基础上，将价值概念提高到逻辑学、形而上学和伦理学的顶峰，使价值范畴由一般经济学范畴和伦理学范畴上升到哲学范畴，首次将哲学研究区分为事实研究和价值研究，并确立了以价值哲学为核心的新的哲学研究方向（王玉樑，2006）④。19世纪末20世纪初，德国新康德主义弗赖堡学派哲学家文德尔班（Windelband，1921）⑤提出先验的"普遍价值"观，率先引导了价值哲学的独立的学术方向。文德尔班认为"价值"是一个关系范畴，包括了价值主体、价值客体，而二者的关系则构成了价值实践（表1-2）。

哲学关于"价值"的主要认识 表1-2

实体说	唯物主义"实体说"	价值就是某种客观存在的实体，是不一定与人相关的存在
	唯心主义"实体说"	把某个"超人"的独立存在的精神实体视为价值之源
功能说		价值是客体固有的某些功能
观念说		价值是人类的一种精神或心理现象，是与人的兴趣、欲望、情感、态度、意向或规定等相关的东西
关系说		价值是客体满足主体需要的关系

（资料来源：笔者自绘）

---

① 孙伟平. 价值哲学方法论. 北京：中国社会科学出版社，2008：52. 67–72.

② 潘红霞. 亚里士多德价值哲学思想研究. 华中科技大学硕士学位论文，2008：3–5.

③ 白刚，张荣艳. 形而上学的当代转向——从"本体论"到"伦理学". 东岳论丛，2006，27（6）：186.

④ 王玉樑. 21世纪价值哲学：从自发到自觉. 北京：人民出版社，2006。

⑤ Windelband W. An Introduction to Philosophy, translated by Joseph McCabe. London：T. Fisher Unwin Ltd，1921：214–217.

2）价值问题的伦理哲学基础

世界万物的统一性根据究竟是什么，构成了古代哲学本体论的基本命题。古典形而上学在回答这一问题的时候采用了一种分裂世界的方式，为了把握"存在"，它在现存可见世界背后悬设了一个不可见的超验本体世界，把世界分裂为"可见经验世界"与"可知超验世界"两个对峙世界，然后企图以"可知的本体世界"为根据，来统一和说明经验的可感世界。这就必然带来一个根本性的理论困难：人们所断言的彼岸超自然的"本体世界"的合法性根据究竟何在？此岸世界的人究竟怎样才能通达彼岸超自然的"本体世界"？而解决这一困难，则构成近代认识论基本的理论使命。

近代哲学自觉认识到，无论是自然世界还是超自然世界，都是处于与人的主观认识的关系之中的"存在"，离开"认识论"的"本体论"是无效的。在近代唯理论那里，"自然世界"与"超自然世界"的矛盾被转化成"理性"与"存在"的矛盾。笛卡儿提出"我思，故我在"这一认识论的立足点，把自然世界与超自然世界的矛盾转化为"我思"与"存在"之间的矛盾，来消除自然世界与超自然世界、感性世界与超感性世界的分裂。近代经验论同样是围绕着本体论问题而展开的。与唯理论不同的是，它不是把自然世界与超自然世界的矛盾转化为理性与存在的矛盾，而是要以感性经验为基础，通过否认一切超感性经验的存在，来消除自然世界与超自然世界、感性世界与超感性世界的分裂。休谟否定了本体论的研究对象和基础，否定了形而上学的本体作为认识对象的可能性。在经验之流中，古代哲学所遗留下来的自然世界与超自然世界、感性世界与超感性世界之间的鸿沟被消解了（贺来，2005）[①]。

从表面上看，近代哲学已经不再关注超验的"本体"问题，而是人的"认识"问题。但其实都是企图寻求和确立绝对普遍有效的"知识"来保证作为最终根据和基础的"本体"的必然可靠。所以从根本上来说，这一"转向"仍然是在形而上学的本体论向度之内的展开。只是从康德开始，才第一次在哲学史上出现了形而上学两个向度的自觉区分，即"自然（知识）形而上学"和"道德（伦理）形而上学"。尽管如此，仍是在用形而上学的本体论向度来控制其伦理学向度。

现代西方哲学对本体论形而上学的"拒斥"，是通过科学主义和人本主义这两条道路进行的。科学主义实际上是通过逻辑方法回归知识的形而上学；而人本主义则朝向努力恢复形而上学的伦理学向度。形而上学的伦理学向度最早可以追溯到古希腊哲学，形而上学自诞生之日起，就内在地具有本体论和伦理学这两个向度。在漫长的历史过程中，由于形而上学始终将终极知识作为自己的最高使命，试图建立起关于整个世界的知识体系，黑格尔的本体论可谓这一知识体系的最高峰。随着现代西方哲学中的人本主义思潮的发展，形而上学的伦理学向度又重新得以彰显。形

---

① 贺来."认识论转向"的本体论意蕴.社会科学战线，2005，3：1-2.

而上学的伦理学向度即是要冲决这一概念的逻辑之网，更加关注人的"实际生活"。从根本上说，形而上学从本体论到伦理学的当代转向，也就是哲学从"知识论"转向了"生存论"（白刚，张荣艳，2006）[①]。

由此可知，站在以人为主体和基础的哲学立场之上，伦理的形而上学建构了一种新的哲学本体论基础，使价值哲学上升为哲学研究的本体与基础命题。"价值论"范式取代"实在论"范式，成为现代西方哲学发展的主体方向，这样，就为价值问题研究确立了非常清晰的哲学思想范式框架。当代哲学从实在论范式向价值论范式的转换，体现的恰恰是人类对自身生存命运关注的内在要求，符合人类对理想生活境界的追求以及生命本性完善的价值取向。

3）价值哲学的实践方法论

"价值论"明确地作为一种哲学理论形态应归属于德国新康德学派。因为此前的西方传统哲学认为哲学是一种科学知识，与特殊科学不同的是，哲学以整个世界为对象，用严格的逻辑范畴来把握世界，追求世界的统一性和知识的统一性，为世界存在和人的生存寻求理论根据。文德尔班认为哲学的对象、哲学唯一的全部问题就是"价值问题"，而"价值问题"涉及的只是人类的文明和文化、人生的意义和价值。

如果说价值哲学的创立者自觉开启了以"价值问题"为哲学研究唯一对象的意识，那么作为一种新的哲学立场和哲学理念的倡导者应该首推尼采。他以"重估一切价值"的思想号角，凸显人类的"价值问题"，并为现代哲学确立了一个方向——把价值问题作为中心问题来研究，并且确立了由经验性建构性向实践性批判转变的新的哲学方法论。

当形而上学实现了伦理学的当代转向之后，也就随之实现了哲学方法论的实践转向。马克思通过对资本主义制度的伦理批判，首先实现了从理论哲学向实践哲学的转变。马克思所理解的人类生存的理想状态，绝不是抽象主体的某种内在体验或先验原理的逻辑说明，而是人的"实际生活过程"（白刚，张荣艳，2006）[②]。胡塞尔通过现象学研究，希望把人们从实证主义的偏执和谬误中解救出来，使人们回归经人改造的、由人赋予意义和价值的"生活世界"。存在主义者萨特则直接以价值论的视界，通过对"自在"和"自为"之间的否定性关系的揭示，肯定并强调"人"在世界中的独特地位和能动作用（常江，涂良川，2008）[③]。

总之，从形而上学的视角看，价值哲学就是以人的生存伦理为核心的本体论哲学；从哲学方法论的视角看，价值研究即是从经验建构方法转向实践批判方法。

---

① 白刚，张荣艳.形而上学的当代转向——从"本体论"到"伦理学".东岳论丛，2006，27（6）：185–189.
② 白刚，张荣艳.形而上学的当代转向——从"本体论"到"伦理学".东岳论丛，2006，27，（6）：189.
③ 常江，涂良川."哲学范式"转换与当代哲学价值论取向.吉林师范大学学报（人文社会科学版），2008，5：97–99.

1.3.1.2　"公共性"问题的历史生成和哲学范畴

1)"公共性"概念的历史生成

"公共性"一词来源于古希腊,其古典含义是与古希腊城邦生活紧密相关的,是对古希腊城邦公民德性的一种概括(谭清华,2013)[①],17 世纪初开始有"社会"、"社区"的含义,到 18 世纪末,才有公共性(publicity)的含义。

在不同历史时代,公共性具有不同的含义。原始社会是公私未分化的状态,公共性概念缺乏与财产私有制为比较对象的公有制基础。随着社会分工的发展,作为基本生产单位的家庭的财产的拥有权,成为"私"念的历史起源。与此同时,社会中不属于个人或家庭的那些部分就成为早期"公"念的起源。在以农耕和畜牧为主的传统社会中,土地和牲畜成为人们最重要的私有财产。特定集体的安全和秩序、防止自然灾害以及保证生产正常进行的交通和灌溉等就成为重要的社会公共事务。在以工业、服务业和信息产业为主的现代社会中,基本生产单位由家庭转变为企业,各种生产要素逐渐社会化,社会也不断从传统社会的私人性向公共性转变,其结果表现为公共性的不断增长以及社会公共领域的不断扩大。由此可见,公共性从无到有、从传统社会消极的公共性到现代社会的积极的公共性的转变,是社会生产力以及生产关系不断发展的产物(高鹏程,2009)[②]。

2)作为古典形而上学的公共性

古典自然法通过对人的自然理性的正义价值的阐述,确立了公共性的价值基础。亚里士多德提出的,以"最高的善"的道德正义价值目标为基石的精神共同体,成为公共性价值认知的形而上学载体。而随着社会分工的发展,和以城邦为代表的"精神共同体"的瓦解,道德的共同体建构了以社会的公共理性为特征的公共性价值观念,并奠定了政治哲学的公共性伦理基础。

3)作为现代存在论社会实践形态的公共性

古典自然法观念基于道德形而上学的视角,提供了由人的自然理性和公共理性建构的公共性价值观念。"社会共同体"从实践方法论角度,阐释了基于存在论价值哲学的公共空间价值形态,体现了公共性价值建构从超验的形而上学价值思辨方法,向经验与存在的社会实践方法转向。从社会哲学的角度看,公共性是主体在实践活动中所表现出来的一种社会属性和观念体系,是标识人的共在性和相依性的意识和情感。人在社会中存在和发展,这是公共性问题的存在论基础,而共同体理论建构了人的社会性生存的古典哲学基础,自然法成为精神共同体建构的价值追求。

---

① 谭清华. 哲学语境中的公共性:概念、问题与理论. 学海,2013,2:163.
② 高鹏程. 公共性:概念、模式与特征. 中国行政管理,2009,285(3):66.

1.3.2　公共性价值建构理论

1.3.2.1　基于形而上学本体论的公共性价值研究

1）自然法——公共性价值的形而上学基础

上述研究阐明，价值问题是探索人的存在及其与世界关系的根本性哲学命题。本节将通过对"自然法"概念和内涵的阐述，探索"公共性"价值的思想起源以及发展历程。

（1）"自然法"的思想起源和发展

自然法起源于古希腊，在希腊神话中，自然法就是永恒神秘的"命运"、"定数"和"逻各斯"，它在暗中掌控着万物的命运。因此，代表人类早期思想文明的自然法，带有一种强烈的泛神论的性质，被认为是由神创造的一种永恒不变的自然秩序，从而将其引入人类社会领域所演绎而成的一种规制人类社会的理想法则。随着古希腊人对其整个世界的认识经历了从神话到理性的过程，自然法的概念也在这一历程中由神的法则到自然的正义法则，再演进为人类的道德法则（汪太贤，2004）[①]。斯多葛学派提出自然法就是理性法的观念，苏格拉底提出了一种关于人的本性的理性学说，并将其视为其哲学理论的必要前提（石碧球，2012）[②]。到了中世纪，虽然上帝成为代表永恒的最高权威，但人可以通过理性参与分享永恒法，自然法仍然是指导人类社会活动的道德法则。

在17、18世纪欧洲道德哲学和政治哲学中，一种新的自然法理论开始盛行。近代自然法哲学不再从神圣意志或某种客观秩序出发来解释自然法，而从人性、理性或人的权利，即某种绝对的主观诉求出发来论证法律、秩序或义务的起源。从霍布斯开始，自然法开始了世俗化的转向，由上帝的启示或客观秩序沦落为证明个人权利的工具。

简言之，自然法的现代转向表现在三个方面：一是自然法的来源从外在的神圣性秩序下降到人的内在本性或理性；二是自然法的宗旨从强调社会秩序转向保护个人权利；三是自然法的性质从确立人类正义的评价标准转到论证个人权利体系正当性的工具。在自然法由外向内、由神向人、由神性向人性的转变过程中，传统自然法的精神并没有被抛弃，自然法永恒的性质依然保留着，只不过永恒的正义根基从神圣的自然秩序转变为抽象的人性、抽象的个人权利（刘振江，2011）[③]。

（2）自然法与古典公共性正义观

从人类社会的历史发展逻辑看，自然法观念实现了两次重要的价值转向：第一次是从神谕的秩序和正义向人的自然理性建构的精神共同体的公共性价值理想（从自然的形而上学到道德的形而上学）转向；第二次是从自然理性建构的个体的道德共同体向公共理性建构的社会的道德共同体的转向。

① 汪太贤. 从神谕到自然的启示——古希腊自然法的源起与生成. 现代法学，2004，26（6）：16.
② 石碧球. 追寻正义：古希腊罗马自然法思想的主题. 人文杂志，2012，1：19-25.
③ 刘振江. 论自然法理论的嬗变与近代权利正义论的确立. 当代世界与社会主义，2011，6：163-167.

第一，个人的自然理性建构的公共性价值——从精神共同体到道德共同体。

虽然以普罗泰戈拉（Protagoras）为代表的智者们提出了以人的本性或自然状态作为自然法的必要条件，但亚里士多德并不认同智者学派对人的本性的抽象的自然状态的表述。亚里士多德区分了自然的正义和习俗的正义，并通过"城邦显然是自然的产物，人天生是一种政治动物"，阐述了城邦所代表的自然的正义对人类在现实生活的习俗的正义的匡正。以此为契机，亚里士多德的"城邦论"提出了关于精神共同体的最早阐述。

以"最高的善"的道德正义价值目标为基石的精神共同体，成为公共性价值认知的形而上学载体。亚里士多德认为，维系共同体作为一个完整的有机体存在的核心要素是情谊和正义，共同体追求的目的是最高的善[1]。亚里士多德的共同体实质上是精神共同体，他关于共同体的基本特征的论述，是关于精神共同体的重要思想渊源（韩洪涛，2010）[2]。

古典自然法所倡导的人的自然理性与正义精神，更多地从形而上学价值认识论的视角，阐释公共性价值的自然永恒性和先验普遍性。然而，随着人类个体与社会关系的变化，"公共性"问题更多从价值批判和实践重构的角度进行研究，从而，促进了道德的形而上学的发展——以人的生存和发展为核心所展开的一系列价值追问。道德哲学兴起于古典"城邦"精神共同体的瓦解和对人与社会价值关系的重新思考，而个人价值从共同体中脱颖而出，成为道德政治哲学的历史发展基础。

随着基于精神共同体的"城邦"的瓦解，自然法所代表的人的自然理性的正义法则被社会的公共理性价值所取代，并逐渐成为道德共同体的价值基石。

第二，社会的公共理性建构的公共性价值——基于共和主义的社会道德共同体。

虽然古典自然法成为维系精神共同体的价值纽带，但从人类社会的历史发展逻辑看，由于现代社会工业化进程中，劳动分工的发展，使得个人从传统社会精神共同体中分离出来，成为"孤寂的个体"。个体的价值问题，以及个体与社会的关系成为认识公共性问题的新的焦点。

城邦的衰落才催生了完全意义上的"个人"概念，这时，才产生了更具普遍意义的共同体，即真正的"社会"概念。基督教赋予个人的内在价值，形成了强大而坚不可摧的形而上学基础，也推动了超越一切旧共同体的普遍社会概念。以阿奎那为代表的斯多葛学派提出了政治生活的"正义"应然问题，并否定了基督教通过个人内省去达成道德目标的可能性，并主张个人只有在社会中才能过一种有道德的生活，从而提出了社会对于个人、公善对于私利的优先性问题。从阿奎那开始，关于

---

① 亚里士多德认为善有三种：外在诸善（如财富、权力、声誉），身体诸善（如健康、美貌）及灵魂诸善（如勇敢、节制、正义、明哲）。

② 韩洪涛. 简论西方社会的精神共同体思想. 郑州大学学报（哲学社会科学版），2010，43（4）：97-98.

社会正义的研究基本转向对国家治理中的公共性政治伦理价值的讨论。阿奎那指出，政治的伦理基础是自然法，政治正义的目标是公共幸福，国家的建立和社会的治理是一种来自上帝意志的权力，其正当性完全取决于它对公共利益的贡献。进而，西塞罗基于这种自然正义而设计出"道德国家"理论。

道德国家的构想源自共和主义 ① 的古典政治体制设计。众所周知，古希腊的城邦民主制度奠定了西方古典政治民主体制的基础，但其自身存在的内在缺陷却又成为古希腊文明衰落的原因所在。古希腊现场议事的直接民主制度忽略了对少数人权利的尊重，公民作为政治动物通过政治参与和政治辩论获得最高形式的价值实现，而个体私人生活则是根本不予认可的。于是，在晚期希腊城邦，基于公共领域与私人领域二分的个体意识逐渐取代了蕴含于早期城邦公共领域与私人领域合一的德性伦理，成为一种否定城邦制度的内在精神力量，动摇了古希腊城邦民主制度的正义基础。另一方面，随着古罗马帝国的兴起和贵族—平民共和制政治治理体制的发展，共和主义的政治价值理念得到新的诠释，并建构了西方政治思想体系中最早的公共领域的概念。平民共和制是一种权力制衡和"有效妥协"的公共政治运行机制，形成了一种不同于古代希腊城邦制度的混合宪制。与古代希腊社会不同的是，随着平民阶层斗争的胜利和公民权的扩展，基于公共理性精神的政治公共领域进一步扩大。古罗马人对公共领域和私人领域的严格界分是以肯定私权和承认私人领域的正当性为基础的，他们把这种界分通过公法和私法的形式给予肯定和保护，从而成为近代公共领域观念与私人领域观念的真正历史源头。与古希腊城邦的直接民主制相比，古罗马的公共领域无论是其运行机制和参与主体，还是其价值理念，都表现出异于古希腊传统的共和主义精神。这是一种孕育于共和制度并富含共和精神的共和主义传统的公共领域（杨仁忠，2015）②。

2）从自然权利到社会权利——基于公共性价值的现代政治实践

（1）自然权利的规范性建构——基于古典个体道德"正义"的公共性

上述研究指出，道德共同体的建构体现了以自然法为基础的古典正义观的理念，从抽象的个人精神与宗教伦理观向实践的社会道德伦理观的转变，并进一步从共和主义政治体制建构的视角，凸显了公共性政治伦理内涵。

然而，霍布斯（Hobbes，1994）③ 和洛克都从个人主义的立场，批判了基于道德

① "共和"（republic）一词，源自拉丁文"res publica"，意为"公续事务"。从政治哲学的角度来考量，"共和"并不是一个价值中立的描述性概念。它的主要功能，与其说是为了对政体种类进行知识性或常识性的划分，毋宁说是为了给人们展示一种其有正义禀赋的崇高的政治理想。核心要义是：第一，国家是属于全体公民的"物"，而不是属于个别人或个别集团的"私有物"；第二，公共权力体系原则上向全体公民开放，而不能为个别人或少数人排他性地把持；第三，参与国家治理的公民应该将促进共同体的公共利益摆在优先地位，而不能假借公权来满足私欲、争夺私利、中饱私囊。似可断言，正是对政治生活"公共性"的由衷关切，确定了"共和"在人类政治文明史上的思想旅行路线及其在现代政治谱系中的地位与归属。

② 杨仁忠.共和精神的形成机制与政治公共性的罗马传统.河南师范大学学报（哲学社会科学版),2015,42（5）:1-2.4-5.

③ Hobbes T. Leviathan. Indianapolis：Hackett. 1994// 利维坦. 黎思复、黎廷弼译. 北京：商务印书馆. 1985.

共同体的国家政治伦理基础。霍布斯认为古典正义观高估了理性的地位，霍布斯认为，人类原本处于一种一切人反对一切人的"战争"的自然状态[①]。他通过社会契约论，指出自然状态的人为实现自我保全，便汇聚起来订立契约，成立国家，让渡一切权利给一个君主或议会，使其掌握最高权力，以谋公共之和平与保障。霍布斯对自然法进行了重新诠释，正义不再被视为秉承着上帝意志的凌驾于人之上的自然法则，并通过对以国家为核心的政治实践活动的阐释，完成了国家的正当性论证，也确立起一种权利本位的现代正义观（倪寿鹏，2013）[②]。 虽然洛克关于自然状态的设想同样是基于人的平等性和个人主义的，但关于国家的本质，洛克与霍布斯存在较大的差异。霍布斯主张转让、放弃所有权力。洛克认为人们订立契约组成国家，国家也是契约的一方当事人，也应遵守契约的内容与宗旨、履行契约的义务（李泽，2006）[③]。

（2）社会权利的规范性建构——基于现代社会启蒙"理性"的公共性

卢梭批判了霍布斯和洛克个人主义的自然权利理论，指出其以自然人性为基础的正义原则的现实悖论。卢梭说人生而自由，却无往不在缧绁之中。他指出，随着人将自己全部的权利都让渡给了社会，人们也就丧失了向自然权利申诉的权利：所有的权利都成了社会性的权利（倪寿鹏，2013）。由此，现代正义观的社会性基础得以确立。早期由自由主义确立的以个人主义自然权利为基础的形而上学的正义观，转向以国家主义社会性权利为基础的，实践的正义观。

现代社会的公共性是伴随着公民社会的成长而出现的。现代社会的公共性的基础是个体的理性。这种公共性在理论上能获得规范的基础，是由康德的理论奠定的。康德将卢梭的自由意志诉诸先验的道德律令。自由就是个人为自己立法，个人要遵守先验的绝对律令。但是康德之所以能够将先验的理性当作规范，是因为先验理性的社会基础是启蒙。康德在《什么是启蒙》中认为，启蒙就是个人有勇气脱离不成熟的状态，公开运用自己的理性，公开是指学者形成批判性的公共领域。康德的"世界公民"观念是理想的公民社会的公共领域。

康德采取了道德哲学中的方法，用先验的公共性调节政治与道德的矛盾，并且使批判性公共领域的公共性影响政治。康德确立了自由社会的理想状态——道德性与合法性的统一。然而，在启蒙的公共性中，政治与伦理本身都被逼到了绝境。政治原本是建立在习俗、道德之上的共同体，它的普遍和共同性不是抽象的理性，而是具体的习俗、宗教、法律、道德和伦理。而在启蒙的公共性中，人为自己立法，政治需要服

① 在霍布斯的笔下，若没有外在的强制权力的压服，人们便彼此疑惧，都试图用暴力或欺诈建立对他人的支配，从而保全自身。这种从自我保存出发导致的一切人对一切人的战争，使产业没有位置，因此通常与文明联系在一起的人类活动都无法进行（李猛，2012）。
② 倪寿鹏. 从自然法到契约论——评施特劳斯的正义理论. 哲学研究，2013，11：99-100.
③ 李泽. 共同价值基点衍生的两种自然法理念——霍布斯与洛克自然法思想之比较. 山东科技大学学报（社会科学版），2006，8（1）：72-73.

从的是普遍的规范的权利，而不考虑各个国家的特殊的伦理。因此，康德的公共性的观念体现了现代社会启蒙的危机。启蒙是将原来人与人之间具体的联系摧毁，结果剩下抽象的自由、平等和独立的个人。公民社会以这些抽象的权利为基础，建立普遍的政治。

黑格尔针对康德的启蒙思想中道德的主观性展开了批判。所谓公共性不过是公共舆论和公共意见，是自主的私人的意见，这些主观化的自由摧毁了所有实现个人理性的中介：诸如家庭、宗教、习俗，从而导致了抽象的内在的自由。黑格尔认为，主观性的道德必须在客观性的伦理中得到扬弃，康德所说的道德自由在市民社会的个体中不可能实现，而必须在国家的共同体中实现。

在康德建立的理想的公民社会道德基础上，自由主义者主张规范的法律和社会制度的公共性；在黑格尔建立的理想的国家共同体的基础上，其权威主义国家构成公共的国家权力，这种权力是通过三权分立、代议制等制度形式来保证。马克思理论实现了二者基础上的扬弃和发展。马克思发现市民社会中最根本的问题—经济问题，它无论如何不能被市民社会的规范体系所解决。市民社会的公共性不过是虚幻的意识形态，其实质是阶级之间的斗争。马克思之后的左派主张公共的社会权力，这种权力是通过阶级斗争、革命等社会运动来实现。因此，现代社会的公共性的争论围绕国家与社会的问题展开，例如用社会的权力限制国家的集权，同时用国家的制度性权力来约束社会中松散的权力。在国家与社会的紧张对立中寻求缓解对立的制度，成为现代社会维护规范的公共性的主要途径（孙磊，2006）[①]。

3）社群主义——古典共和主义公共性政治伦理的当代复兴

上一节首先通过在现代社会发展过程中，社会与个体关系的比较研究，阐述了以公共理性为基础的社会共同体的价值内涵，以及对以自然理性为基础的精神共同体的超越；其次，通过对现代社会学理论关于"社会性"问题三个发展阶段的研究，发现了古典政治公共性价值问题在现代社会的新的实践建构方法，即以自由主义和与个体价值关联的"社会性"为核心，围绕社会共同体的行动与实践研究范式。

本节将通过社群主义对自由主义的批判，考察社群主义提出的，以特定地方历史文化为纽带的社会共同体相对于个人主义的道德优先性，从而阐述了社群共同体行动成为一种新的公共性价值的建构方式，重新复兴的古典正义观对精神共同体的价值表述。

（1）社群主义的历史发展逻辑——新自由主义批判

当代社群主义产生于20世纪80年代。其代表人物有阿拉斯戴尔·麦金太尔、米切尔·桑德尔、查里斯·泰勒和米切尔·沃尔茨等。社群主义立足于共同体建构所依据的特定的地方性与历史性传统，首先批判了罗尔斯的正义观念的普遍与绝对性的虚幻性。在社群主义者看来，个人从属于共同体，而共同体一定是地方性的，并且有着自

---

① 孙磊.行动、伦理与公共空间——汉娜·阿伦特的交往政治哲学研究.复旦大学博士学位论文，2006：89-92.

身的特定传统。个人受到共同体的历史文化以及生活背景的限定，因而超越一定文化传统、一定宗教背景的普遍主义是虚妄的。普遍和绝对的正义是个人主义的一种幻象。

其次，社群主义批判了罗尔斯自由主义的形而上学的超验的自我观造成的自我与社会共同体的割裂，以及与此关联的对共同体概念理解上的偏差。在桑德尔（2001）[1]看来，罗尔斯的自我观源于康德：在康德那里，自我是一种超验的主体。康德既把自我理解为一个主体，同时也把自我理解为一个经验的客体。作为经验的客体，自我属于感性的世界，自我的行动如其他所有客体的运动一样，是为自然法则和各种因果规则所决定的；相反，作为行动的主体，自我居于一个理智的或超感性的世界，独立于自然规律之外。并能依据自我立法来行动。罗尔斯的超验性自我把社会或共同体看成是个人竞技的场所或条件，用泰勒的话来说，社会或所谓的共同体不过是原子式的个人偶然相遇的场所。社群主义者认为，由于自由主义的个人主义立场，使得其对社会共同体没有也不可能有正确的认识（龚群，2010）[2]。

（2）社群主义的公共性价值理想——共和主义的公共理性政治伦理

社群主义对古典共和主义的道德共同体进行了重新阐释。不同于罗尔斯将个体置于共同体之上的自由主义立场，桑德尔认为，自我的属性由他所在的共同体所形成，同时，自我也是构成共同体的一个内在要素，自我对共同体存在着一种依存关系。因此，不是个人权利，而是共同体的共同善，具有超越其他一切的优先性。在桑德尔看来，这样一个共同体的概念或共同体的社会架构形成了一种自我理解的模式。同时，桑德尔通过麦金太尔提出的亚里士多德式的德性共同体，阐述其古典社会的道德共同体的价值理想。在麦金太尔看来，现代社会已经难以在主流社会建立那种利益一致和有着共同价值信念的共同体，但人们仍可以在现代社会的边缘建立某种类似的共同体（龚群，2010）（表1-3）。

西方"公共性"价值研究的理论进展 表1-3

时期	"公共性"价值特点	代表人物	主要观点
古希腊时期	权力政治即公共性	亚里士多德、苏格拉底等	"善与正义"等价值目标是政治思想的归宿；"公共性"依附于"政治性"
16世纪—19世纪末	消极的公共性：公民个体权利的集合即公共性	霍布斯、马基雅维里和洛克、伏尔泰、孟德斯鸠等	道德价值应当从政治生活中分离出去；"权利与自由"是最高政治原则,政府的"公共权力"是为了实现公民权利和社会平等的公共规则
19世纪末以来	积极的公共性：强调公共利益，公共性从个人向社会回归	新自由主义代表人物罗尔斯、社群主义代表人物桑德尔等	公共理性正是建立在政治正义原则基础上的公共性，是一种实践的公共性；以超越个体价值的社会共同体的善的伦理目标为基础的公共观

（资料来源：欧阳英，2006；陈乾，2009，笔者整理）

---

① 桑德尔.自由主义与正义的局限.南京：译林出版社，2001。
② 龚群.当代社群主义对罗尔斯自由主义的批评.中国人民大学学报，2010，1：9-14.

1.3.2.2 基于实践本体论的"公共性"价值研究

1）政治行动的公共空间——阿伦特的公共性价值批判与建构

（1）社会的私匿性与公共性价值批判

阿伦特通过对马克思劳动与社会发展理论的批判，阐述了现代大众社会的私匿性特征以及公共性价值的丧失。

首先，阿伦特分析了现代政治实践的危机。"技艺国家"[①]是阿伦特对现代政治的基本判断。近代政治一般可以分为两种传统：一种是现实的权力政治传统，如马基雅维利、霍布斯、马克思与韦伯；另一种是规范的权利政治传统，如洛克、卢梭、康德与黑格尔。

从马基雅维利和霍布斯开始，近代政治的起点就已经远离古典政治的实践。它不再追问伦理与道德，而是把生存的必需作为政治的起点。霍布斯的自然权利确立的人的生存和欲望的自然，与古典自然法中伦理秩序的自然是完全不同的概念。近代自由的实现始终是通过建立维持生存的技艺化组织，建立维持再生产的社会制度，但这种自由的最大危机在于没有伦理意义上的行动。

并非只有在马基雅维利和霍布斯的权力政治传统中才没有实践，规范的权利政治传统同样蜕变为个人的权力算计。卢梭延续霍布斯的自我不受一切外在物奴役的自我保存论，试图用意志自由克服近代政治中的自利。康德提出服从个体的自由意志的实践理性学说，阐述了服从个体的自由意志的政治实践，这与伦理、法律等外在世界没有关系。

因此，现代政治的危机是只有自我，没有伦理的实践危机。无论是现实的权力政治传统还是规范的权利政治传统，都停留在自由主义政治的实践传统中（孙磊，2006）[②]。

其次，阿伦特剖析了现代社会的私匿性特征及其对公共性价值实践的破坏。阿伦特针对现代社会的非公共性，提出其公共空间理论。现代社会的发展历程，就是公共性逐渐丧失和私匿性逐渐吞噬社会的过程。阿伦特通过对马克思的社会概念的批判，揭露了现代社会中的个体的自然化和原子化。

现代社会是需要的社会，经济性成为现代社会的主要特征，经济增长与创造需求成为社会发展的必然动力，并服务于资本的扩展与强制性掠夺的逻辑。政府在社会的崛起中是资本的代言人，政府的目的是不断维持资本的运转，并建立起现代国家的管制的规范性。这种规范性意味着一切价值都是以经济活动为准则，并把不能

---

① 阿伦特使用"技艺国家"概念来表述现代社会中国家对个体的强制与支配。从马基雅维利在《君主论》中区分"是"与"应当"开始，政治的问题就变成如何运用技艺适应现实，成为制造术与统治术的问题。韦伯看到，资本主义的发展使现代政治的问题充分凸显出技艺政治的灾难，现代人生活在理性化过程所构造的"铁笼子"中。现代政治的核心是权力与暴力，现代国家是组织与支配的强制性的团体（孙磊，2006）。

② 孙磊. 行动、伦理与公共空间——汉娜·阿伦特的交往政治哲学研究. 复旦大学博士学位论文，2006：51-52.

用经济理性算计的"无价值"的人的行动置于生产、交换和消费的经济市场中。人被夺去了与政治相关的财产、家庭、共同体，成为社会中"独立"的个体。而在古典政治中，政治是人存在的本质，并构建了基于自由言说的公共空间的道德共同体，使人摆脱了自然中的需要与劳动。

在完成对现代社会中个体的原子化问题的分析之后，阿伦特转向对大众社会及其私匿性蜕变的研究。阿伦特首先分析了民族国家的建立及其本质。基于保护个体的财产和权利不受他人的侵犯的社会契约论思想，所建立的民族国家中起支配作用的却是权力扩张，资产阶级民族国家的政治功能就是维护资本的扩张。正是在民族国家和资本的扩张中，产生了大量的剩余劳动力，出现了阿伦特所说的"暴民"（mob）和"大众"（mass）。"暴民"是由被各个阶级排斥的人组成的，"大众"是阶级社会崩溃后出现更普遍、更广泛的无家可归的人。正是民族国家本身为了维护资本的利益，造成了一个无阶级社会，造成了原子化和孤立的个人。

在此基础上，阿伦特提出"政治"与"社会"的划分。"社会"成为她批判现代性的重要概念。社会的崛起模糊了公共空间和私人空间的界限，使二者的存在都被摧毁。阿伦特从经济性，强制性和社交性的角度批判了现代社会的"私匿性"（intimacy）。阿伦特发现，从 19 世纪的阶级社会到 20 世纪的大众社会，私匿性不断吞噬整个社会。私匿性不同于私人空间的私人性（privacy），而是在社会模糊了公共空间与私人空间的界限后出现。在现代社会中，政治被融入无限的社会中，政治处于混沌的社会中（孙磊，2006）[①]。

（2）政治的公共性与基于行动的政治实践建构

阿伦特通过重新阐释城邦政治，使人们重新认识了亚里士多德与希腊城邦政治中的实践，从而为其公共空间价值建构理论提供依据。受阿伦特公共空间的启发，哈贝马斯的公共领域概念也引起西方社会对于市民社会和公共领域的激烈争论。受其影响，西方社会 80 年代兴起的社群主义，如麦金泰尔、泰勒、桑德尔用共同体抵制自由主义中的个体，都是在阿伦特复兴亚里士多德城邦政治的基础上展开的。

亚里士多德把哲学、天文学和数学归为理论科学，把伦理学、政治学归为实践科学，这里的关键是理论的知识（episteme）和实践的知识（phronesis）的划分。亚里士多德的伦理学和政治学从人的自然出发，探讨什么是好的实践。德性不同于规范和价值，而是人在具体的实践中实现。海德格尔的存在思想开启了 20 世纪亚里士多德实践哲学复兴之路，阿伦特和伽达默尔则分别从政治和伦理的方向沿此道路阐释亚里士多德实践政治的思想。区分技艺与行动是阿伦特复兴亚里士多德实践政治的关键。

① 孙磊 . 行动、伦理与公共空间——汉娜·阿伦特的交往政治哲学研究 . 复旦大学博士学位论文，2006: 93-94, 60-70.

海德格尔第一次阐释了亚里士多德的"技艺与明智"概念，阿伦特在此基础上，将真的实践与非真的实践，生产性活动与展现性活动的区别运用到批判现代社会的技艺代替行动。阿伦特指出，技艺活动的本质是一种对象化的活动，其本质是支配和统治。阿伦特批判现代社会没有政治，也正是指技艺活动代替了行动，现代社会的支配与统治代替了公共空间的政治。

如果说阿伦特对劳动和技艺作为生产性活动的批判是一种"解构"，那么作为展现性活动的行动则是她整个理论"建构"的核心。她确立了行动在政治的所有活动中的优先性，行动是在与他人共同生活的复数性的世界中展现的活动。阿伦特从古希腊思想中汲取了行动的开创精神。阿伦特运用现象学的方法创造性地阐释了亚里士多德的两个著名命题："人是政治的动物"（zoon pol1tikon）和"人是言说的动物"（zoon logonekhon），以此来阐释世界的空间性和其交往行动思想。城邦作为公共空间的建立，并非在其物理意义上而言，而是在人们共同的言说和行动中建立，因此城邦的空间位于"人们之间"，是"言说与行动的共享"。城邦并非是时间意义上的存在，如果没有展现性的言说和行动，城邦就消失了。语言在阿伦特这里获得本真的地位，人在言说中展现自己的差异性与独特性，语言不是作为交往的工具，而是以自身为目的（孙磊，2006）。

2）社会实践的公共领域——哈贝马斯的公共性价值批判与建构

阿伦特的批评者将其方法看作无根基的"现象学的本质主义"。阿伦特坚持本体论意义上的行动与公共空间，这使她忽视了社会过程中历史和制度的变化，而固守政治与社会的理想界限。哈贝马斯批判了阿伦特将政治与社会、政治与经济对立的观点。他的公共领域和交往理性概念是要回答，如何在现代性的框架内解决现代社会和政治的问题，如何完善现代民主理论，论证现代民主社会的合法性。哈贝马斯的公共领域理论一方面受到阿伦特的影响，另一方面受到社群主义理论的影响。

在其著作《公共性的结构转型》中，哈贝马斯讨论了资产阶级公共领域的形成及其转型问题。与阿伦特不同，哈贝马斯并没有把社会的崛起看作公共空间衰落的背景，而是从历史的角度论述公共性转型的合理性。工业的进步促进了现代社会的形成。现代社会的公共性是以个体的自主性为前提。公民社会意味着自主性的个人参与到各种制度组织中，形成与国家对立的公共性的社会权力。

哈贝马斯继承了康德的思想，提出了批判性公共领域的概念。所谓理性是指自主的个体的理性。与康德不同，他认为公共性的基础不是先验的，而是历史中资产阶级自由社会的发展。理性具有社会的基础，这意味着在市场体制和各种制度组织中，私人充分发挥其自主性，进行理性的交往。

接着，哈贝马斯描述了资产阶级批判性的公共领域向大众社会的转型。在此过程中，文化理性的公众变成文化消费的公众，广告成为公共性的功能，公共领域的批判性功能逐渐丧失。在哈贝马斯看来，现代社会的危机是晚期资本主义的合法性问题。克服危机的出路不是在于非理性的社会权力，诸如激进民主的政治参与，而是在于自由主义国家在政治公共性的调解下，向社会国家的转型。哈贝马斯肯定自由主义的权利传统，同时将共和主义提倡的政治参与的精神注入现代自由主义中，通过社会制度化的自我管理来克服国家权力高度的集权化和官僚化。

社会国家是公民社会与自由主义国家的妥协。问题在于，在 20 世纪经历了两次世界大战，经历了极权主义的政治灾难之后，启蒙理性凸现出重大的危机。社会权力与国家权力的理性化如何实现，它们又是如何与个人的生活相关？笔者将在下一节中，研究哈贝马斯的交往理性和商谈民主概念。

1.3.3　基于公共性价值实践形态的公共空间研究

1.3.3.1　"公共空间"的古典政治伦理价值——阿伦特的公共空间理论

1）现代权力政治体制中的公共空间闭合

马克思·韦伯的权力政治思想，代表了现代主导的西方政治理论。韦伯运用社会学的方法深刻剖析了现代政治的本质。韦伯认为现代政治就是权力统治，就是命令与服从的关系，政治是争取分享权力或影响权力分配的努力，国家是建立在暴力——亦即宣称是合法的——暴力手段上的人对人的统治。在前现代政治中，暴力存在于家庭中家长的统治中，也存在于主人对奴隶的强制中。但在现代政治中，没有奴隶制，暴力却体现在现代国家和社会的统治中，暴力和扩张是现代国家的原动力。民族国家本身和交往性的权力是矛盾的，它不可能成为政治性的公共空间。正是民族国家的扩张与暴力，才使得公共空间逐渐闭合。在对现代权力政治的理解上，不是自由主义的规范性的国家合法性理论，而是它的对立面的权力政治理论更深刻地揭示了现代国家的本质（孙磊，2006）[①]。

2）交往性权力和公共空间的价值呈现

在本节中笔者将通过阿伦特的"权力"概念，阐述其交往性的言说与行动中展开的公共空间实践。

与现代政治传统中的支配与统治的权力概念不同，阿伦特提出的权力概念，先于公共空间的制度建构和政府形式的组织。它是一种潜在的权力，在人们的言说与行动中一直存在。阿伦特的权力概念是交往性的权力，如果公共空间是人的言说和行动在其中呈现的关系网，权力就是将行动者联系起来的关系，这就是孟德斯鸠所说的法的精神。权力从不同的生长点中生长出来，在维护共同的空间中共生。阿伦

---

① 孙磊 . 行动、伦理与公共空间——汉娜·阿伦特的交往政治哲学研究 . 复旦大学博士学位论文，2006：78-83.

特的权力概念是本体论意义上的权力，而不是规范和制度中的权力，后者正是从前者中派生出来。因此，在阿伦特看来，政治的正当性在于公共性，政治意味着在公共空间中生活。公共性是在伦理性的空间中产生的，而不是任意的群体活动中产生的，公共空间交往的基础在于信任、友爱和承诺。因此，阿伦特的公共空间的实现，重要的不是民主制、贵族制或共和制的形式，而是针对政治的正当性的问题。政治的正当性在于政治本身，在于公民的交往性行动。

（1）基于与社会划界的政治公共空间

阿伦特在希腊城邦的基础上区分公共空间与私人空间，以此反对现代公民社会与现代国家。政治与社会的概念划分并非指两种现实的领域，而是指两种不同的精神。政治的精神是共同体中平等的言说，是伦理性的公共空间；社会的精神是支配与管理，强制与统治，这种功能性的社会外在决定人的生活。腾尼斯在区分共同体与社会时，已经看到现代社会的精神不同于共同体的精神。因此，阿伦特对政治与社会的划分，对公共空间与私人空间的划分是为了确立公共生活的界限。

（2）近代社会的公共性价值批判

阿伦特指出，近代公民社会的公共性没有在根本上触及公共空间的交往。以康德为代表的近代启蒙的公共性中只有公开运用理性的个体，而没有人与人之间的交往，个体始终处于孤立状态中。近代社会的出发点是个人，这决定了个体孤立的命运；另一方面，近代社会的公共性建立在公共崇拜的基础上，诸如诗人和哲学家等公共知识分子所构成的文学型公共领域。问题在于这种公共崇拜并不能形成公共空间。

（3）公共空间的价值呈现

阿伦特提出在公共空间中的公共性价值实践与呈现。公共空间不同于私人空间和社会，体现的是政治的公共性。在阿伦特看来，首先，公共空间是现象的空间。现象意味着在公共中被看见和听见，它构成存在的世界。与柏拉图形而上学对现象与本质的区分不同，现象的空间是展现的空间，而不是被建构的空间；其次，公共空间是世界的敞开。世界不是指自然界——科学意义上的无机世界，而是指人们共同生活中形成的生活世界。阿伦特从人类学的角度描述公共的空间，这种空间之所以是政治的，必须从古希腊城邦来理解。在城邦中没有近代意义上的个体，而只有公民的言说和行动。语言和行动与世界相关，具有公共性，是因为说出和展现了人们有限性与神性的生活的意义。

1.3.3.2 "公共空间"的现代社会实践价值——哈贝马斯的公共领域理论

1）理性化与交往理性行动

哈贝马斯基于对韦伯的理性化命题的批判，提出其交往行动理论。在他看来，韦伯提出的现代社会是不断理性化的进程。经济上的市场体制，政治上的官僚体制形成资产阶级社会内在理性的进程，在此过程中，个人不同于传统共同体社会中的个人，而是成为社会性的、自主性的个人。韦伯的行动概念是个人以获取利益为目的，是独白形式的目的论的行动，而交往理性行动是对手段—目的理性行动的克服。它是社会的行动，行动者在社会中产生交往和互动。这种交往行动的理性是以规范的共识为前提，共识的基础是启蒙后的现代合法性的权利体系，它是由理性的自然权利通过自由和平等者的契约建立而成。哈贝马斯引入了帕森斯的社会体系概念，认为现代社会是生活世界与社会体系之间的互动，是交往理性和工具理性之间的互动。交往性行动和社会体系的融合只有依靠制度化来保证。

2）商谈民主——对自由主义和共和主义的综合

随着 1989 年东欧剧变和西方民主阵营的扩张，哈贝马斯提出其商谈民主理论，通过调节西方政治中自由主义和共和主义之间的矛盾，从而进一步推进他的社会民主和普遍权利的思想。自由主义主张，以市场经济为根本取向评判个人与社会的关系。自由主义的政治哲学希望维持现有政治体系的稳定，对政治消极保守，取消了公民政治的存在，因而无法应对公民政治认同的危机；共和主义是对自由主义政治理论的批评。共和主义强调公民政治交往的社会基础在国家的行政权力和市场经济中受到损害，因此政治公共性在交往实践中应该既保证社会融合，又保证个体的自主。共和主义主张公民积极参与政治的积极自由，在此过程中形成公共的意见和公共的意志，从而履行公民在社会中的政治责任。

但是在哈贝马斯看来，共和主义过于激进和过于理想，过于主张主观的自由。哈贝马斯认为现代社会的核心问题是正义问题，而不是好的生活的伦理问题。另外，共和主义也面临权力和伦理如何被规范化和制度化的问题。因此，哈贝马斯在保守的自由主义和激进的共和主义之间寻求妥协，提出"商谈民主"的政治理论。"商谈民主"理论在政治上要调和国家、市场与社会之间的紧张关系，把它们纳入理性的、规范的权利政治中。"商谈民主"理论的基础是自主性的权利。在哈贝马斯看来，它不仅是个体性的，也是公共性的。对于自由主义以市场利益为基础的消极权利来说，必须给它注入社会平等和自由的基础权利，从而使社会财富的分配更加正义，社会自由更加民主（孙磊，2006）[①]。

1.3.4　研究评述

自人类社会发展伊始就存在公共性问题，公共性是主体在实践活动中所表现出来的一种社会属性和观念体系，是标识人的共在性和相依性的意识和情感。从社会

---

① 孙磊. 行动、伦理与公共空间——汉娜·阿伦特的交往政治哲学研究. 复旦大学博士学位论文，2006: 16–29, 103–110.

哲学的角度研究公共性问题应该从对于"共同体"概念的剖析入手，寻找答案。因为公共性是社会存在的基本属性，社会共同体的公共性质就是公共性（陈仕平，龚任界，2014）[①]。

公共性价值建构理论由两大体系构成：首先，从认知视角看，公共性价值认知实现了从先验的哲学伦理观转向经验的社会实践观的当代转向；其次，从建构视角看，该理论提供了以"公共空间（公共领域）"为核心概念的政治权力空间批判和社会交往空间实践路径。

1.3.4.1 公共性价值认知——从规范到实践

人在社会中存在和发展，是公共性问题的存在论基础。然而，公共性问题的出现并不意味着公共性理论范畴的出现。在早期人类社会的发展进程中，由于个体发展的缺失，社会保留着神秘性，人的世界观处于前理性的神化—形而上学阶段，个人缺乏对自身存在的社会属性的反思，公共性问题没有凸显出来。在现代社会，个人从传统社会和共同体中解放出来，在历史上起着整合作用的神学—形而上学世界观在个人理性的发展下受到质疑和瓦解，每个人都成了"孤寂的个体"。作为对人类社会从传统社会向现代社会转型后所带来的生存困境的反思和批判，公共性范畴和公共性理论得到极大发展。

现代公共性思想的发展遵循两个哲学传统——存在主义（基于存在主义哲学本体论）和自由主义（基于人本主义意识哲学），阿伦特更多的是关注人的存在境况，哈贝马斯更多的是关注社会如何整合。

阿伦特将现代社会视为一个劳动社会，并以此为基础阐述了以言说和行动建构的存在的政治空间公共性价值。在她看来，劳动是一种不自由和最具私人性的活动。行动不同于劳动。行动是直接在人们之间进行的活动，与言说紧密不可分。行动和言说完全依赖他人的持续在场，而劳动则无须他人的在场。这样，通过行动和语言，在人与人之间就形成了一个世界，这个世界即为公共性。所以，阿伦特的公共性既是政治公共性，更是人的存在公共性。

哈贝马斯以洛克的自由主义为出发点，构建了一个通过交往（公共）理性建构的政治公共领域，这个公共舆论领域是私人进行平等对话和对公共权力进行批判的领域，它构成了资产阶级统治的合法性基础。其中，哈贝马斯凸显了公民通过公共商谈领域和交往理性形成"规范共识"所具有的合法性，使得公共性成为自由主义政治哲学中构筑正当性和合法性的基石（孙磊，2006）。总之，哈贝马斯和罗尔斯都立足于自由主义传统去解决社会整合问题，因而也就更侧重于价值规范。从这个

[①] 陈仕平，龚任界.哲学视野中公共性建构面临的危机及其化解.华中科技大学学报（社会科学版），2014，28（4）：24.

角度说，哈贝马斯的公共性也可以称之为规范的公共性，以区别于阿伦特的存在的公共性（谭清华，2013）[1]。

1.3.4.2　公共性价值建构——从人的行动主体的公共性到社会间性交往的公共性

1）阿伦特的政治行动公共空间

阿伦特从古典政治伦理批判出发，提出了基于政治行动空间的公共性价值重建路径。阿伦特认为，在古典政治中，政治是人的根本存在方式，人们在公共空间中的自由的言说与行动，建构了最高政治意义的公共伦理（蔡英文，2006）[2]。而随着近代以来西方进入技术时代，技术理性主宰整个世界。政治的意义在技术理性中被摧毁，政治被迫降到工具性的地位，人的行动、伦理均以权力与制度为导向的政治目的为依归，并最终与古典公共性伦理的指向分离。阿伦特（1995）[3]指出，在民族国家和资本扩张的过程中的"原子化"的大众社会的崛起，是公共性价值危机的根源。她认为，经济性成为现代社会的主要特征，以经济活动为准则的价值相对主义将人的行动置于生产、交换和消费的经济市场中，人的价值主体地位受到消解，造成现代社会的公共性价值危机。

阿伦特（Arendt，1958）[4]主张将政治问题从社会中分离出来，进行独立的思考，以克服社会化的政治理论对公共性价值的遮蔽，并从对现代社会的"私匿性"（intimacy）批判中寻求公共空间的政治公共性价值。她借鉴海德格尔的现象与存在论思想指出：首先，公共空间是现象的空间，现象的空间是展现的空间，而不是被建构的空间；其次，公共空间是世界[5]的敞开。阿伦特认为，这样的公共空间不同于近代公民社会[6]基于个体道德理性的所谓"公共性"，具有真正的以德行为基础的古典政治公共性伦理价值（孙磊，2006）[7]。

简言之，阿伦特的公共性价值建构的实质是以自由言说与行动的政治空间为基础的政治伦理观价值建构，强调了基于权力共享的公共空间的政治实践功能。

2）哈贝马斯的社会交往实践公共领域

哈贝马斯并未将社会的崛起看作公共空间衰落的背景，相反，他认为公共性价值危机即是公共领域结构转型中的国家社会化和社会国家化，其核心不是政治公共

---

① 谭清华.哲学语境中的公共性：概念、问题与理论.学海，2013，2：163.61–63.
② 蔡英文.政治实践与公共空间：阿伦特的政治思想.北京：新星出版社，2006.
③ 汉娜·阿伦特.极权主义的起源.林镶华译.台北：时报文化出版社.1995：471.
④ Arendt H. The Human Condition. Chieago，1958：50–52.
⑤ 阿伦特这里所指的"世界"不是指自然界，科学意义的无机世界，而是指人们共同生活中形成的生活世界，是自由言说与行动的政治空间。
⑥ 近代公民社会发展的思想基础是自由主义政治观。洛克确立了现代社会中个人自由的原则，并通过社会契约关系确立了公民权力高于国家权力，社会组织高于政治组织的公民社会的政治观。
⑦ 孙磊.行动、伦理与公共空间——汉娜·阿伦特的交往政治哲学研究.复旦大学博士学位论文，2006：16～29.

性伦理的消减问题，而是由于晚期资本主义垄断的形成和国家干预私人经济领域活动的增强造成的权力政治对社会文化生活的侵蚀（哈贝马斯，1999）[1]。哈贝马斯将这种情形称为"生活世界的殖民化"（Colonization of Life World）。

不同于阿伦特在现代公民社会之外重构政治性公共空间的理念，哈贝马斯试图将"公共领域"纳入其公民社会的分析框架中，并凸显其在结构转型中的复兴与重建价值（路鹏，2009）[2]。哈贝马斯认为，公民社会就是指随着市场经济的发展而形成的、独立于政治国家的"私人自主领域"，它包括私人领域（Privacy Sphere）和公共领域（Public Sphere）两个组成部分，私人领域大体指涉黑格尔和马克思的作为经济系统的公民社会；公共领域是指由私人组成的、独立于政治国家的非官方组织所构成的社会文化系统。

哈贝马斯指出，复兴与重建公共领域的关键在于恢复生活世界的交往理性和重建自主的公共领域（Habermas，1996）[3]。交往理性的实现机制是协商与对话，其本质是社会行动的价值理性；而重建自主的公共领域则需要摆脱独白式的主体哲学，而建立以主体间性为基础的社会哲学观，重建自由沟通与交往的生活世界（杨仁忠，2009）[4]。

总之，阿伦特和哈贝马斯都从公共性价值的哲学实践观出发，提出了价值重建的思想理念。两位学者都不约而同地选择了"公共领域"作为阐释其价值建构理论的核心概念，体现了典型的社会价值研究的"空间化"范式选择倾向。尽管如此，二人对"公共领域"这一概念的理论表述却存在相当的差异性。阿伦特的研究侧重于强调公共性价值的政治伦理属性，提出了一条基于政治行动空间的话语实践建构方法；而哈贝马斯则侧重于强调公共性价值的社会实践属性，提出基于交往实践场域的社会行动建构方法（表 1-4）。

阿伦特与哈贝马斯关于公共性价值重建的两种路径 表 1-4

	价值本体	价值危机	价值建构
阿伦特关于公共空间的重建	古典公共性政治伦理	• 经济性现代社会的崛起 • 现代社会空间的"私匿性"	通过言说、交流展现出来的现象化的政治空间场域（非权力建构或臆造的空间）
哈贝马斯关于公共领域的重建	后现代社会行动伦理	• 权力政治对社会文化生活的侵蚀 • 生活世界的殖民化 • 市民公共领域的衰落	以社会行动和实践为基础的、体现交往理性的社会行动空间（非先验的存在论空间）

（资料来源：蔡英文，2006；杨仁忠，2009，笔者整理）

[1] 哈贝马斯. 公共领域的结构转型. 曹卫东等译. 北京：学林出版社，1999：283-284.
[2] 路鹏. 西方公民社会理论演进之概观. 黑龙江省政法管理干部学院学报，2009，（3）：1～5.
[3] Habermas J. Uber den internen Zusammenhang von Rechtsstaat und Demokratie, in Die Einbeziehung des Anderen. Frankfurt am Main, 1996：301-303.
[4] 杨仁忠. 公共领域论. 北京：人民出版社，2009.

1.4 小结

本章从城市空间发展的一般历史演变和空间结构的变迁研究入手，考察了城市空间生产的社会经济机制，和基于权力、场域的城市空间的社会实践功能，并概略地阐释了对公共空间概念的动态认知和价值批判、建构的理论逻辑。

公共空间是本书研究的核心概念和结构主线。本章对公共空间概念的定义与诠释，为全书的理论体系框架的构建提供了重要的思想指引：

首先，公共空间的概念导入，提供了一种城市研究的后现代社会学与政治学视角，为城市规划制度的实践批判和创新建构规划了一条崭新的理论路径。当我们讨论城市规划制度的时候，有必要将广义的城市规划与现代城市规划予以区分，因为，城市规划制度中的"制度"概念通常代表了一种特指的城市发展中的现代政治伦理、社会规范和文化惯例的"结构化"过程，而这一过程不可能脱离"现代性"这一宏大的现代社会的人文思想与社会经济转型建构。我们在阐述城市史学意义上的"城市规划"概念的时候，一般会认为，城市规划的历史与城市的发展史一样古老。这时的城市规划主要体现了一种基于城市空间形态的文化意义的象征表达与诠释，这也奠定了基于空间本体诠释论的城市设计的历史发展基础。或者说，古典时期的所谓城市规划的实质，更加接近于城市设计的原始内涵。

"城市形态"提供了一种历史主义的城市审视视角（卡斯伯特，2011）。当我们分别以时间系统和空间形式系统视角对城市展开研究的时候，城市形态呈现出不同的价值指向，并建构了城市设计的实践意义。早期的城市被视为一种时间系统，城市设计反映了通过物化的城市形态，表达的一种片段化的城市文化符号结构模式及其持续演化过程，如芒福德在《城市发展史》中，对城市文明史的沿历史轴向的形态与价值演化研究。然而，很多历史学家并不将城市看作时间的系统，而视为形式的系统，如克里尔在《城市空间》中对城市历史的形态考察，时间顺序让位于类型化的特定城市形态关联。这种空间形式的系统一方面提供了一种城市形态及其意义研究的科学归纳法，另一方面建构了基于城市类型学的，乌托邦[①]思想的理性基础。

如果说古典与前现代时期的城市规划可以借助城市设计理念，被视为一种由巫术、宗教和古典政治伦理思想所编织的，由文化符号建构的乌托邦空间形式系统的话，现代城市规划则更多体现为基于政治合法性的权威建构和基于交往行动的社会实践过程特征。

---

① "乌托邦"（Utopia）词最早来源于英国资本主义萌芽时期英国人文主义者托马斯·莫尔（Thomas Moore）在1516年发表的《关于最完美的国家制度和乌托邦新岛》此后，"乌托邦"一词便广为流传，被用于表达种超越现实的社会理想，一种为人们所追求和渴望的理想"生活环境"。"乌托邦"不仅是莫尔关于理想社会的制度建构，也是其宗教世界的全新建构。

理想主义和人文主义分别建构了城市规划理论发展的两种价值体系，人文主义起源于文艺复兴运动，人文主义思想推动了社会价值观从形而上学的宗教意识向以人的主体为基础的道德意识的转向。因此，以人文主义为哲学基础的现代城市规划制度的建构，则被赋予了深刻的现代社会的价值批判与重建的使命。现代城市规划有两种实践研究范式：价值本体论和实践方法论。价值本体论有其源远流长的古典形而上学基础，并与城市设计的历史发展同源共脉；实践方法论包括基于后现代社会批判的空间诠释方法论和现代社会的制度重建方法论。至此我们终于发现，"制度建构"跃然登场，以上阐述也为本书的研究目标，构建了比较完整的理论逻辑体系。

笔者将城市规划制度建构的核心命题，定位于公共性价值批判的制度重建，这也是一种对现代社会的病理诊断与治疗的社会实践探索。"公共性"建构了古典价值哲学和政治伦理学的基本价值根基，并推动了社会道德共同体的整合和现代社会的发展。启蒙运动之后的个体的崛起，加速了社会的私匿性和个体的原子化，并极易沦为极权主义政治和资本权力操控的工具。这就与源自自由与共和主义的西方民主政治的价值传统背道而驰，出现所谓政治合法性危机。

政治哲学家阿伦特和社会哲学家哈贝马斯分别建构了基于政治行动公共空间和社会实践公共领域的公共性价值的重建之道，重申了古典公共性政治伦理对现实社会发展的指导意义。只不过阿伦特侧重于伦理批判立场的"向后看"的空间解构与诠释的本体论，而哈贝马斯则提出了基于现代社会公共领域的，"向前看"的社会行动与实践方法论。

作为公共性价值实践形态研究对象的"公共空间"，主要存在于两种概念范畴中：一是在政治学领域，作为公共性价值批判中，公共理性的政治伦理价值得以诠释的象征性权力空间[1]。它又可以再细分为主体性的价值空间（行动空间）和客体化的价值空间（营造空间）；二是在社会学领域，强调公共性价值建构中的社会交往实践过程的，具有动态演化与自组织特征的社会公共领域。

从营造的空间到行动的空间，体现了公共性价值问题进行的现代社会批判的动态视角，本章在第一节研究背景中对城市公共空间问题的阐释，也可以理解为一种从表象观察到机制分析的社会学研究方法的运用。在下一章中，笔者将紧密围绕"社会共同体"的历史生成和公共性价值意蕴，构建起基于公共空间价值形态的社会实践的完整理论体系。

---

[1]　关于空间的价值批判功能，详见本书 2.3 节。

第二章
基于公共空间价值形态的社会实践理论

2.1 现代社会理论的发展——从经验实证到价值实践研究

2.1.1 社会实践理论——形成与发展

2.1.1.1 前现代时期的社会本体论

在传统学术语境中，"社会"被认为是在群体基础上建立起来的组织与关系，也是在时空结构内对这种群体重组和再生产的引导方式，以及各种现象形成的条件（约翰斯顿，2005）[①]。社会概念不仅强调人类群体结合的关系，而且也暗含了维系这种关系的媒介条件。生产力的进步一方面助推了血缘、宗教文化、经济、政治等各种社会关系的演进，另一方面扩展了人类群体的组织场域规模，强调公共性价值的整体主义的社会本体观，并使之成为前现代时期社会发展理论的逻辑起点。从人类个体源自生存需要的简单宗族与生产集合到政治共同体的社会意识的建构，这种公共性价值成为维系稳定社会关系的重要基础。因此，这一时期的"社会发展"被视为包含了外在、稳定的社会成因和结构机制的终极价值理念（江雪莲，2010）[②]。

2.1.1.2 以"现代性"为背景的社会发展理论

以18世纪的西方启蒙运动为标志，以资本主义的社会经济组织结构和关于社会历史和人自身的反思性认知体系为核心的现代性[③]的发展，推动了关于社会发展的现代化研究范式的形成，社会变迁和社会转型成为社会研究的主要对象。它包含以下几个基本特征：

第一，资本主义的现代分工体系和科层制的社会组织模式促进了传统以政治权力为中心的社会结构的分裂。作为理性的历史过程，社会成为独立于国家和个人的考察对象；第二，社会发展研究从思辨方法转向经验与实证方法，现代化进程中的社会问题与矛盾成为研究重点，实证主义、人文主义和批判主义理论分别从社会功能整合、社会互动与行动以及技术与文化批判等角度提出了社会解释与建构的途径；第三，社会发展的哲学主体逐步实现了从抽象的社会主体向生活世界的人的主体回归，实现了社会分析的主客二元模式向多元主体模式的转换，这使得基于本体决定论的社会进步观让位于由"主体间性"所规约的社会交往与实践价值观。

[①] 约翰斯顿.人文地理学词典.柴彦威等译.北京：商务印书馆，2005.

[②] 江雪莲.黑格尔的"中介"范畴与社会发展机制.河北师范大学学报（哲学社会科学版），2010，（1）：85～89.

[③] "现代性"是指启蒙时代以来的"新的"世界体系生成的时代。一种持续进步的、合目的性的、不可逆转的发展的时间观念。现代性推进了民族国家的历史实践，并且形成了民族国家的政治观念与法的观念，建立了高效率的社会组织机制，创建了一整套以自由民主平等政治义为核心的价值理念。

2.1.1.3 后现代社会价值批判与建构理论

"后现代"最初是在哲学和文学批评领域内出现的一种思潮,后来逐步从人文学科扩展到社会文化研究领域。社会学领域的后现代思潮批判了现代性存在的理性主义与自由主义的本质矛盾,并在此基础上形成两大学派:其一是激进的后现代主义,侧重于对旧事物的摧毁,特别是对现代工业文明进行了无情的批判;其二是建设性的后现代主义,侧重于在批判的基础上重建人与世界、人与人的关系。

建立在批判现代社会学理论基础之上的后现代社会学(postmodern sociology),其思想要点如下:首先,否定了关于社会发展理论的单一框架和宏大叙事,否定了现代主义的本质主义和普遍理性的思维倾向;其次,将空间性作为观察人类社会的重要维度,强化了社会学中的空间分析方法;第三,强调了解构主义方法的应用,突出了认知过程中"语言"的重要性(文军,2006)[①]。

2.1.2 后现代社会研究方法的两个转向

2.1.2.1 空间化转向

在西方社会学理论传统中,人们一般把社会看成是内生的,有其自身的社会结构,而这些社会结构既不是时间结构,也不是空间结构。索亚(Soja,1989)[②]从三个层面分析了社会学理论传统中空间观念的缺席及其转向的理论背景和现实根源。

首先,历史决定论淹没了空间思维。古典社会学理论把研究焦点放在社会变化等历史发展维度,试图通过对历史的描述和重构来解释现代社会,并摒弃了空间思考。吉登斯等对社会分析中"空间维度"缺失进行了批判,并将空间赋予社会意义,这也被索亚称为"后历史主义"(索亚,2004)[③];其次,地理学的霸权消解了空间的社会性。一直以来,空间变迁被认为是地理学研究的主题,而地理学家显然对隐藏在空间背后的社会问题重视不够,过分强调对个案的解析,从实证主义角度解释空间现象;最后,空间的缺席、重申与现实的时空体验转型具有密切关联性。20世纪70年代以来,在后现代主义影响下,西方地理学开始呈现社会转向和文化转向两大趋势;而同时,在社会发展与生产方式变迁影响下,西方社会学也开始呈现空间化转向。空间的社会意义、社会的空间分析在新的阶段紧密结合起来(何雪松,2006)[④]。

社会学研究的空间转向主要包括两个方面:一是一些后现代社会学家从地理学

---

① 文军.西方社会学理论:经典传统与当代转向.上海:上海人民出版社,2006:264～268,270～273.

② Soja,E. Postmodern Geographies:The Reassertion of Space in Critical Social Theory. London:Verso,1989.

③ [美]W·苏贾.后现代地理学.北京:商务印书馆,2004:192～200.

④ 何雪松.后现代架构下的空间思考:从哈维、福柯、詹明信到索加.上海市社会科学界第四届学术年会文集(哲学.历史.人文学科卷),2006:287～291.

视角探讨社会分化现象及其形成机制；二是以吉登斯、布迪厄等为代表的社会学家在阐释社会—空间的相互作用，并以现代性为框架研究社会结构变迁的空间响应。

1）基于后现代批判的空间诠释

后现代社会空间理论提出了新的权力实践的建构思维。哈维（2003）[①]认为，空间是一切社会权力的核心，一切的空间实践都隐含着利益的冲突与协调。哈维在其著作《后现代的状况》中，以"时空压缩"借喻后现代社会资本主义发展的"空间调整"特征和空间建构的自身规则（何雪松，2006）。福柯在本体论上，颠覆了将空间与社会分割的断裂的思维；在认识论上，福柯基于反整体性立场，提出了微观、动态的社会建构思想。福柯摆脱了个人主义和结构主义而期望用关系主义去检视空间、权力与知识的互动关系。福柯认为，权力是多形态的、多元的，并非简单的一方控制一方；权力是一种关系，而并非某种实体。因此主张建立微观的权力观念，从社区等微观空间建构一种关系网络（福柯，1997）。

福柯等（2001）阐述了权力和知识的空间实践与生成机制，他强调以往基于历史决定论的社会权力关系的研究模式，如利益—冲突模式和合法性—权威模式，导致个人的无意识和对权力话语实践价值的掩盖，而空间化的权力生产实践机制是通过知识的空间化运作来实现的。上述思想为政治权力体系的规范研究提供了空间建构的路径，即通过对位于正式政治权力结构片段缝隙中的微观权力分配，向大众提供一种再生的地方性政治的思考（迪尔，2004）[②]。

总之，在后现代社会学理论视野中，"空间"不仅是社会认知的基础，也是各种社会关系建构的手段与结果。空间生产是社会权力的源泉，而基于多元微观社会空间关系互动建构的权力观，扩充了社会权力关系的空间化建构内涵。

2）基于现代性重建的空间实践

上述研究指出，以"现代性"为背景的社会发展理论将现代化进程中的社会问题作为研究重点，社会变迁和社会转型成为社会研究的主要对象。基于现代性重建的空间论述，提出了基于"结构化"的社会空间实践与行动价值建构。

吉登斯（Giddens，1979）[③]通过其结构化理论，来重新定义社会行动与社会系统的关系问题。不同于传统社会学把结构视为社会关系或社会现象的某种模式化，吉登斯认为，结构是行动者在跨越"空间"和"时间"的互动情景中利用的规则和资源，使用这些规则和资源，行动者在空间和时间中维持和再生产了结构。结构既是对人类能动性的限制，也是对人类能动性的促进，社会行动的过程也就表现为"结

① 戴维·哈维. 后现代的状况——对文化变迁之缘起的探究. 北京：商务印书馆，2003.
② 迪尔. 后现代都市状况，李小科等译. 上海：上海教育出版社，2004.
③ Giddens A. Central Problems in Social Theory：Action，Structure and Contradiction in Social Analysis. Berkeley：University of California，1979.

构化"的过程，具体表现为意义、规范与权力三者之间的互动。布迪厄[①]（2004）指出，空间是一个关系的体系。空间内各主体占有的"资本"数量，决定了空间的关系形式，因此，社会空间的结构受制于资本的分化原则；由社会关系构成的场域[②]型塑着各种社会行动的影响力量，并随着社会矛盾运动的展开而发生转变。布迪厄[③]（2005）借用"惯习"、"策略"与"场域"等概念，阐述了自己的社会实践逻辑。他指出，"惯习"是构成具有能动性的社会"实践感"的基础，"策略"是实践的行动方式，而特定的现实"场域"和实践是实现"策略"的前提条件。通过这一方法，布迪厄辩证地分析了以"场域"空间为基础的，社会行动中基于"惯习"的个体行动"策略"与社会实践价值建构过程的统一。

2.1.2.2　语言化转向

"语言学转向"（the linguistic turn）一词最早是由早期维也纳学派哲学贝格曼（Bergman）在20世纪50、60年代提出的，哲学的语言学转向是哲学对现实世界关注的一种表现，而社会学理论的语言学转向则是哲学思想在社会学理论领域中拓展的一种直接反映。

传统以理解社会事实和人类经验为目标的主流社会学理论，试图在主观与客观的二元对立中追求客观世界的本质与规律，经验世界被抽象。因此，日常生活世界的语言就未能予以足够关注。语言学转向借鉴法国的结构主义和后结构主义理论，提出了人类经验同语言象征双重性的密切关系（保罗·诺克斯，史蒂文·平奇，2005）[④]。

20世纪以来，现象学的发展则将"语言"问题带入社会学理论研究。现象学社会学研究奠定了诠释学研究的本体论基础，而在认识论领域，随着人文主义取代科学主义成为主导的哲学研究方法，使诠释学研究更具实践哲学价值。现象学的创始人胡塞尔借鉴海德格尔的存在主义哲学思想，提出了"意识的意向性"，凭借直觉直接从现象中发现本质。伽达默尔从理解的"历史性"特征出发，阐明了诠释学的本体论特征，并将语言问题置于诠释学的中心地位。另外，通过利科（2012）[⑤]的行动文本诠释研究，诠释论哲学进一步实现了从本体论哲学向实践论哲学的转变。利科从文字文本的诠释转向行动文本的诠释，将诠释学的语言学研究和社会学的社会行动研究直接统一起来，由此，诠释学关注行动的意义、行动的沟通以及语言在行动中的存在、交流与共识。基于语言化转向的后现代社会的价值批判和建构主要

---

① 布迪厄.国家精英：名牌大学与群体精神.北京：商务印书馆，2004：1.
② 布迪厄认为"场域"是占有不同社会资本的组织相互作用形成的一种权力网络。在他来，各种社会活动的阶层区分，导致建立了各式各样、相对独立的社会空间，其中竞争的核心集中在特定种类的资本。这些场域被视为建立在一个阶层的基础上，其中的动态领域源自于社会行动者的斗争，试图占据场域之中的主导地位。
③ [法]皮埃尔·布迪厄.实践与反思.第二部分.北京：中央编译出版社，2005：190，227.
④ 保罗·诺克斯，史蒂文·平奇.城市社会地理学导论.柴彦威，张景秋译.北京：商务印书馆，2005：2～4.
⑤ [法]保罗·利科.从文本到行动.孔明安，张剑，李西祥译.中国人民大学出版社，2012：165-171.

采用以下两种方法。

1）基于后现代批判的语言本体诠释方法

布迪厄把语言放在实践"场域"中来考察，揭示了语言中表现出来的权力结构。他认为，人与人在通过语言进行观念沟通与信息交流的过程中，隐藏着权力较量与利益协调的真实意图（高宣扬，2004）①。福柯通过其"话语实践"理论，揭示了语言所指的物与物之间的关系是怎样被语言建构起来的，又是怎样在语言的控制下存在、断裂和异变的。在福柯看来，语言的深层是知识，而知识的背后是权力的支配，这种权力支配的背后潜藏着复杂的社会关系。福柯话语分析的实质是经由分析话语的视角来考察真理体制的变化。福柯认为，理性或者所谓真理体制是一种压迫性力量，现代理性正是经由话语、制度和实践而实现对个人的统治。在此意义上，社会被视为处于非均衡发展水平上的各种话语构成的离散的规则体系（泽瑞尔，2003）②。

2）基于现代性重建的语言实践诠释方法

哈贝马斯（1989）③在批判地吸收各种语言社会学理论基础上建立了自己的交往行为理论，而批判和建立的基础是实践，即从实践出发，在交往实践中提出、分析和回答语言问题。在哈贝马斯看来，社会行为可以分为交往行为和策略行为两大类，其区别在于直接目标不同：所谓交往行为是指以语言沟通为主要内容的日常生活行为，语言和行动是相互解释的。交往行为的直接目标是利用语言沟通、寻求交往行为者相互间的理解与共识；策略行为的直接目的是行为者实现自己的某种功利性目标。哈贝马斯实现了批判理论的语言学转向，改变了以往社会批判理论聚焦于主体意识的做法，而是转向到主体间性的意识和互动过程之中。他提出一种新的理性观，即沟通理性。沟通理性存在植根于日常语言使用的主体间性的背景之中。因此，哈贝马斯事实上把语言学的研究同人们的思维方式、社会制度和行为规范联系起来，进而触及社会生活的各个层面（图2-1）。

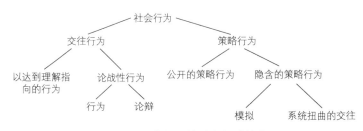

图 2-1　交往行为的社会行动价值

（资料来源：哈贝马斯，1989）

① 高宣扬. 布迪厄的社会理论. 上海：同济大学出版社，2004：80—81.
② 乔治. 泽瑞尔. 后现代社会理论. 北京：中国人民大学出版社，2003：63.
③ 哈贝马斯. 交往与社会进化. 张博树译. 重庆：重庆出版社，1989：216.

总之，社会研究的后现代转向对社会价值建构理论的形成和发展起到了重要的促进作用。其中，空间化转向提供了社会价值研究的空间认知视角，并为公共空间价值的空间诠释研究提供了理论依据和空间权力实践基础；而语言化转向则提供了基于社区行动的价值建构方法，并为相关社区规划的制度建构研究提供了理论支撑。从后现代社会研究的两种路径出发，分别形成了以后现代解构为基础的价值批判路径和以现代性重建为基础的价值重建路径（图 2-2）。

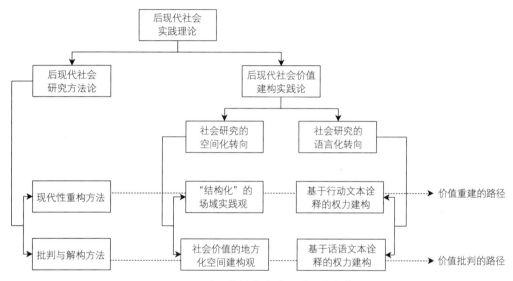

图 2-2　后现代社会实践理论研究框架

（资料来源：笔者自绘）

2.2　"社会共同体"——社会实践的形而上学价值论基础

从以上研究可知，古典自然法观念基于道德形而上学的视角，提供了由人的自然理性和公共理性建构的公共性价值观念。接下来，我们将以"社会共同体"为出发点，从实践方法论角度，进一步讨论基于存在论价值哲学的公共性价值呈现和公共空间价值建构机制。

2.2.1　"共同体"的概念起源和社会关联

"共同体"概念源于道德哲学中对古典自然法的公共性价值的形而上学认知，也可称之为精神共同体。随着现代社会中个体与社会价值关系的不断演化，以自然法为基础的精神共同体观念与现代社会发生了明显的冲突和对立。在当代政治哲学的公共性价值实践建构的思想影响下，"社会共同体"成为新的公共性价值实践的载体和机制。

作为"共同体"的英文 Community，是由拉丁文前缀"Com"（"一起"、"共同"之意）和伊特鲁亚语单词"Munis"（"承担"之意）组成的。按照腾尼斯（1999）[①]等人的观点，在人类发展史上共同体要早于社会。但是人们对共同体的认识要明显晚于社会。把共同体（Community）从社会（Society）概念中分离出来作为一个基本的社会学概念，最早可以追溯到德国社会学家滕尼斯（Ferdinad Tonnies）1887年发表的《共同体与社会》（*Gemeinschaft and Gesellschaft*）。Gemeinschaft 在德文中的原意是共同生活，滕尼斯用它来表示建立在自然情感一致基础上、紧密联系、排他的社会联系或共同生活方式，这种社会联系或共同生活方式产生关系亲密、守望相助、富有人情味的生活共同体。在滕尼斯那里，共同体主要是以血缘、感情和伦理团结为纽带自然生长起来的，其基本形式包括亲属（血缘共同体）、邻里（地缘共同体）和友谊（精神共同体）。血缘共同体、地缘共同体和精神共同体等作为共同体的基本形式，他们不仅仅是各个部分加起来的总和，而是有机地浑然生长在一起的整体。相比而言，社会也是一种"人的群体，他们像在共同体里一样，以和平的方式相互共处地生活和居住在一起，但基本上不是结合在一起，而基本上是分离的"。"社会应该被理解为一种机械的聚合和人工制品"（张志旻，赵世奎，2010）[②]。

2.2.2 社会发展中的"社会共同体"及其公共性价值

2.2.2.1 基于"个体"超越的社会共同体内涵

自社会学诞生起，个体与社会的关系问题就始终困扰着社会理论，以个体为基础提出的社会观念与从社会关系与结构的整体性出发的社会概念存在很大的差异，这一点在滕尼斯的共同体与社会的对比表述中反映得非常明显。滕尼斯借助罗马法中 communio 和 societas 这对概念建构了具有真实有机生活的"共同体"（Gemeinschaft）和纯属机械关系的"社会"（Gesellschaft）（Tnnies，1963）[③]。前者包括家、邻里和友谊这些血缘共同体、地缘共同体和精神共同体；而后者的代表则是现代大都市中的商业交往中的作为彼此分离的个体的聚合。滕尼斯特别强调，作为现代自然法的基本原则，"社会"的核心观念是一种必须履行契约的自然法规定，这种社会关系与有机共同体基于自然的本质意志（Wesenwille）所形成的真正统一

① [德]斐迪南·滕尼斯.共同体与社会.林荣远译.北京：商务印书馆，1999：iii.
② 张志旻，赵世奎.共同体的界定、内涵及其生成——共同体研究综述.科学学与科学技术管理，2010，10：15.
③ Ferdinand Tnnies，Gemeinschaft und Gesellschaft，Darmstadt：Wissenschaftliche. Buchgesellschaft. 1963. I. i. 6–7，9–10，12，I. ii. 24–25.

体不同，是在个人的自由选择基础上建立的集体人格。

现代理性自然法观念的形成，一方面反映了以罗马私法为标志的个体人格对集体人格的否定，和以财产所有权的交换和人的平等契约关系为基础的普世的社会观念的形成；另一方面，还进一步定义了公法意义上的国家权威关系。受自然法观念支配的现代社会将国家视为一种"普遍的社会性联合"。滕尼斯敏锐地把握到了现代自然法哲学在解释国家权威时面临的困难：一方面，国家是最具普遍意义的社会联合；另一方面，国家就是社会，绝对意义上的国家，是最完整意义上的社会，是社会中人与人联合的所有自愿关系的基础或前提。

正是国家和社会的关系问题体现了现代自然法学说中的社会概念的内在张力。涂尔干虽然赞同滕尼斯关于共同体的分析，但是，他批判了滕尼斯基于功利主义的社会观念，并指出社会并非分离个体的机械聚集，而是同样存在个人主义的道德生活（ Durkheim，1973 ）[1]。从卢梭、康德到涂尔干的个人主义道德理论中我们可以发现，这种个体自由通过普遍性的反思建立了现代社会意识和社会团结的重要纽带，并超越了功利主义的个人理论。

然而，这种以人性为核心的个人主义宗教，仍然不能回答现代社会中人与人之间、人与社会之间相互对立的"战争"关系是如何形成的？要回答这一现代社会的基础性问题，我们必须通过重新考察自然法哲学对"社会性"的理解，去寻求答案，并以此建构起社会共同体赖以依存的公共性价值基石（李猛，2012）[2]。

2.2.2.2 社会性——社会共同体的公共性价值意蕴

现代道德哲学的重要创立者格劳秀斯明确将人的社会性（ socialitas ）视为"自然法"的基础（ Grotius，1919 ）[3]。与亚里士多德有关"人是政治的动物"的古典学说不同，格劳秀斯借助《圣经》历史来对人类生活进行描述，并指出人类社会的现代结合方式并不直接依赖"相互的爱"，而是建立在财产所有权基础上的人与人之间的关系。财产权从共有到社会性结合的过程，被格劳秀斯理解为一种主观权利逐渐构成的过程。正是在这个意义上，社会性构成个体主观权利的基础。

帕森斯（ Parsons，1951 ）[4]批判了霍布斯基于"自然状态"的自然法社会思想。这种人在欲望和行动中以他人为指向的社会性，只能导致人与人彼此之间的猜忌与不信任，难以为长期稳定有效的规范秩序提供坚实的基础，最终不得不借助国

① Tnnies and Durkheim: An Exchange of Reviews, "in Werner Cahnman, ed., Ferdinand Tnnies, A New Evaluation, Leiden: Brill. 1973: 239–256.

② 李猛 . "社会"的构成：自然法与现代社会理论的基础 . 中国社会科学，2012，10：87–106.

③ Grotius H. De Jure Belli ac Pacis. Leidon: A. W. Sijthoff. 1919: Prolegomena. 5（Richard Tuck, ed., The Rights of War and Peace, Indianapolis: Liberty Fund, 2005.

④ Parsons T. The Social System. New York: Free Press, 1951: 36–37.

家强制权力,以外在的方式建立社会秩序的基础。洛克(Locke,1988)[①]通过对"自然状态"学说的修正乃至扬弃,促进了"社会性"概念的进一步发展。洛克通过考察财产从共有状态向私人所有权的转化,提出基于历史发展分析的社会化概念。在所谓"自然状态"中,人类交往方式,可以建立独立于甚至先于国家权力的一种自发演进的社会秩序,形成一种稳定的社会关系,并赋予了"社会性"以新的意涵。由此,社会性不再是自然之爱,而是人们相互协作,从而结合成为一体的某种自然适应性。

涂尔干、韦伯等经典社会学家不仅将"社会"发展为一门独立学科的对象,而且明确形成了具有社会取向的个体社会行动者与影响个体行动的社会结构之间的基本二元架构。在帕森斯(Parsons,1968)[②]对社会系统的理论整合中,"社会"被理解为不仅独立于国家的政治秩序,也独立于财产、劳动、贸易乃至市场机制这些所谓经济活动的社会关系和社会秩序。由此我们可以看出,帕森斯社会学理论试图努力提供的是可以摆脱政治哲学影响的,基于共同体视角的社会现象或制度的研究框架(李猛,2012)[③]。

2.3 基于公共空间价值形态的社会实践理论

2.3.1 空间诠释与社会实践

2.3.1.1 "空间"研究的理论进展与空间——权力实践

在第一章的研究中,笔者探讨了西方哲学空间观的历史演进和实践形态。社会学研究的空间化转向和人文地理学研究的后结构主义方法,基于后现代主义的哲学思维,对社会实践中的空间—权力关系进行了深入剖析,并且阐述了基于权力空间批判和话语建构的,公共空间价值形态的社会实践机制。社会学研究的空间化转向理论已经在前文中进行了阐述。下面将重点探讨人文地理学研究的后结构主义理论以及空间价值实践机理。

空间概念一直占据着现代地理学研究的核心地位,现代地理学思想是在 17 世纪欧洲"地理大发现"等历史事件和理性思想运动的推动下,逐步形成建立的。洪堡(Alexander von Humboldt)最早创建了基于的区域差异(areal differentiation)

① Locke J. Two Treatises of Government. Cambridge:Cambridge University Press, 1988:II. ii–iii, v.
② Parsons T. The Structure of Social Action. New York:Free Press, 1968:"Preface".
③ 李猛 . "社会"的构成:自然法与现代社会理论的基础 . 中国社会科学,2012,10:87–106.

和相互作用关系研究的自然地理学思想体系。索尔（Sauer C.，1925）[①]批判了基于自然主义宇宙观的环境决定论在针对人类社会变迁解释上的逻辑不足，提出了以文化区和文化景观为研究对象的区域地理学[②]理论，开创了文化地理学研究的先河。索尔的文化地理学确立了社会制度的相对自主性和积极意义，终结了自然环境的决定性作用（理查德·皮特，2007）[③]。

20世纪以来，人文地理学理论历经了多次思想转型，从实证主义、行为主义、人文主义，再到结构主义和后结构主义，每一次思想转型都伴随着人文地理学空间观念和认识方法的重大转折和变迁（汤茂林，2009）[④]。这里将重点讨论一下人文主义、结构主义和后结构主义的理论价值。

人文主义地理学以存在主义和现象学为哲学基础，从空间认识上强调人的场所与地方感知的主体价值和意义，否定了自然主义的空间观；从研究方法上提出采用微观社会空间调查和建构取代宏大的空间结构分析（理查德·彼特，2007）[⑤]（Ley and Samuels，1978）[⑥]（Pickles，1985）[⑦]。结构主义地理学致力于探索人类主体的能动性空间活动背后的持久与根本性的结构逻辑，哈维（Harvey，1982[⑧]，1990[⑨]）的马克思主义地理学揭示了从福特制到后福特制的产业空间生产机制背后的资本主义生产方式和社会关系的发展逻辑和机理。列斐弗尔提出通过"空间—社会辩证法"，认识空间与社会经济关系再生产的辩证逻辑（Peet，1981）[⑩]。以詹明信（1997）[⑪]为代表的后结构主义地理学理论，基于对基础主义和本质主义的现代性思想的批评视角，强调社会空间形态的多样性、复杂性和权力冲突特征，提出了以后现代哲学思想为指导，侧重地方和文化研究的地理学方法（Dear，1988）[⑫]（Gibson-Graham，2000）[⑬]（Gould，1996）[⑭]（Amin，1999）[⑮]。

---

① Sauer C. The Morphology of Landscape. University of California Publications in Geography. 1925，2（2）：46.

② 区域地理学思想是由哈特向（Richard Hartshorne）加以理论化的。区域地理学理论强调，地理学研究应采用描述性方法，关注不同区域间的共存事物及其相互关系，认识各区域与地方的特性。区域地理学反映了以康德为代表的，以人类的主观经验为基础的空间观。

③ [美]理查德·皮特. 现代地理学思想. 周尚意等译. 北京：商务印书馆，2007：15–22.

④ 汤茂林. 我国人文地理学研究方法多样化问题. 地理研究，2009，28（4）：867–871.

⑤ [美]理查德·皮特. 现代地理学思想. 周尚意译. 北京：商务印书馆，2007：76，85，42，41，220.

⑥ Ley D，Samuels M S（eds.'）. Humanistic Geography：Prospects and Problems. London：Croom Helm. 1978.

⑦ Pickles J. Phenomenology，Science and Geography. Cambridge：Cambridge University Press. 1985.

⑧ Harvey D. The Limits to Capital. Oxford：Basil Blackwell，1982.

⑨ Harvey D. 论地理学的历史和现状：一个历史唯物主义的宣言. 地理译报，1990，9（3）：27～31.

⑩ Peet R. Spatial dialectics and Marxist geography. Progress in Human Geography，1981，5（1）：105～110.

⑪ 詹明信. 晚期资本主义的文化逻辑. 张旭东编. 北京：生活·读书·新知三联书店. 1997.

⑫ Dear M. The postmodern challenge：Reconstructing human geography. Transactions of the Institute of British Geographers，1988，NS 13（3）：262–274.

⑬ Gibson-Graham J K. Poststructural intervention·In：Sheppard E，Barnes T J（eds.）. A Companion to Economic Geography. Oxford：Blackwell. 2000：95.

⑭ Gould P. Space，time and the human being. International Social Science Journal，1996，48（4）：449–460.

⑮ Amin A. An institutionalist perspective on regional development. International Journal of Urban and Regional Research，1999，23（2）：365–378.

2.3.1.2 空间权力——空间价值的核心内涵

后现代主义空间观的代表人物列斐弗尔（Lefebvre，1969）[①] 指出：空间是政治以及各种意识形态的"物化"，是社会发展过程中各种意识形态相互作用的产物。列斐弗尔在他的另一部著作《空间的生产》中进一步阐述了空间作为现代社会关系的载体，其呈现的正是各种社会力量相互作用结果的外显，深刻地揭示了空间的"权力"本质。

列斐弗尔[②]（1991）认为，空间里弥漫着社会关系，它不仅被社会关系支持，也生产社会关系和被社会关系所生产。列斐弗尔的"空间生产"理论，通过空间的实践（spatial practice）、空间的表征（representation of space）和表征的空间（space of representation）等三种空间描述方式[③]，概括了基于实践、认知和日常社会生活的三元辩证关联的当代空间发展逻辑。空间的实践反映社会生活的物质空间过程；空间的表征是通过对空间符号系统的认知，进行空间秩序的设计与强加的，空间化的权力实施过程；表征的空间则是非符号化的日常经验存在空间，是一个被统治的空间。

1）传统权力观——宏观视角的国家权力

"权力"一直是西方政治哲学的核心概念，现代政治学中常见的观点认为，政治究其本质而言就是获取并保持权力。古希腊哲学家亚里士多德认为，以城邦为核心的政治共同体规定了人的本质，"公共性"表现为人类的"政治性"存在关系，表现为对共同体的绝对依附关系。权力政治即公共性，"权力"亦即国家或其他政治共同体实现道德正义和政治合法性的工具（欧阳英，2006）[④]。在进入现代社会以前，西方学术界普遍从宏观视角理解"权力"，将权力视为国家权力或主权者权力。马基雅弗里（Niccolò Machiavelli）在其著作《君主论》中关注统治者权力的形成，并指出"君主"的权力是建立在个人能力与国家实力基础之上的（马基雅弗里，1985）[⑤]。近代以来，法国启蒙思想家卢梭阐述了他的"国家权力"理论，认为国家主权不可分割、是至高无上的权威，卢梭的理论也成为法国资产阶级大革命的思想起源；马克思将权力视为国家的统治权力，并对资本主义国家沦为资本家的代言人

① Lefebvre H. The Sociology of Marx. New York : Random House Inc，1969.

② Lefebvre Henri. The Production of Space，tr. Donald Nicholson-Smith. Blackwell，Oxford UK&Cambridge USA，1991：38-39.

③ 空间实践是指空间性的生产。这种空间性是围绕生产和再生产，以及作为每一个社会构成特征的具体地点和空间集，是生产社会空间性的物质形式的过程。因此它既表现为人类活动、行为和经验的中介，又是它们的结果。空间的表征是概念化的空间，是科学家、规划者、城市学家、技术官僚和社会工程师的空间。他们以构想的（conceived）来辨识生活的（lived）与感知的（perceived）。这种"构想的"空间还与生产关系特别是生产关系所强加的秩序或设计相连。这种秩序通过控制知识、符号和符码得以确立；它通过控制解译空间实践的手段而控制空间知识的生产。表征的空间则具有复杂的象征论，有时有编码，有时没编码，是透过相关意象和象征而直接生活出来的空间，是居民与使用者的空间和艺术家等描述的空间，是被支配和消极地经验的空间，而想象试图改变和占有它。表征的空间无须遵守一致性或连贯性的法则，它与空间的表征彼此共存、协调或干预（列斐弗尔，1991）。

④ 欧阳英．走进西方政治哲学——历史、模式与解构．北京：中央编译出版社，2006.

⑤ 马基雅弗里．君主论．北京：商务印书馆，1985.

的现象提出了无情的批判（吕振合、王德胜，2007）①。在宏观权力理论中，国家和社会构成了权力的二元框架，国家权力机关或统治者发布命令，对社会及个体行使控制权；社会则在接受国家统治的同时，推行底层自治。哈贝马斯在这种简单的二元框架结构基础上，提出了介于国家与社会之间的"第三领域"——公共领域，而后者也是现代社会权力观微观转向的重要基础。

2）现代权力观——微观视角的社会权力

近现代以来，随着契约政治思想的发展，"权力"的认知视角发生了很大的转变，由强调一种统治"能力"，转变到强调一种"资源"和"行动关系"。权力概念的内涵不断缩小，而外延不断扩大，由政治领域向社会生活领域扩展。

以韦伯②（1997）的社会学理论为代表的"权威—合法"模式认为，"权力意味着在某种社会关系中贯彻自己的意志并排除反抗的所有机会"，该模式研究虽然从自由主义政治学角度探讨了权力的政治合法性问题，但都是对社会现象进行的"宏大叙事"式的解释。福柯③（1997）、布迪厄（Bourdieu P.，1986）④等人从后现代主义的视角全面解构传统权力观，建构了基于微观社会空间基础的权力观理论。福柯否定了传统上物化的权力观，认为传统的权力观把复杂的权力关系作了过于简化和宏观的处理。福柯认为，权力是多形态的、多元的，并非简单的一方控制另一方；权力是一种关系，而并非某种实体。因此，福柯主张建立微观的权力观念，从社区等微观空间建构一种关系网络（福柯，1997）。

上述韦伯和福柯等人对于"权力之于社会行动的能动性"的论述具有重要意义。这是因为，从行动的动作和结果的关系来界定权力，强调权力先于主体性和反思性的转换能力，即阐明了权力作用超越传统官僚政治体系的普遍存在性，是一种泛权力观或日常生活的权力观。

3）后现代权力观——批判与建构视角的文化权力

（1）"文化"概念的历史生成和社会实践价值

"文化"（culture）一词在西方来源于拉丁文 cultura，原意为"耕耘"土地，19世纪以后，文化的定义在社会学和人类学的思想范畴中逐渐清晰起来。英国文化人类学家爱德华·泰勒第一次将文化定义为："一种复合体，它包括知识、信仰、艺术、伦理道德、法律、风俗和作为一个社会成员的人通过学习而获得的任何其他能力和习惯"⑤。社会学研究一般在以下几个层面中使用文化概念：一是侧重于强调文化概

① 吕振合，王德胜.知识与权力：从福柯的观点看学科场域中的权力运作.自然辩证法研究，2007，（9）：41~45.
② 韦伯.经济与社会.北京：商务印书馆，1997：28.
③ [法]米歇尔·福柯.权力的眼睛.上海：上海人民出版社，1997：231-232.
④ Bourdieu P. The Forms of Capital. in John G. Richardson（ed.），Handbook of Theory and Research for the Sociology of Education. NewYork：Greenwood，1986.
⑤ 中国大百科全书·社会学卷.北京：中国大百科全书出版社，2002：19.

念与客观社会结构相对的主观价值和制度体系，包括情感、信仰和价值观等主观思想和由习俗、宗教、道德、政治和法律等构成的制度化的社会规范体系；二是侧重于从结构的视角认识文化概念，将文化等同于社会（行为、生产）关系等社会结构或其象征表述。从西方社会学的发展历程看，早在古典社会学理论创立时期，文化现象就成为与社会结构共生的研究要素，文化研究的兴起与社会学从综合研究走向经验研究的转变，有着密切关联。齐美尔等人将文化作为阐释现代性特征的重要维度（Simmel G.，1950）[1]。然而古典社会学研究始终没有将文化作为核心主题，没有认识到文化和再现在社会关系中的构成性作用。20 世纪 60 年代以来，随着后工业社会各种文化景观和意识的多元化，以及符号互动理论、现象学社会学和后结构主义等理论的发展，出现了社会学研究的文化转向。"文化转向"揭示了对于"文化"概念的认识更新，对文化功能的重新挖掘和文化研究范式的转变。当代社会学研究将文化作为内生于人类社会内部的社会现象，作为洞察社会现象和建构社会学理论框架的核心语汇。要想准确剖析当代社会学理论文化转向的思想实质，就必须首先考察社会学理论在方法论与研究范式上的新转变。人文主义研究范式和批判主义研究范式阐释了文化概念在社会分析中的能动作用。人文主义将文化视为人的行动与实践中的相互作用关系，而非先验性的社会结构的表征；批判主义在资本主义制度结构和文化价值间建构起一种批判的张力，使文化概念具备了道德批判和政治行动的双重价值。综上所述，对权力研究而言，社会与文化成为一体两面的关系，从社会视角考察的结构认知方法已经转化为从文化视角发掘的意义诠释方法（文军，2006）[2]。

"文化解读"为社会结构的行动化生成逻辑提供了重要的分析链接路径。格尔兹[3]（1999）将文化定义为"从历史沿袭下来的体现于象征符号中的意义模式，是由象征符号体系表达的传承概念体系，人们以此达到沟通、延存和发展他们对生活的知识和态度。"格尔兹将文化视为有序的意义和符号系统，是人们用以解释他们经验、指导其行动的意义结构，是社会关系网络的结构内核；亚历山大（Alexander，1990）[4]认为文化即是结构的秩序，对应于有意义的行为。汤普森[5]（2001）和布迪厄（Bourdieu P.，1984）[6]等人从"文化资本"的视角指出，文化体现为一种阶级关系[7]，并在社会阶层结构的形成和再生产中发挥着重要作用。

① Simmel G. "The Metropolis of Mental Life." In Kurt Wolf（ed. & trans.），The Sociology of Georg Simmel. Glencoe，Ⅲ：Free Press，1950.
② 文军. 西方社会学理论：经典传统与当代转向. 上海：上海人民出版社，2006：307-326.
③ ［美］克利福德·格尔兹. 文化的阐释. 上海人民出版社，1999：103.
④ Alexander，Jeffery &Seidman，Stevern（eds.）Culture and Society：Contemporary Debates，Cambridge University Press，1990.
⑤ ［英］C. 汤普森. 英国工人阶级的形成. 南京：译林出版社，2001：1-2.
⑥ Bourdieu P. Distinction：a Social Critique of the Judgment of Taste. Cambrige：Harvard University Press. 1984.
⑦ 汤普森指出，阶级是人们在亲身经历自己的历史之中确定其含义的，而这一含义恰恰的文化意味的，是在一个历史发展过程中"形成"的，这明显有别于社会学的传统分层理论。

文化批判正成为当代社会研究的主流学术方向，其原因在于，一方面，大众文化正成为晚期资本主义工具理性控制的主要宰制形式；另一方面，消费文化通过文化的商品化，促进社会结构和经验的美学化，以及社会组织形式的"后现代"转向。葛兰西和阿尔都塞等法兰克福学派学者在现代性文化批判中认为，大众文化通过休闲、娱乐等文化产业①提供的文化符号和媒体语言，形构了人们的意识与偏好，支配了人们对现实的感受，控制了个体意识，强化了控制和屈从。因此，大众文化由此隐匿了对社会秩序的否定和批判。鲍德里亚认为，以文化的商品化为特征的消费社会的兴起，使所有的文化都卷入符号消费之中，消费过程不再是对物品的使用价值的占有，而是人们"自我表达"和"身份认同"的手段（Baudrillard J., 1983）②。在鲍德里亚的消费社会中，由消费符号主导的客体逻辑取代了由价值理性主导的主体逻辑，导致人类的社会主体性价值的丧失。文化失去了作为社会批判功能的自律空间，失去了价值目标，无法为人们的工作生活提供终极意义。因此，后现代文化表现出无深度、无历史、无实践和虚拟化的特点（詹姆逊，1997）③。由此，因为消费文化表现出的巨大的欲望张力，这种由符号的模仿和拼凑而来的后现代文化形式的展现成为现实世界的唯一存在面貌，挤压了其他所有的社会道德与信仰表达空间。

（2）空间研究的文化维度

上述研究表明，当代"文化"的概念内涵，已经从社会价值和结构关系的客观表征形态转变为内生于人类社会行动与实践中的相互作用关系，因此，"文化"已经成为认知、诠释与批判社会问题的基础性研究视角。另一方面，文化研究方法发生了从结构主义方法向人文主义方法的转变，推动了人的主体性价值精神（孙伟平，2008）④的回归和后现代社会研究的价值批判导向。本节将重点从文化地理学的学科视角，考察基于空间对象的文化研究范式，在当代"文化转向"思潮中的重要思考价值。

20世纪20年代，以索尔（Sauer C., 1956）⑤为代表的伯克利学派首先开创了以文化区和文化景观为区域对象的文化地理学研究的先河。文化地理学思想确立了地理学研究从系统论到区域论的空间认知范式的转变，并首次将地方（区域）纳入社会制度变迁的空间观察方法的核心领域。20世纪80—90年代，以英国文化地理学家 Peter Jackson（1989）⑥的《意义的地图》（map of meaning）为标志，新文化地理学的兴起为人文地理学的发展提供了全新的方法论和思想范式。新文化地理学基

① 在资本主义社会中，文化产业排斥现实需求，排斥政治上对立的思维方式和行动，蒙蔽民众的视野（斯特里纳蒂，2003）。
② Baudrillard J. In the Shadow of the Silent Majorities，New York：Semiotexte，1983：3–96.
③ ［美］詹姆逊. 晚期资本主义的文化逻辑. 北京：生活·读书·新知三联书店，1997：381.
④ 孙伟平. 价值哲学方法论. 北京：中国社会科学出版社，2008：194–199.
⑤ Sauer C. The agency of man on earth. In W. Thomas（ed.），Man，s Role in Changing the Face of the Earth. Chicago：University of Chicago Press，1956：49–69.
⑥ Jackson P. Maps of Meaning：An Introduction to Cultural Geography [M]. London：Unwin Hyman，1989. ix.

于后现代主义哲学对本质主义空间观的解构和社会学方法论的文化转向，指出文化研究的三大方向：一是从空间认知上，提出了从结构主义的社会空间观向后结构主义的文化空间观的转变。该文化空间并非结构主义阐释的屈从于生产和阶级关系的社会结构空间，而是后现代空间理论提倡的实践性、地方性和能动性的权力空间；二是从价值范畴上，"文化空间"从反映社会学意义上内生的整体"结构"特征转变为体现政治学意义上的个体经验和"行动"（身份认同与建构、权力抗争）价值；三是从研究视野上，强调了从中观区域向微观地方化和宏观全球化的两极扩展（李蕾蕾，2005）[1]。

（3）空间权力的当代文化批判

在结构主义实践哲学思想的指引下，现代政治社会哲学从权力与社会空间互动视角，阐述了空间价值建构的实践逻辑。哈维（Harvey，1982[2]，1990[3]）运用马克思主义的政治经济学方法，揭示了从福特制到后福特制的产业空间生产机制背后的资本主义生产方式和社会关系的发展逻辑和机理。列斐弗尔提出通过"空间—社会辩证法"，认识空间与社会经济关系再生产的辩证逻辑（Peet，1981）[4]。而后结构（现代）主义侧重于从文化批判的视角，对晚期资本主义社会空间中的消费文化霸权进行解构、批判，并试图通过地方空间的文化景观塑造，进行公共性价值的社会空间权力重构。因此，空间价值研究方法论的后现代转型，即是从结构主义的经济权力空间到后结构主义的文化权力空间内涵的转变的剖析展开的。

一方面，哈维（Harvey，1990）以资本主义生产关系的转变为背景，阐述了以"时空压缩"为核心特征的后现代社会发展状况。他认为，时空观念是通过社会实践建构起来的，不能脱离社会行动来理解。自20世纪60年代以来，西方资本积累体制的弹性化发展，导致空前激烈的时空压缩，以至于在社会公共领域和私人领域中出现大量即时的、碎片化和分裂的时空体验，这就是哈维从马克思主义的政治经济学逻辑出发，借助历史唯物主义的时空运动分析方法阐释的，去中心性、瞬时性、多元性的后现代社会特征。詹姆逊[5]（1997）在继承马克思主义社会经济分析传统的基础上，阐述了后现代空间在当代社会的"文化优位"。他指出，后现代空间是历史深度感断裂之后的如鲍德里亚所谓的"超空间"，已经失去了先前那种能够进行透视或观察的距离感。

另一方面，全球化[6]时代的空间流变提供了文化批判的新维度。从政治学视角

---

① 李蕾蕾. 当代西方"新文化地理学"知识谱系引论. 人文地理，2005，82（2）：77–83.

② Harvey D. The Limits to Capital. Oxford：Basil Blackwell，1982.

③ Harvey D. 论地理学的历史和现状：一个历史唯物主义的宣言. 地理译报，1990，9（3）：27～31.

④ Peet R. Spatial dialectics and Marxist geography. Progress in Human Geography，1981，5（1）：105～110.

⑤ 詹姆逊. 晚期资本主义的文化逻辑. 上海：上海三联书店，1997：474.

⑥ 20世纪以来，随着交通与通信技术的迅猛发展，各种文化、生产要素和人力资本在世界范围内快速广泛地流动，美国学者奥利维·雷舍与布拉温·戴维斯在《全球民主：科学人文主义及其应用哲学导论》（1944）一书中，第一次将这种现象描述为"全球化"。"全球化的概念是相互渗透的，它包括经济、政治、文化、意识形态等领域"。

70

看，全球化被视为一种现代性的各项制度向全球的扩展，以及全球性政治力量相对增强和民族国家主权相对受制的过程（Rosenau，1997）[①]；从经济学视角看，全球化被视为一种资本的配置越来越超出民族国家的范围而向全球扩展，而不同国家之间的相互依存度越来越高的趋势（Emmerij，1997）[②]；从文化学视角看，全球化被视为一种全球文明的前导，一种全球文化趋向并逐渐形成世界统一化的进程（Robertson，1992）[③]；从社会学视角，全球化是指一个把世界性的社会关系强化的过程，并透过此过程而把原本彼此远离的地方连接起来，令地与地之间所发生的事也互为影响。全球化指涉的是在场（presence）与缺席（absence）的交叉（Gidden，1994）[④]。

从认知视角看，全球化空间是脱离了传统经验主义的地理空间体验的网络化"流动空间"，而具有完整界定的社会、文化、实质环境和功能特征的实质性的地方，成为流动空间里的节点和中枢（Manuel Castells，2006）[⑤]。因此，全球化空间依然涵盖了全球与地方两个维度。从批判功能和重构对策看，通过将"全球化空间"视为基于文化转向的后现代景观文本，实现社会（身份）、文化（话语）与政治（权力）关系的三重批判与重构。实现"全球化空间"这一历史性转变的关键就是要将"地方"纳入全球化空间体系重建的内核之中，用多元主义的地方空间文化实践打破现代性支配下的普遍主义全球化的话语霸权，实现全球地方化（glocalization）的理想（金新，2010）[⑥]。

2.3.2 权力空间批判和建构——基于"共同体"价值建构的社会实践

2.3.2.1 空间文化景观——基于后现代批判的权力空间本体诠释

后现代政治权力空间建构的核心概念是"文化景观"。进入 20 世纪 80、90 年代，以 Peter Jackson（1989）[⑦] 的《意义的地图》（map of meaning）为标志，伯克利学派开创的文化地理学得到重视发展，为人文地理学的发展提供了全新的思想范式。新文化地理学理论从社会关系的建构、再现，以及权力冲突等侧面，对"文化景观"（cultural landscape）进行了重新判读，提出应将"文化景观"视为进行社会实践描述和意义诠释的"文本"（text）。该文本一方面反映了一个社会的和主观的认同形

① James Rosenau. "The Complexities and Contradictions of Globalization"，in Current History，1997.
② Emmerij，L. "Economic and Social Development into the XXI Century"，Inter-American Development Bank，1997.
③ Robertson，Roland. Globalization，London，Sage Publications. 1992：1.
④ Giddens，Anthony. The Consequences of Modernity. Cambridge，Polity Press. 1990.
⑤ ［美］曼纽尔·卡斯特尔. 网络社会的崛起，夏铸九等译. 社会科学文献出版社，2006：354-435.
⑥ 金新. 全球化大叙事：批判与超越——全球化文本的后现代主义解读. 国际论坛，2010，12（3）：37-42.
⑦ Jackson P. Maps of Meaning：An Introduction to Cultural Geography. London：Unwin Hyman. 1989. ix.

成的过程，将景观特征诠释为社会意义；另一方面也可以投射建构者或阅读者的政治意识，再现权力表达与抗争，并能生产权力（梁炳琨，张长义，2004）[①]。

Matless[②]（2000）借用福柯（瑞泽尔，2003）[③] 关于知识、话语、主体的理论，直接将景观本身作为一种知识建构加以分析。Matless 指出，景观的实质是不同话语体系下的社会实践，它不是由"中心"权力强迫或欺骗社会接受的价值观点，而是由一系列复杂的文化习俗和行为中建构起来的一种循环往复的信仰与实践过程。换句话讲，景观知识的建构也在权力交织中往复变化，并塑造着相应的主体。Matless 强调将景观（landscape）、主体性（Subjectivity）和公民身份（Citizenship）紧密地联系在一起，从而揭示出借由景观实践的新的主体性的产生可能性（向岚麟、吕斌，2010）[④]。

"地方"（Place）是人文地理学的重要研究视点（朱竑，钱俊希，陈晓亮，2010）[⑤]。早期人文主义地理学借鉴海德格尔（Heidegger，1971）[⑥] 的现象学哲学思想，认识到自我与地方之间的联结与统一的关系，指出地方是自我身份建构过程中的一个重要表征体系。因此，地方成为自我的一个隐喻，发现地方即是发现自我的过程（Blunt，Gruffud，May，2003）[⑦]（Casey，1997）[⑧]。而从结构主义地理学视角看，一方面，地方性被视为超地方结构相互作用的产物；另一方面，地方成为个体和社会集体意识的中心，是对集体和个体的日常生活及影响地区利益的事件的内部活动进行干预的基础（Savage et al.，1987）[⑨]（Cooke，1986）[⑩]。后现代地理学视野的地方研究结合全球化理论的文化转向，将重点转向更加广义的文化批判范畴。在现代性研究语境中，"空间"与"地方"分别反映了两种空间认知范畴，"空间"是抽象的、结构化的社会经济活动过程的实证描述，而"地方"投射独特的区域特征，承载丰富的文化实践的场所空间内涵。在现代性力量的作用下，地方之间受到不断的同化，消解了地方的文化意义和基于地方的个人身份认同基础，形成所谓的"地方—空间紧张（Place—space Tension）"（Taylor，1999）[⑪]。在全球和民族国家语境下，通过政治、经济或文化的多样化的权力扩散作用，基于地方性的身份认同被消解在抽象的空间

① 梁炳琨，张长义. 地理学的文化经济与地方再现. 地理学报，2004，35：91.
② Matless D. Action and noise over a hundred years：the making of a nature region[J]. Body&Society，2000，6（3-4）：141-165.
③ 乔治·瑞泽尔. 后现代社会理论，谢立中译. 北京：华夏出版社，2003：64.
④ 向岚麟，吕斌. 新文化地理学视角下的文化景观研究进展. 人文地理，2010，116（6）：7-10.
⑤ 朱竑，钱俊希，陈晓亮. 地方与认同：欧美人文地理学对地方的再认识. 人文地理，2010，116（6）：2-4.
⑥ Heidegger M. Poetry，Language and Thought. New York：Harper and Row，1971：143-161.
⑦ Blunt A，Gruffud P，May J. Cultural Geography in Practice. London：Edward Arnold，2003：71-73.
⑧ Casey E S. Between Geography and Philosophy：What Does It Mean to be in a Place- world?. Annals of the Association of American Geographers，1997，87（3）：509-531.
⑨ Savage M.，J. Barlow，S. Duncan，and P. Saunders. "Locality research"：the Sussex programme on economic restructuring，social change and the locality. Quarterly Journal of Social Affair，1987，3：27-51.
⑩ Cooke P. The changing urban and regional system in the United Kingdom Regional Studies，1986，20：243-251.
⑪ Taylor P J. Places，Spaces and Macy's"Place-space tension in the political geography of modernities. Progress in Human Geography，1999：23（1）：7-26.

形象之中，造成"去地方化"的全球意识形态和抽象的国家认同，这种空间话语的霸权特征即反映了后殖民主义的文化本质（Castells，1996）[①]。

将"地方"概念重新融入全球化空间研究的核心领域，对于解析全球化现象的文化本质，诠释基于文化景观视角的地方文化和公民身份的重建路径具有重要意义。身份认同是公民权利的主体性建构的社会基础，也是地方文化再现的象征与标尺，所谓身份，"不是个人所具备的一组特征，而是现代人就其个人经历而言所获得的自我意识"（Giddens，1991）[②]，身份认同的确立通常要经历内外两种途径：一是通过集体记忆的"想象的共同体"，建立一种基于地域的成员内部认同关系；二是通过排斥"他者"，而获得"自我"的地域认同空间范围，这就引出隐藏其后的权力问题。这两种路径交织在一起，共同确立起个人的身份。对这种共同体的想象是一个集体的文化过程，社区感[③]（Duncan，1988）[④]或地方感正是这种方式的产物，在塑造身份的文化过程中，景观被塑形并影响这一过程。因此，可以获得身份认同的地方性景观不仅是权力关系的反映，而且也是文化权力的工具（向岚麟，吕斌，2010）[⑤]。首先，当地方建构了独特的文化（身份）认同，并再现于地方景观时，可以强化地方文化想象的垄断；其次，地方再现是权力的过程（Spivak，1988）[⑥]。再现可区分为说及（speaking of）和为谁说（speaking for）两者，它们都涉及权力问题，例如地方在选择标的文化时常常面临谁有权利再现、谁的文化被再现、如何再现等权力问题（梁炳琨，张长义，2004）[⑦]。

2.3.2.2　社会交往实践——基于现代性重建的场域空间实践诠释

基于现代性重建视角的空间权力的实践诠释机制，从行动文本的诠释出发，将诠释学的语言学研究和社会学的社会行动研究直接统一起来。哈贝马斯提出了以主体间性的意识和互动为基础的，社会公共性权力关系的实践诠释方法。布迪厄把语言放在实践场域中来考察，揭示了语言中表现出来的权力结构。布迪厄认为权力关系的建构是通过语言交流的实践实现的，而以一整套文化符号系统为表征的文化资本的占有者，才能通过"符号暴力"获得权力的合法性。对于布迪厄而言，当代社会世界被区分为他所称的"场域"（field），"场域"是占有不同社会资本的组织相互作

① Castells M. The Rise of the Network Society. Oxford：Brasil Blackwell，1996：407-460.

② Giddens A. Modernity and Self-identity. Berkely：Stanford University Press，1991：53.

③ Duncan J. 和 Duncan N 共同使用论述的社区（community of discourse）或文本社区（textural community），指一群人对一个文化景观文本、演说或阅读有共同的理解，并如剧本般地演出，来组织他们的生活。

④ Duncan J S. The City as Text：the politics of landscape interpretation. In the Kandyan Kingdom. Cambridge：Cambridge University Press，1990.

⑤ 向岚麟，吕斌. 新文化地理学视角下的文化景观研究进展. 人文地理，2010，116（6）：11.

⑥ Spivak G. can the subaltern speak? Speculations on widow sacrifice. in：nelson，C. and grossberg，l.（eds.）Marxism and the Interpretation of Culture，London：Macmillan，1988：271-313.

⑦ 梁炳琨，张长义. 地理学的文化经济与地方再现. 地理学报，2004，35：94-95.

用形成的一种权力网络。在他看来，各种社会活动的阶层区分，导致建立了各式各样、相对独立的社会空间，其中竞争的核心集中在特定种类的资本。这些场域被视为建立在一个阶层的基础上，其中的动态领域源自于社会行动者的斗争，试图占据场域之中的主导地位。

对于研究场域而言，布迪厄认为应从以下角度着手：第一，分析该场域与权力场域的位置与相互作用关系；第二，分析各行动者在场域形成过程中的位置关系，这个位置关系表达了场域的稳定性和结构；第三，分析行动者的惯习（Habitus），以反映场所所处的社会条件和经济条件（文军，2006）①。

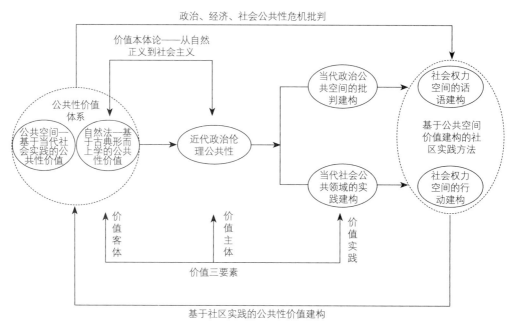

图 2-3　公共性价值理论发展脉络——从概念认知到实践方法

（资料来源：笔者自绘）

2.4　小结

本章承接上一章基于公共空间的公共性价值的实践建构理论，聚焦于社会实践中的公共空间的价值呈现和价值实践理论研究，并为第三章中的社区实践方法的运用，提供地方文化空间批判和社会交往空间实践的依据。

在内容方面，本章主要建构了两条理论研究路径：第一，是基于"社会—空间"结构化互动过程建构社会共同体的公共性价值的空间权力的本体诠释路径；第二，

① 文军.西方社会学理论：经典传统与当代转向.上海：上海人民出版社，2006：391–396.

是基于后现代社会价值批判与建构理论的社会行动的实践诠释路径（图2-3）。

第一种研究路径，紧扣第一章研究中阐述过的公共性价值的社会实践呈现逻辑，通过对社会共同体发展起源与演变特征的研究，强调由个体行动者与社会结构之间互动建构的"社会性"，即代表了当代社会体制结构中的公共性价值的精髓。同时也进一步从理论上诠释了公共性价值建构的"社会—空间"互动关联机制—基于"文化景观"的后现代权力空间批判与建构。

第二种研究路径，从对现代社会发展理论历史进程的系统梳理开始，阐述了伴随着社会研究方法的后现代转型的社会实践理论，基于空间化与语言化转向，对个体与社会关系与价值问题的重新关注。同时提出了基于后现代批判的权力空间本体诠释和基于现代性重建的场域空间实践诠释理论。

需要强调指出的是，本章中提出的两个主要概念"社会共同体"和"文化权力"，对于第三章中的社区实践方法研究，以及第四章中的制度实践机制的研究至关重要。这也使得本章的相关内容对全书的分析论述框架的构建起到了起承转合与穿针引线的作用。

"社会共同体"是实现公共性价值建构从超验的形而上学价值思辨方法，向经验与存在的社会实践方法转向的重要概念。从历史过程看，它一头连接起久远的通过宗教、血缘等社会族群的有机联系而成的古典公共性价值传统；它的另一头随着西方社会从前现代、现代走向后现代社会的历史进程，其内涵与实践意义随着个体与社会、社会与国家关系的动态变迁，也发生了变化。其总体的变迁路径即从形而上学的价值抽象转向经验的社会价值批判对象，再从现代社会的私匿性、工具性批判中重新发现遗失的共同体价值，并从"社会—空间"的结构化理论中受到启发，为某种地方空间共同体的重生昭示了新方向，这也就建构了社区实践的基础理论框架。

"文化权力"在当代后现代社会批判研究中占据着相当重要的地位。我们同样需要通过对文化和权力两个概念的分别诠释，发现文化权力的社会实践中的价值奥秘。"文化"概念的形成起源于社会人类学对于知识、信仰、习俗及法律制度的经验建构，属于历史主义的社会结构认知范畴。随着西方后工业社会的现象学社会学和后结构主义等理论的发展，人文主义将文化视为人的行动与实践中的相互作用关系，而非先验性的社会结构的表征；批判主义在资本主义制度结构和文化价值间建构起一种批判的张力，目标指向文化价值观的主张。至此，文化被视为有序的意义和符号系统，是人们在社会实践中，用以解释他们经验、指导其行动的意义结构，是社会关系网络的结构内核。而借助对现代社会的消费主义等文化形态的批判，以及地方文化景观的意义诠释，"文化"被赋予制度实践与价值建构的潜能，这就为我们将在第四章讨论的，基于制度建构的公共性价值实践方法研究，提供了理论依据。

"权力"是源自古典政治哲学的重要概念，亦即国家或其他政治共同体实现道德正义和政治合法性的工具。近现代以来，随着契约政治思想的发展，对"权力"的认知，由强调一种统治"能力"，转变到强调一种"资源"和"行动关系"，并由政治领域向社会生活领域扩展。作为社会学研究范畴权力观最初由韦伯基于社会现象的宏大叙事，表达为"权威—合法"模式。后现代主义的视角全面解构传统权力观，建构了基于微观社会空间基础的权力观理论。这种基于多元性的、关系网络的微观的权力观念，是一种泛权力观或日常生活的权力观，它将在更为广泛的空间层次上，赋予社会行动的能动性，对下一章的社区权力的空间诠释实践方法研究提供了指引。

第三章

基于公共空间价值建构的社区实践机制

在第二章中，笔者阐述了社会实践中的空间权力建构逻辑，本章将聚焦于城市空间的权力视角，探讨社区权力的空间生产，以及社区治理实践中的公共空间价值建构机制。

3.1 社区权力的空间生产和价值诠释机制

城市空间生产研究一般遵循不同历史阶段，存在两条主流的理论路径：第一条是政治意识形态[①]（Vincent，1992）[②]的研究路径，城市空间的建构思想实现了从权力政治伦理建构逻辑向实证的经济学逻辑转变；第二条是文化研究路径，实现了从现代主义文化意识形态观向后现代主义文化空间观的转变。在这一节中，我们将首先通过历史实证主义视角，从传统马克思政治经济学阐述城市空间运动变迁过程背后的资本主义经济学逻辑；其次，将从文化批判视角引申出后现代城市空间权力诠释的社区实践机制。

3.1.1 城市空间观的发展和社区权力的空间生产

3.1.1.1 历史唯物主义的城市空间价值论

我们在第一章中讨论了历史主义的城市空间观。马克思同样将历史视为一系列的发展阶段。

马克思主义站在历史主义唯物主义和后行为主义政治学理论发展的交叉点上，对城市空间的生产与重构提出了新的价值认识论和方法论。受到苏格兰启蒙运动、德国哲学和法国社会主义的影响，马克思提出了一套目的论的历史哲学思想，这一哲学的基础是与特定的阶级统治形式相关联的生产方式的一系列连续的历史阶段。受其影响，一些学者认为城市空间、形态的象征性和物质生产必然与整个社会生活存在某种方式的联系。土地和财产所有权、体制形式及其符号表达都在这一过程中涌现，并且与城市形态以及场所、空间、纪念碑和建筑物的位置和形态的社会生产密切相关。

3.1.1.2 基于文本诠释的后现代城市空间权力建构

城市文化研究的空间转向代表了现代与后现代主义文化观的思想分野。马克思

---

① 意识形态是观念、价值、符号的体系，它包含人性的概念，预示着人类可以实现的以及不能实现的，包含对人类交往的本质的批判思考，包含人类应该反对或渴望的价值；以及那些将会满足人类的需要，符合人类利益的社会生活、经济生活和政治生活的技术性安排（Vincent，1992）。

② Vincent A. Modern Political Ideologies. Oxford：Blackwell. 1992：16.

将意识形态定义为文化，认为文化中本质上是一种上层建筑形式，是一套资本的自动操纵系统，反映了占据主导的话语、利益和政治，其变化发展由社会经济关系和生产方式决定。法兰克福学派的霍克海默、阿道尔诺和本雅明等理论家在马克思主义的框架内探讨了文化产业的现代发展和向大众实施社会催眠的阶级意识形态本质。20世纪70年代以来，随着信息化和全球化时代的到来，城市文化形态呈现出许多新的空间变化特征。霍尔认为，马克思主义的意识形态文化观不能反映后现代文化的新的社会功能，文化不仅仅是经济基础的单一反映，也可以成为变革性的异己体制（Lewis，2002）[①]。哈维（Harvey，1989）[②] 阐述了后现代主义文化的变革力量在塑造场所和重建空间权力关系中的作用。新文化地理学借用"文化景观"（cultural landscape）概念，来阐述通过文化空间进行社会实践描述和意义诠释的文本（text）价值。该文本一方面反映了一个社会的和主观的认同形成的过程，将景观[③]特征诠释为社会意义；另一方面也可以投射建构者或阅读者的政治意识，再现权力表达与抗争，并能生产权力（Duncan J. S.，1990）[④]（梁炳琨，张长义，2004）[⑤]。后现代文化空间生产实践既表现为全球化的文化殖民主义空间再现、生产，如具有"舞台真实"感（MacCannell，1989）[⑥] 的旅游主题公园、商业文化中心等，也表现为以社区设计为基础的关于文化空间的地方真实性和象征性再现实践，如新城市主义和新郊区主义的社区空间设计（卡斯伯特，2011）[⑦]。

3.1.2　社区权力的空间诠释机制

3.1.2.1　社会共同体的演进与社区的生成

滕尼斯（Tonnies，2001）[⑧] 对共同体和社会的分析均基于某种动态演进的视角，只不过对共同体的考察主要源自一种人类学历史主义的观念，而对社会的理解则重点增加了古典政治经济学的维度，从而揭示了传统的共同体组织在现代社会结构中的异化过程和特征。滕尼斯认为，共同体建立在血缘、地缘和友谊等纽带基础上，社会则建立在抽象的契约（包括政治契约和经济契约）纽带之上。因此，

① Lewis J. Cultural Studies：The Basics. London：Sage，2002，133.
② Harvey D. The Condition of Postmodernity. Baltimore，MD. Johns Hopkins University Press，1989：238.
③ 科斯格罗夫指出，景观是一种意识形态的概念。不同阶级的人通过不同的景观来表现他们与自然的理想关系，反映他们的地位和思想，并通过景观来强调他们的社会角色，以及与其他阶层进行沟通。
④ Duncan J. S. The City as Text：the politics of landscape interpretation. In the Kandyan Kingdom[M]. Cambridge：Cambridge University Press，1990. 17.
⑤ 梁炳琨，张长义. 地理学的文化经济与地方再现. 地理学报. 2004，35：91.
⑥ MacCannell D. The Tourist：A New Theory of the Leisure Class. London：Macmillan. 1989.
⑦ ［澳］卡斯伯特 A. R. 城市形态——政治经济学与城市设计. 孙诗萌，袁琳，翟炳哲译，北京：中国建筑工业出版社. 2010：72-101.
⑧ Tonnies F. Community and Civil Society. edited by Jose Harris，translated by Jose Harris &Margaret Hollis. Cambeidge University Press. 2001：64-65，130-131.

从外在形态看，原始的共同体在经济上奉行的是共产主义，通过家庭、家族、村庄和城镇等组织形态进行建构；而社会是在现代工业化进程中，随着私人所有权的确立，共同占有变为私人占有，契约交换变得越来越普遍（社会主义）。随着社会共同体的大变局，在原子式的个人中间以契约的形式缔结出来的机械的、非自然的社会关系。

但另一方面，滕尼斯认为共同体与社会不是截然分离的。即使在现代社会，共同体与社会依然保持着密切的相互联系。但是，从共同体向社会的过渡，社会对共同体的压制与消解，是时代的大趋势。滕尼斯将"民族"观念视为重新进行共同体与社会关系建构的关键点。虽然民族是传统共同体的典型形式，但当代民族国家已经成为社会的一部分。面对共同体与社会的对立格局，恢复传统的共同体已经不可能，只能对既有社会形态进行改造，赋予其共同体因素。这就是滕尼斯对共同体与社会冲突问题的解决之道。

美国芝加哥学派通过社区研究，重塑滕尼斯所谓的传统共同体的公共性价值。在城市与人之本性的关系问题上，芝加哥学派与滕尼斯的理解不同。在滕尼斯看来，只有城镇或小城市具有共同体的性质，符合人的自然本性；而大城市具有典型的社会性质，有强烈的人为性，不符合人的自然本性。但帕克（1987）[1]认为，芝加哥这样的大城市是各种礼俗和传统构成的整体，是这些礼俗中所包含，并随传统而流传的那些统一思想和感情所构成的整体。芝加哥学派把城市视为一个生态系统，标志着对"Community"之理解的一个重大变化：在滕尼斯那里，共同体虽残留着地方性的特征，但本质上是一种人类生活的基本形态，其侧重点在生活纽带的性质；在芝加哥学派这里，已经不太重视看不见的纽带性质，转而侧重社区的区位性。从滕尼斯的共同体到芝加哥学派的社区的转变，可视为"Community"一词在社会理论脉络中的一个断裂（李荣山，2015）[2]。

在芝加哥学派的城市社区研究中，"社区"有着两种不同的意义：一方面是文化生态学中，在一定地域范围内被组织起来的生物群体，彼此生活在一个共生性的相互依存关系中，并对这一地域范围内的资源展开竞争。另一方面，则主要是指城市移民或贫民的社会实体，如犹太人社区或贫民社区。在这些社区中，可以把地域群体内在的联系作为一种手段，让社区成为一个解决城市移民自身问题的方法，这是重建共同体的思路的体现。在这里，"社区"成了一个地域范围中群体的社会结构，它可能体现了滕尼斯所谓的"直接、共同关怀"的社会联系，也可能和某种社会联系

---

① 帕克 R．E 等．城市社会学——芝加哥学派城市研究文集，宋俊岭，吴建华，王登斌译．北京：华夏出版社，1987：63-64.
② 李荣山．共同体的命运——从赫尔德到当代的变局．社会学研究，2015，1：228-238.

完全无关（陈美萍，2009）①。

如果说类型学是从历史纵向上研究社区的构成机制，那么区位学则是从空间横向上研究社区空间组织的内在社会关系，并以此构建了社区空间的两类结构模式。古典区位学理论借助社会生态学阐释了通过社区空间建构的城市社会关系和变迁过程（Park R.E.，1952）②，提出了经济活动和产业发展推动下的城市阶级社区的空间分布模型和动态演变过程，并以此阐述基于邻里社区空间的社会组织模式；刘易斯和甘斯反对将"城市性"与邻里空间模式联系在一起，并指出生活方式是由居民的社会阶层或者其生命周期的不同阶段决定的，这就使得对社会关系的建构分析跳出了狭隘的邻里社区空间范围。韦尔曼和雷顿指出，应打破社区研究的邻里基础论，以"社会网络"（social network）作为分析工具，思考社区建构的新领域和内在机制，这就将社会关系的研究进一步从邻里物理空间扩展到社会网络空间。在这种分析框架中，社区概念即从邻里价值关系转变为以个体为中心的社会网络，一种可摄取社会资源的路径和社会支撑系统（Wellman，1999）③。以互联网为基础的虚拟社区，一方面由于其超越了地域限制，而成为大范围社会网络的新型建构手段；另一方面，也可实现"再地方化"的社会网络建构和社会行动的组织（夏建中，2000）④。

3.1.2.2 社区权力的空间诠释方法——结构的社区资本的建构

1）社会资本的概念内涵与意义

社会资本理论是在 20 世纪 70 年代后期，由科尔曼在社会网络研究的基础上发展起来的。它的理论来源主要包括经济学与社会学两个方面。在社会学方面，以格兰诺维特为代表的关于强关系、弱关系在个人求职中的作用的探索性研究对社会资本理论产生了重要影响；在经济学中，主要是洛瑞、波拉斯以及威廉姆斯为代表的新制度主义经济学（文军，2006）⑤。

"社会资本"一般被界定为一种嵌入于社会关系和社会结构之中的行动资源，这种资源可以增进集体行动的能力，减少人际互动过程中因投机而产生的交易成本（Coleman⑥，1988；Bourdieu⑦，1986）。普特南认为组织占有"社会资本"的结构（即

① [马来西亚]陈美萍.共同体（Community）：一个社会学话语的演变.南通大学学报·社会科学版，2009，25（1）：119–120.

② Park R. E. Human Communities：The City and Human Ecoloy. New York：Free Press，1952.

③ Wellman. The Network Community：An Introduction\ Networks in the GlobalVillage. Boaldes：Westview Press，1999.

④ 夏建中.现代西方城市社区研究的主要理论与方法.燕山大学学报哲学社会科学版，2000，1（2）：1-5.

⑤ 文军.西方社会学理论：经典传统与当代转向.上海：上海人民出版社，2006：227.

⑥ Coleman. "Social Capital in the Creation of Human Capital. "AmericanJournal of Sociology，1988：94.

⑦ Bourdieu. "The Forms of Capital. "in John G. Richardson（ed.），Handbook of Theory and Researchfor the Sociology of Education. NewYork：Greenwood，1986.

场域中个体或组织的权力关系）以及这种结构的变化，推动了"组织场域"的形成和变迁，并从"结构的社会资本"与"认知的社会资本"两个维度对社会资本的形成进行了阐述（Putnam，1993）[1]。所谓"结构的社会资本"是指在科层化与组织化基础上沉淀形成的各种社会规范、价值观，对"场域"内的个体或组织行为具有约束作用；而"认知的社会资本"则是个体或组织对社会规范、价值观的认同程度，反映出个体之间、组织之间的互信态度并体现为"场域"结构和边界的稳定性。上述定义将社会资本的形成界定为在邻里社区空间范畴内的居民间信任与规范的演进以及居民间社会关系网络的建构过程，也实现了"社会资本"与"社区资本"概念之间的可替代性。

对于这一过程存在两种不同范式的理论诠释：历史—结构解释（托克维尔模型）认为内生的市民社会组织是社会资本的塑造力量。社会资本经由权威、规范、习惯和历史经验的科层化和组织化沉淀而形成（Putnam，1993；Fukuyama[2]，2000），这就是关于社会资本的制度生成理论；而社会网络解释认为社会资本是通过个人社会网络的组织形成的，其本质是这种社会关系网络所蕴含的、在社会行动者之间可转移的资源。伯特通过结构洞（structural holes）和网络封闭（network closure）这两种不同的网络结构分析，阐释了社会资本的产生机制（Burt，1992）[3]。结构洞理论认为对整个大的社会网络中各群体之间的弱联系（weak connections）的拥有和控制能够带来更多的资源和更大的竞争优势，而产生社会资本；而网络封闭理论认为网络的封闭性不仅影响人们对信息的获取，而且促进人们从网络内的认可扩展到信任他人，因而网络的封闭结构可以促进社会资本的产生（刘春荣，2006）[4]。

2）结构的社区资本建构

根据以上论述，社会资本的生成主要借助整体社会视角的文化与制度机制，以及个体视角的网络联系机制。而通过结构化的"交往行动"和地方化的"文化景观"，公共空间成为培育社会资本的重要载体。从整体层面看，哈贝马斯从实证社会学的角度，论述了基于微观的交往行动本质的公共空间的规范性价值。而交往行动通过吉登斯的"结构化"社会方法论，实现了意义、规范与权力三者之间的互动，也建构生成了规范性的社会文化制度。从个体层面看，无论是弱联系网络还是封闭网络，身份认同均成为个体之间网络联系的嵌入性关系，通过呈现于非正式的社会交往中，构成制度化的经验或策略性的想象，以此超越了正式性社会关系的约束性边界，获

① Putnam. Making Democracy Work：Civic Traditions in Modern Italy. Princeton，N. J.：Princeton University Press，1993.
② Fukuyama. "Social Capital and Civil Society." International Monetary Fund Working Paper WP/00/74 April. Washington，DC，2000：13-14.
③ Burt. Structural Holes：The Social Structure of Competition. Cambridge，MA：Harvard University Press，1992.
④ 刘春荣 . 国家介入与邻里社会资本的生成 . 社会学研究，2006，2：60-64.

得了社会资本的增量或增量的想象（罗纳德·伯特，2008）[①]。

身份认同是公民权利的主体性建构的社会基础，也是地方文化再现的象征与标尺（Giddens，1991）[②]，而作为文化景观的"地方"成为自我的一个隐喻。从结构主义地理学视角看，地方成为个体和社会集体意识的中心，是对集体和个体的日常生活及影响地区利益的事件的内部活动进行干预的基础（Savage et al.，1987）[③]（Cooke，1986）[④]；而后现代地理学更加从文化景观和权力塑造过程的视角，认识基于"地方感"或"社区感"的共同体的想象的集体文化建构过程特征。这种"地方"语境分析的关系主义方法论，权力场域的隐喻，以及主体间性、动态性和多元性特征，完全契合了后现代社会哲学家布迪厄、兰西（Nancy F.，1999）[⑤]和泰勒（Taylor C.，1993）[⑥]等人关于当代公共空间（公共领域）的空间文化观，以及通过日常公共文化生活建构的微观政治权力，解构权利政治体系，重构社群主义的公共性政治伦理的规范性价值观。

社区权力空间生产机制阐释了结构的社会资本的形成和累积。哈维（2003）[⑦]认为，空间是一切社会权力的核心，一切的空间实践都隐含着利益的冲突与协调（何雪松，2006）[⑧]。福柯等阐述了权力和知识的空间实践与生成机制，这种机制是通过知识的空间化运作来实现的（迪尔，2004）[⑨]。海德格尔（Heidegger，1971）[⑩]的现象学哲学思想，认识到"自我（self）"与"地方（place）"之间的联系与统一的关系，从而建构空间—文化—权力的相互联系。吉登斯（1998）[⑪]阐述了从"身份认同"[⑫]到"社区感（地方感）"，再到文化权力的价值建构逻辑。其内在机制就是以"身份认同"为社会组织纽带的地方空间的建构，促进了"文化符号"（包括文化景观与文化观念）的选择、再现，使得文化空间的建构成为一种权力共享和实践过程。社区作为典型的地方空间，既有象征意义，也有重要的社会行动与实践功能，因此，

① [美]罗纳德·伯特.结构洞：竞争的社会结构.任敏，李璐，林虹译.上海：格致出版社，2008：256-257.

② G Savage M.，J. Barlow，S. Duncan，and P. Saunders 1987. "Locality research"：the Sussex programme on economic restructuring，social change and the locality. Quarterly Journal of Social Affair 3：27-51. iddens A. Modernity and Self-identity. Berkely：Stanford University Press，1991. 53.

③ Savage M.，J. Barlow，S. Duncan，and P. Saunders. "Locality research"：the Sussex programme on economic restructuring，social change and the locality. Quarterly Journal of Social Affair，1987，3：27-51.

④ Cooke P. The changing urban and regional system. United Kingdom Regional Studies. 1986，20：243-251.

⑤ Nancy F. "Rethinking the Public Sphere：A Contribution to Critique of Actually Existing Democracy" in Simon During，ed. The Cultural Studies Reader. Second edition. London and New York：Routledge. 1999.

⑥ Taylor C. Modernity and the Rise of the Public Sphere，in The Tanner Lecture on Human Values（14），Grethe b. Peterson ed.，Salt Lake City：University of Utah Press，1993：221-240.

⑦ 哈维·戴维.后现代的状况——对文化变迁之缘起的探究.北京：商务印书馆，2003.

⑧ 何雪松.社会理论的空间转向.社会，2006，（2）：21～26.

⑨ 迪尔.后现代都市状况.李小科等译.上海：上海教育出版社，2004

⑩ Heidegger M. Poetry，Language and Thought. New York：Harper and Row，1971：143-161.

⑪ 吉登斯.现代性与自我认同.北京：生活·读书·新知三联书店，1998：17-18.

⑫ 身份认同的确立通常要经历内外两种途径：一是通过集体记忆的"想象的共同体（Imagined Communities）"，建立一种基于地域的成员内部认同关系；二是通过排斥"他者（the-other）"，而获得"自我（self）"的地域认同空间范围，这就引出隐藏 其后的权力问题。

从地方空间出发，认识社区权力的空间生产机制和公共空间价值具有重要意义。

3.2 社区治理的场域行动和实践建构机制

在本节研究中，笔者将从公共治理的价值渊源和内涵研究出发，探索公共空间价值建构的社区治理机制。公共治理代表了基于现代性重建的社会行动实践方法，个体价值主体地位的确定和政治组织合法性的多元建构是其重要特征。在上一节中，我们通过对"社会资本"的概念阐释，提出了社区权力的空间诠释方法。接下来我们将进一步论述认知的和结构的社会资本的建构机制，从而佐证社区治理中的社会行动实践价值。

3.2.1 公共治理的价值基础——从古典公共性到行政国家

公共治理理论是在对现代西方代议制民主政治制度的公共性价值危机反思与重建过程中建立起来的。"公共性"在古典政治哲学中就是对政治正义伦理的简单规范性表述，而随着"代议制"等现代民主政治实践的复杂变化，公共性价值更多地需要通过对蕴藏于公共治理等政治实践中共享的权力组织机制，才能表现出来。

公共性价值建构了公共治理的价值基础。从公共性价值研究的历史发展脉络看，主要包括两个阶段：第一阶段，以古典分配正义观为基础的，通过国家权威建构的形而上学的公共性；第二阶段，以"宪政民主"构建的契约正义观为基础的，公民权利分享建构的社会实践中呈现的公共性。

3.2.1.1 国家——基于古典政治公共性的道德共同体

国家概念的建构从统治体系向治理体系的发展转型过程，反映了西方政治哲学思想演进的基本脉络，也折射出公共性政治理念的演变。在前资本主义的奴隶制时代和封建制时代，"国家治理体系"实质上是一种"国家统治体系"，统治者几乎掌握和控制了一切社会资源，这决定了这种治理的直接目标是通过获得稳定的统治秩序来维护这种利益分配格局。在这种以权力为基础的"统治型"国家治理体系中，君权神授、皇权至上、等级、特权、官本位等价值理念，以王权为中心的政治价值，牢牢地维系着不自由、不平等的经济、政治、社会与文化秩序。

随着传统社会向现代社会的演进，国家在政权性质与治理目标、方式上逐渐发生根本转型。资本主义革命以社会契约论为理论指导，通过政治权力的再分配以及在此基础上的制度重建，用人民主权理念以及国家权力制衡原则为现代国家治理体系的构建提供了一个基本框架。在政治实践中，主权在民原则又被置于宪法的框架之下成为一种选举制度，即代议民主制。代议民主制使得资产阶级的政治领域祛除了权力意志与统治秩序，从而打破了传统社会以王权为中心的封闭的治理体系。

到了工业社会中期，随着国家政权的稳固性增强，资本主义国家逐渐重视社会管理职能在国家治理中的作用，治理活动更多地成了一种对公共事务的管理活动。20世纪中期以后，由于经济危机以及两次世界大战的创伤使人们意识到了"政治—行政二分"原则的缺陷。20世纪70年代，西方出现了所谓"政府失灵"的问题，表明这种"管理型"国家治理模式不再适应社会发展的要求。在这样的背景下，从20世纪80年代开始，全球兴起了"新公共管理运动"的行政改革浪潮，则是一场包含着建构新型国家治理模式的运动，它使得西方国家治理体系从"管理型"向实质意义上的"治理型"转变。

回顾西方国家治理体系及其主导价值的演进脉络，可以总结出以下三个发展特征：

第一，国家治理体系在不同的社会形态中呈现出不同的形态与性质。在农业社会和工业社会早期，国家治理体系是一套以"权治"或"法治"为手段，以暴力机关为后盾，以维护社会政治稳定和统治秩序为目的的"国家统治体系"；从工业社会中期开始，国家治理体系是涵括了立宪、选举、立法、行政、司法、军事、政党的等机制，以提高社会生产效率为目标的"国家管理体系"；而在迈向后工业社会的进程中，国家治理体系逐渐成为一个多元治理主体基于行政体制、经济体制和社会体制对国家实施治理的系统的、动态的制度运行系统；第二，国家治理体系和治理价值体系是同构的。国家治理价值是抽象的，总是蕴含在具体的国家治理方式之中，并且通过价值指引和感召，表现和规定着国家治理体系的性质和特征；第三，蕴含在国家治理体系中的价值导向，其演进过程是一条趋向"公共性"的路径。从"统治秩序"价值到"管理效率"价值再到"自由平等"为主导价值基础上的民主、法治等一系列价值的演变，国家治理思想理念的变迁逐渐接近于阿伦特、哈贝马斯所阐述的行动与实践的"公共性"价值建构逻辑（张雅勤，2014）[①]。

3.2.1.2 "国家"概念的价值建构——从规范到功能

"主权在民"的民主[②]宪政理论建构了现代西方政治正义的基石。然而，"理想类型"的民主要转化为现实，只是在"微型"政治规模的条件下才有可能。然而，随着政治共同体扩展为巨型规模的现代民族国家，要实施这样一种公民自治的直接民主就变得非常不切实际了。

---

① 张雅勤.论国家治理体系现代化的公共性价值诉求.南京师大学报（社会科学版），2014，4：28-29.
② 民主最早就是人类在生产和生活中组织集体活动的一种决策方式。古希腊雅典城邦的"公民大会"是最早的民主组织形式，体现了公民自己治理自己的直接的、自治的民主内涵。

现代国家是一种新的政治权力实践体制。诺斯（1992）[①]从人类生产方式进化和经济发展需求出发，阐述了国家的本质就在于对产权的界定和行使，即一种特殊的行使财产分配的合法性组织形式。其合法性是通过一种现实可行的民主制度来实现的，即是人民选择自己合意的政治精英来治理国家，这就构成了代议制民主的核心程序。但由于代议制民主间接式的民主制度运行方式，在民粹主义或精英主义的裹挟下，民主制度有可能沦为多数人的暴政。为民主机器提供限制性保护的主要装置是宪政，"宪政"的原意即为"控制国家或政府权力"。作为一种捍卫个人自由的政治学说，宪政以有限政府、分权制衡和法治为其基本的制度安排（张凤阳，2006）[②]。

3.2.1.3　公共治理的政治体制基础——公共行政发展与危机

公共治理运动的发展不仅从理论层面植根于公共性价值的建构，也从实践层面反映了对官僚制公共行政体制的改革与超越。以下将以美国为例，探讨西方公共治理运动的实践渊源和发展路径。

1787 年颁布的《美国宪法》标志着美国宪政民主制度的正式建立。托克维尔的《论美国的民主》的民主思想和《联邦党人文集》中的自治原则，阐述了根据自愿原则和自治原则组织起来的美国民主制行政体制的本质精神。从 19 世纪晚期到 20 世纪中期，为了适应现代工业化高速发展带来的社会经济问题，美国积极调整由托克维尔构建的"权力分离与分享"的人民民主政治体制，构建了以公共管理为核心的国家主义的"科学民主"政体，促进了"行政国家"[③]观念与政治制度的发展。官僚制行政模式是在威尔逊提出政治和行政二分理论后逐渐形成的，自古力克时期达至声誉的顶峰。它以政治与行政二分为根基，以效率为核心价值，以官僚制作为实用的组织结构，以行政国家作为最有效和最权威的组织载体（巴纳德·朱维，2005）[④]。

随着西方全球化浪潮影响下的城市政府治理改革运动的开展，以传统民族国家为基础的公共行政的政治合法性受到极大挑战。从 1970 年代开始，由于经济危机迫使政府放松管制与推进私有化进程，促进了新公共管理思想的发展。全球化经济与跨国企业集团的发展，加速了国际政治经济联盟与体系的建立，使许多西方国家一些原属于国家主权固有部分或者说国内立法的重要方面的能力转移到新的治理层

① 诺斯.经济史上的结构和变革.厉以平译.北京：商务印书馆，1992：23.

② 张凤阳.政治哲学关键词.南京：江苏人民出版社，2006：67–77，117–130.

③ "行政国家"概念源于对国家的起源及作用的认识的发展。古典政治哲学将"国家"视为一种基于"公共的善"的社会道德共同体，并形成以公共权力为基础的正义观念建构；现代政治哲学提出了基于个体权利的自由主义正义观，国家概念的核心从"观念"转变为"功能"，主要扮演维护个人权利自由的"守夜人"的角色。国家维护社会秩序的功能发挥的基础是必须拥有一整套维护法律、法令的机构，即以政府部门为代表的行政机构，这就是"行政国家"的理论渊源。

④ 巴纳德·朱维.城市治理通向一种新型的政策工具.国际社会科学杂志（中文版），2009，4：24–36.

次。在此背景下，私人行政领域的民主化，挑战了官僚制行政模式的去价值化思想的合法性。沃尔多（Waldo D.，1952）认为，传统官僚制行政民主困境导致的公共行政合法性危机是民主行政兴起的主要原因。他把行政国家时代的公共行政合法性问题归结为官僚制与民主之间的潜在冲突。耶茨将美国的公共行政体系视作一种"分割的多元主义"官僚结构体系（Brugue，Gallego R.，2003）[1]。

3.2.2　公共治理中的公共性价值重构机制

3.2.2.1　国家的价值重构与官僚制公共行政批判

上一小节简要梳理了以美国为代表的西方行政国家的发展以及合法性危机研究进展。下面将从宪政批判的视角，进一步阐述以官僚制公共行政为代表的西方现代政治体制与公共性价值追求的背离。

1）价值重构

虽然宪政是民主制度的根本保障，但是宪政与民主之间实际潜藏着紧张关系，导致传统民主价值受到挑战。由于人民主权所体现了传统民主价值更多反映在人民直接管理政府的形式中，而代议制民主中的"人民主权"充其量是一个具有抽象意味的政治合法性理据，因此，宪政主义提出的分权制衡原则与"纯粹"的民主逻辑并不相容。"只有真正自下而上授予的权力，只有表达人民意志的权力，只有以某种得以表达的基本共识为基础的权力，才是正当的权力"。于是，权力的内部制衡和外部监督，就成为良好制度规划的必然要求。这样也就挑战了代议制政府原有的一套基于个人权利保护机制的政治合法性逻辑。

2）官僚制公共行政批判

面对西方行政国家的合法性危机，新公共管理[2]和新公共服务运动分别从解构官僚制和重构官僚制的角度提出了公共行政的民主化改革之道。奥斯特罗姆（1999）[3]认为，威尔逊的政治与行政二分法和韦伯式的集权的官僚组织模式，将公共行政理论带入歧途。新公共管理在把政府推向市场和社会的同时，突出了公共行政的公共性特征，部分体现了民主行政的价值蕴含。例如，通过控制权下移、授权、解除管制等方式提高政府的回应性，私人与非营利组织参与公共产品的供给，在政策制定过程从科层的命令与控制转变为网络的协助与谈判，这些都体现了民主行政

---

① Brugue and Raquel Gallego. "A democratic；public；administration—Developments in public；participation and innovations in community governance". Public Management Review，2003，5（3）：425-427.

② 新公共管理运动是在 20 世纪 80 年代以来，随着全球化和国际竞争加剧的时代背景下，伴随着"福利国家"危机、经济滞涨、政府失灵等因素，由西方发达国家掀起的公共行政改革运动。新公共管理的重要理论内核是公共选择理论和委托代理理论。

③ 文森特·奥斯特罗姆．美国公共行政的思想危机．毛寿龙译．上海：上海三联书店，1999：114-117.

的权力分散、多中心治理等设计原则。

以登哈特[①]（2010）为代表的新公共服务理论，强调民主价值在公共行政中居于核心地位，公共行政应是民主价值观的捍卫者和促进者，而非被动消极的、机械和工具性的、价值中立的角色。民主行政的设计立足于解决官僚制和民主的对立，以民主对官僚制的破解和重构来建立公共行政在后工业化多元社会中的合法性（陆聂海，2013）[②]。社群主义构成了新公共服务理论的价值基础。登哈特（2010）的"新公共服务"理论，从社群主义的角度提出了自己对于民主行政的理解。登哈特认为政府存在的目的就是要通过一定的程序和个人权利来保证公民能够做出符合其自身利益的选择。民主公民权意味着个人会更为积极地参与治理，通过与社区达成一种道德契约，公民会超越自身利益去关注更大的公共利益。

3.2.2.2 公共治理中的公共性价值重构——社会行动机制

1）公民社会的崛起——公共治理的社会基础

在第一章中，笔者阐述了西方世界在社会历史进程中形成的，自然伦理观和社会伦理观等两种不同类型的政治伦理观。从亚里士多德的"城邦—国家"的"善"的价值诉求开始，将国家的政治目的视为最高的政治伦理标准，因而强调国家政治目的的优先性；而社会伦理观通常将政治正义置于优先地位，注重政治制度和政治规则的作用（万俊人，2005）[③]。这就为公民社会组织形态的导入，以及基于公共治理理念的新的政治制度框架的建构分析提供了理论支撑。

公民社会（Civil Society）这一概念源于拉丁文 civilis socitas。从历史起源来看，公民社会是一个孕生并发育于西方社会的，极富包容性和开放性的概念。它在西方社会历史发展的不同阶段以不同的理性结构出现在社会理论中，它的理论内涵也随着西方社会的发展而不断演化。纵观公民社会概念的演变过程，可以发现它有三次重大的转变（罗亮，2009）[④]：

（1）古代公民社会观

在古代，公民社会是一个与自然状态相对应的概念。在古希腊罗马时期，公民社会指的是一种文明的城邦生活，这个时期的思想家是从文明社会的角度来界定公民社会的（路鹏，2009）[⑤]。亚里士多德在其名著《政治学》中就以"civilis socitas"用来指定城邦作为一种宪法而建立起来的独立自主的社会团体的性质。因此，"公民社会"是"城邦政治"的同义词。公元一世纪，古罗马法学家西塞罗最早提出"civilis

---

① 珍妮特·登哈特，罗伯特·登哈特.新公共服务：服务，而不是掌舵.丁煌译.北京：中国人民大学出版社，2010.
② 陆聂海.国外民主行政研究综述.华中科技大学学报（社会科学版），2013，27（4）：79-82.
③ 万俊人.政治伦理及其两个基本向度.伦理学研究，2005，15（1）.
④ 罗亮.公民社会：一个概念的历史考察.社会工作，2009，4：63-64.
⑤ 路鹏.西方公民社会理论演进之概观.黑龙江省政法管理干部学院学报，2009，27（3）：1.

socitas"这个概念，用以表示一种区别于部落和乡村的城市文明共同体的生活状况。14世纪以后，欧洲人使用"civilis socitas"以表示封建体制之外的城市商业文明。到了近代早期，在洛克、卢梭等早期自由主义思想家那里，公民社会的含义依旧是与自然状态相对的政治社会或国家（袁柏顺，2001）[①]。

（2）近代公民社会观

近代以来，西方思想家开始抛弃将公民社会等同于文明社会的观点，提出一种建立在国家和社会二分法基础上的公民社会观，认为公民社会是一种与政治社会（国家）平行但外在于政治社会（国家）的范畴，指独立于国家但又受到法律保护的社会生活领域及与之相关联的一系列社会价值或原则。根据历史发展阶段，又可将近代公民社会观分为17—18世纪的政治观和19世纪的经济观等两个阶段。

17—18世纪的西方自由主义思想家反对君权神授思想，从个人权利的角度界定了公民社会及其经济活动与政治活动。他们认为公民社会是外在于国家的社会组织，政治自由是公民社会的主旨。洛克把国家定义为一种信托（trust）关系，孟德斯鸠提出三权分立的权力制衡模式。传统的观点认为社会组织应该由政治组织来领导，国家权力对社会而言具有天然的合理性。而洛克在传统理论的基础上进一步区分了政治组织与社会组织的概念，并将两者的关系颠倒了过来。所以我们可以看出在洛克的理论体系里，社会是先于国家而存在的，社会首先源自于一个把个人从自然状态中解救出来的契约，然后这个新形成的社会接着才建立了国家。国家尽管可被视为至高无上，但它与社会之间实际上是一种信托关系。与洛克不同，孟德斯鸠假设了一个强大而不可或缺的君主制政府，他认为关键是如何使这个政府受制于法律而不致使其趋向于一个不受制衡的、独裁的专制统治。在孟德斯鸠的理论体系中，国家是法律的制定者与执行者，公民社会是捍卫法律的实体，而社会与国家又同时被归于宪法之内。国家与社会在立法、执法、行政权力中得以各司其职、相互监督是它们的主旨。因此，自由主义政治思想家们所使用的公民社会仍是"政治社会"的同义语，因而他们的公民社会论更多的是确立了公民社会的政治传统。

18世纪末19世纪初，资本主义商品经济空前发展，以黑格尔和马克思为代表，开创了以经济特性研究公民社会的传统。他们主要是从私人的经济活动这一视角来界定公民社会及其政治与文化活动，认为公民社会是与商品经济相联系的社会组织，市场经济的内在规定性决定了公民社会的本质。黑格尔把公民社会设定为与政治国家相区分的自我规定性存在，具体地说是相对于家庭和国家尤其是国家的一种社会形式（黑格尔，1996）[②]。黑格尔把家庭、公民社会和国家看作是伦理发展的三个阶

---

① 袁柏顺，丛日云.17世纪公民社会概念解析.辽宁师范大学学报（社科版），2001，（6）.
② 黑格尔.法哲学原理.范扬，张企泰译.北京：商务印书馆，1996.

段，是一个分别代表着"个别"、"特殊"和"普遍"的一个由低到高的过程。公民社会仅是这个伦理精神发展链条中的重要一环，它作为伦理精神的发展其阶段虽超越了家庭但未达至国家（路鹏，2009）[①]。马克思肯定了黑格尔关于"公民社会"和政治国家相分离的政治意义，但认为黑格尔颠倒了国家与公民社会的关系，指出家庭和市民社会才是国家的原动力，政治国家没有家庭的天然基础和市民社会的人为基础就不可能存在，它们是国家的必要条件，18-19世纪，随着美国和欧洲大陆民主宪政国家的建立，市民社会和政治国家的分离得到了法律上和制度上的保障。

（3）现代公民社会观

进入20世纪，随着自由资本主义的终结和国家干预主义的兴起，资本主义市场经济的发展进入"晚期"；另一方面，80年代末期以来，苏联模式社会主义的失败使通过国家的全面控制而实现美好伦理目标的梦想破灭。这两种国家尽管在形式上极端相反，但是结果却是一样的，都形成了一个社会无法控制甚至无法对其产生影响的强大官僚体系，以及由此所折射出的人的本质的异化、人文精神的失落的整个人类文化的危机。在此背景之下，公民社会研究又有了新的发展。

公民社会的概念在此时又一次发生了改变，已经由黑格尔—马克思时代的主要从经济的角度规定公民社会，转移到了主要从文化的角度规定公民社会，即由经济领域转变到文化批判领域。葛兰西开创了公民社会文化领域研究的先河，把公民社会看作是制定和传播意识形态特别是统治阶级意识形态的各种私人的或民间组织的总和。

哈贝马斯沿着葛兰西所开拓的方向，将公民社会理论向前推进了一大步。哈贝马斯认为，公民社会是独立于国家的私人领域和公共领域，私人领域指以市场为核心的经济领域，它基本上与黑格尔和马克思的公民社会概念所指涉的范围相重合，包括劳动市场、资本市场、商品市场及其控制机制；公共领域是指由私人组成的、独立于政治国家的非官方组织所构成的社会文化生活领域，它大致和葛兰西的公民社会概念所指涉的范围相重合。

哈贝马斯[②]（1999）提出了"系统世界"和"生活世界"的概念作为分析的基础框架。他认为，整个社会系统由三个子系统构成，即政治行政系统、经济系统、社会文化系统。其中，政治行政系统和经济系统构成"系统世界"，社会文化系统构成"生活世界"，而且这两个世界对社会的整合遵循着不同的内在逻辑。"系统世界"对社会的整合是"制度整合"；"生活世界"对社会的整合是"社会整合"。制度整合的主要操纵机制是权力和金钱，而社会整合所遵循的逻辑则是人们在交往中的相

[①] 路鹏.西方公民社会理论演进之概观.黑龙江省政法管理干部学院学报，2009，27（3）：2.

[②] 哈贝马斯.公共领域的结构转型.上海：学林出版社，1999.

互沟通和理解。他特别强调公共领域的价值，使得"具有政治功能的公共领域获得了公民社会自我调节机制的规范地位，并且具有一种适合公民社会需要的国家权力机关。"在哈贝马斯看来，公民社会就是指政治性质的公共领域。当代资本主义的"生活世界"正受到"系统世界"中政治化和商业化原则的侵蚀，公民社会的结构发生了重大变化。由于人们日益远离政治讨论和政治事务，政治行政系统失去其合法性基础而出现"合法性危机"。由此，哈贝马斯认为，当代资本主义国家解决上述危机的根本出路在于重建"非政治化的公共领域"，使社会文化系统摆脱政治化和商业化的影响而获得独立发展，这样国家统治才能具有合法性资源，整个社会才能获得同步与发展（路鹏，2009）[①]。

受到哈贝马斯的影响，美国学者柯亨和阿拉托就在国家—社会二分法的基础上主张将本属于公民社会的经济领域从公民社会中分离出去，认为公民社会是介于经济与国家之间的一个领域，主要由社会和文化领域构成。戈登·怀特（2000）[②]认为："当代使用的'公民社会'术语的主要思想是，它是国家与家庭之间的一个中介性的社团领域，这一领域由同国家相分离的组织所占据，这些组织在同国家的关系上享有自主权并由社会成员自愿结合而形成以保护或增进他们的利益或价值。"

至此，西方社会政治国家与公民社会组织间的关系发生了重大变化，人们开始用国家—市场—社会三分法代替国家和社会二分法，并在此基础上重新界定公民社会，把公民社会看作是介于国家和家庭或个人之间的一个社会相互作用领域及与之相关的价值或原则，公民社会成为与经济领域中市场和政治领域中政府的对应物（罗亮，2009）[③]。

2）"公共治理"的内涵解析

新公共服务理论提出了以公共治理理念替代传统公共行政，并重建民主行政的政治合法性的理想。接下来将通过对"公共治理"的内涵解析，阐释其公共性价值的实践内涵。

"治理"是一个政治哲学概念。在《韦伯斯特新国际辞典》中的定义，"治理（governance）强调君主或国家至上权力的统治、管辖、支配和控制"。在这里，体现了对权力实践过程特征的描述。20世纪90年代，西方学者赋予"治理"以新的含义，使之与"统治"的概念区分开来，并在此基础上形成了西方治理理论。联合国全球治理委员会将治理界定为"各种公共或私人机构以及个人对其共同事务进行管理的各种方法的综合"。治理旨在调和相互冲突的不同利益，并促使不同各方采取

① 路鹏. 西方公民社会理论演进之概观. 黑龙江省政法管理干部学院学报，2009，27（3）: 3-4.
② 戈登·怀特. 公民社会民主化和发展. 马克思主义与现实，2000，（1）.
③ 罗亮. 公民社会：一个概念的历史考察. 社会工作，2009，4: 63-64.

合作行动（孔繁斌，2012）^①。当代西方治理理论蕴含了深刻的公共性价值内涵和新型宪政制度设计思想，体现了后现代政治哲学中的权力的多元化建构的组织、实践过程。

公共治理理论以后现代政治哲学中关于权力建构的社会空间网络分析为基础，提出了一整套以公民社会为中心的契约性合作治理建构的新型公共性价值实践体系。所谓"公共治理"就是按照公共性规范和民主治理建构起来的多元治理主体之间的一种公共事务治理机制，这是一种由多元治理主体构成的治理机制。在这一治理机制中，不同的治理主体，有着不同的角色定位，承担不同的治理任务，政府发挥"元治理"作用，社会自组织和公民都可参与其中，从而形成政府与社会自组织和公民形成互动、合作治理网络，以实现优化公共服务、提升治理公共性、推进民主在公共治理中的实现和公共利益最大化的目标（公维友，张全新，2014）^②。

3）公共治理的社会行动实践价值——从政策向行动的转型

（1）公共治理的价值意蕴

公民社会^③是公共治理的社会基础。所谓公共治理，就其构成而言，是由开放的公共管理元素与广泛的公民参与元素整合而成——公共治理 = 开放性的公共管理 + 广泛的公众参与，二者缺一不可。公共治理实际上是国家的权力向社会的回归，公共治理的过程就是一个还政于民的过程。从全社会的范围看，公共治理离不开政府，但更离不开公民。公共治理有赖于公民自愿的合作和对权威的自觉认同，没有公民的积极参与和合作，就没有公共治理。在公共治理模式中广泛的公众参与是以公民社会的形式表现出来的，公民社会是公共治理的现实基础和重要主体，没有一个健全和发达的公民社会，就不可能有真正的公共治理（徐刚，2009）^④。

公共管理模式从公共政策向公共治理的嬗变有着深刻的政治理论和实践基础，政治理论基础主要是新自由主义、公共选择理论和新制度经济学的政治观，而实践基础则是经济"滞涨"引起"威尔逊—韦伯范式"官僚制度的合法性危机、现代民主化进程政府呼唤政府管理范式变革和第三部门兴起为实现政府管理范式变革提供组织力量（湛中林，2010）^⑤。公共治理理论既阐述了新自由主义政治伦理的价值规范性，又提出了多层次（全球治理、民族国家治理和地方治理）的社会实践性公共治理框架。公共治理转型是适应当代经济与社会转型的重要伴生物，其核心是从官

① 孔繁斌.公共性的再生产——多中心治理的合作机制建构.南京：江苏人民出版社，2012.
② 公维友，张全新.公共治理与民主行政的发展.山东社会科学，2014，224（4）：190.
③ 公民社会（civil society）是指相对独立于政治国家与市场经济组织的公民结社和活动领域，包括个人私域、非政府组织（志愿性社团、非营利组织）、非官方的公共领域和社会运动等四个基本要素，它是处于公共部门和私人经济部门之外的第三部门。
④ 徐刚.公共治理与公民社会.管理，2009，3：277.
⑤ 湛中林.公共管理模式嬗变的政治学分析.南京社会科学，2010，3：136–137.

僚制权力政治化的公共管理模式走向契约制民主政治模式。公共治理理论在社会实践中的价值意蕴包括以下三个方面：

首先，从规范的角度来看，重新设定了与传统公共行政学相对立的基于公共理性的哲学价值观和人性论，并基于"实践理性"的人的内在价值观念，确立了人的价值主体地位，开启了价值哲学研究的实践路径。其次，从对政治权力结构的认知和组织模式看，它认为政府不是合法权利的唯一源泉，公民社会也同样是合法权利的来源。它把治理看作是当代民主的一种新的实现形式等等，促进了市场与计划、政治国家与公民社会的合作融合。再者，从人性论的角度上否定了传统公共行政学提出的，社会是由一群追求自己利益最大化的"经济人"组成的，而政府是利他的，属于"道德人"的性质的假设。因而，提出要反思传统公共行政的"政府模式"或"统治模式"，主张"社会的公共行政"（魏涛，2006）[1]。

（2）社会行动的价值实践方法

第二章已经对现代社会理论的发展，及其社会实践中的价值批判进行了较为系统的讨论。本小节将以此为基础，进一步剖析基于公共治理的社会行动方法和价值实践逻辑。

"社区行动"理论的源于韦伯开启的社会学研究的人文主义方法论。"社会行动"成为当代社会学研究解释社会文化变迁机制，探索人的社会行为动机、意义与价值的基础性概念。首先，社会行动开启了社会价值主体认知的人文转向；其次，社会行动从现象学视角，批判了结构功能主义的宏观社会研究范式，重建了基于个体意识的动态的社会结构化认知范式；第三，社会行动诠释了社会权力关系建构的行动与实践逻辑，并引导了以公共领域为基础的当代公共性政治伦理重建的基本思想路径。

众所周知，整体主义和进化论的理性主义社会价值观主导着现代社会发展理论的基本范式。而韦伯（1997）[2]批判了反映客观性与普遍性价值的以"社会事实"为中心的社会研究方法，指出只有从揭示人的主观动机与价值的"社会行动"出发，才能把握社会现象的主观意义，从而建立起社会研究的人文主义价值基础，即将"社会行动"置于社会发展价值的本体地位。帕森斯（Parsons，1968）[3]进一步分析了社会共同价值规范形成的个体（行动者）能动性和价值整合特征（张岩，2006）[4]（图3-1）。

① 魏涛．公共治理理论研究综述．资料通讯，2006，7，8：57-58.
② [德] 马克斯·韦伯．经济与社会（上卷）．林荣远译．北京：商务印书馆，1997.
③ Parsons，T. The Structure of Social Action. New York：Free Press，1968：44.
④ 张岩．行动的逻辑：意义及限度——对帕森斯《社会行动的结构》的评析．北京邮电大学学报（社会科学版），2006，8（1）：29-30.

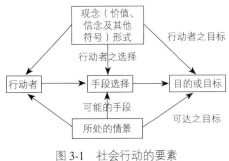

图 3-1　社会行动的要素

（资料来源：侯均生，2001）

舒茨（1991）[1] 在综合现象学方法、米德的象征互动论和韦伯的行动理论基础上，将"行动"视为人的持续意识的时间建构过程，而当行动者在脱离了这一时间流，并通过对时间的回溯和反思，从而使持续的意识流转化为冻结的、空间化的完成状态时，就从中构成了行动的意义。舒茨运用柏格森的"选择理论"和莱布尼茨的"意志理论"，描绘了社会行动的社会文化意识、惯例、规则和个体动机的互动建构过程。因此，社会行动从本质上来说是在认知的、情感的、文化的和意识形态的所有局限性的有限理性的驱动下做出的个人意志抉择的结果，是一种策略理性。因此，社会行动理论既建构了一种以人的主体意识为基础的社会价值观基础，又为社会结构的形塑及转型机制研究找到了一种实践的方法论（范会芳，2008）[2]。

（3）公共治理中的社会行动内涵

公共治理通过治理主体的多中心化，强调了对公民权为本的政治合法性的价值承诺与规范性建构。公共治理蕴含并彰显民主元素和民主精神，公民社会、平等参与、协商、监督等概念都是民主的重要元素。公共治理超越了传统的"政治—行政"二分法，也超越了"公共—私人"的二分法，其所主张的多元治理主体之间的公共事务治理机制实质是民主行政。因此，无论从治理目标还是运行体制看，公共治理都充分体现了社会行动的实质内涵。

首先，从治理目标看，公共治理追求的是公共利益的最大化与和谐社会状态的实现，这需要政府、市场和社会等多元治理主体之间通过平等的对话和协商来达成。因此，在治理结构关系上，政府不再是公共管理和公共服务单一提供者，政府及其他各种公共机构和私人组织、非营利组织、行业协会和社会公众等都可成为治理主体。

其次，公共治理从政治权力的运行体制上，提出了传统代议制政府权力体制的多元化解构思路，进行了对传统公共行政组织运行模式的规制性变革。公共治理意味着国家—社会关系的调整，在调整中，政府之外的力量被更多地强调，国家的中心地位在一定程度上被国家、社会和市场的新的组合所替代。在治理理念中，国家和政府不再是唯一权威，呈现向地方分权、向社会分权的发展趋势，各种公共和私人机构只要其行使的权力得到公众认可，都能成为各公共层面的权力中心。

第三，公共治理从实践方法上，强调通过社区行动中的政治权力的多元化、网

---

①　舒茨. 社会世界的现象学. 台北：桂冠图书有限公司，1991：69.

②　范会芳. 舒茨的社会行动理论及其局限. 华北水利水电学院学报（社科版），2008，24（6）：20–22.

络化互动分享与赋权过程，推动公共性价值的实践建构。公共治理不是自上而下依靠政府的政治权威对公共事物进行单一化管理，而是更多地寻求参与合作，"治理是政治国家与公民社会的合作，政府与非政府的合作，公共机构与私人机构的合作，强制与自愿的合作"（公维友，张全新，2014）[1]（图3-2）。

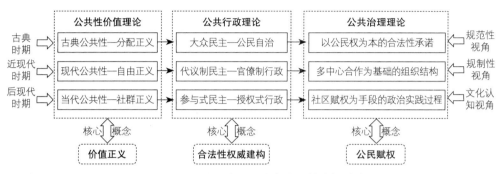

图 3-2　西方公共治理理论发展及其价值谱系

（资料来源：笔者自绘）

3.2.2.3　社区赋权和社区权力结构化

1）社区赋权与认知的社会资本建构

在上一小节研究中，我们探讨了社会资本的两个维度："结构的社会资本"与"认知的社会资本"，并重点讨论了基于社区权力空间生产的，结构的社会资本的形成和累积机制。本小节将聚焦于认知的社会资本问题研究。

布迪厄（Bourdieu，1972）[2] 把语言放在实践"场域"中来考察，揭示了语言中表现出来的权力结构。他认为，人与人在通过语言进行观念沟通与信息交流的过程中，隐藏着权力较量与利益协调的真实意图（高宣扬，2004）[3]。而以一整套文化符号系统为表征的文化资本的占有者，才能通过"符号暴力"获得权力的合法性。对于布迪厄而言，当代社会世界被区分为他所称的"场域"（field），"场域"是占有不同社会资本的组织相互作用形成的一种权力网络，这就建构了基于社会网络的社会资本价值实践的理论基础。

关于认知的社会资本建构的社会网络解释认为，社会资本是通过个人社会网络的组织形成的，其本质是这种社会关系网络所蕴含的、在社会行动者之间可转移的资源。社会网络解释基于"结构洞"理论和"封闭网络"理论诠释了社会资本的形成机制。所谓结构洞是指在整个大的社会网络中各群体之间的弱联系（weak

①　公维友，张全新. 公共治理与民主行政的发展. 山东社会科学，2014，224（4）：191.

②　Bourdieu P. Outline of a Theory of Practice. Cambridge：Cambridge University Press，1972.

③　高宣扬. 布迪厄的社会理论. 上海：同济大学出版社，2004：80～81.

connections）（刘春荣，2006）。"结构洞"理论认为，组织内部个体间的信任程度要远高于组织之间的信任程度，因此组织内部成员之间的联系相对较强，而社会网络内的群体之间呈现一种弱联系。当两个组织联系较弱而出现与二者联系较强的"第三方"时，则产生"结构洞"，而"第三方"组织相比二者更具竞争优势，并促进社会资本在"第三方"组织的生成（罗纳德·伯特，2008）[1]（图3-3）。

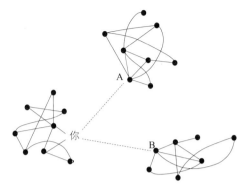

图3-3 "结构洞"理论：社会网络中各群体之间的强弱联系示意图

（资料来源：罗纳德·伯特，2008）

"网络封闭"理论认为网络的封闭性有利于网络内部的信息传播，并加强网络内部的互信，在此基础上通过交流与沟通的强化促进社会资本的产生。但另一方面，网络的封闭性又抑制了网络间的信息传播，网络间群体的互信较弱。普特南区分了"桥梁"网络（bridging networks）和"联系"网络（bonding networks）：前者是社会包容和渠道开放的，因此异质群体之间能够建立联系，而后者却排斥外来者。因此，从结构洞理论和网络封闭理论来看，群体内部的强联系与群体之间的弱联系，都是社会资本产生的重要原因（刘春荣，2006）[2]。由此，边燕杰（2004）[3]提出了基于一定的网络结构的社会资本的积聚和存量递增的两种解释路径。

社会资本在规模较小的地方或者单位（社区）更容易形成，原因是更多的面对面的交流更容易建立有效的人际关系、相互了解和熟知、更具同质性，这些远远胜过那些遥远的、非人格化的沟通。社区和社会资本的建立，应当从人们关心的地方开始。还应当多重建设公共空间，提供人们多点接触的场所和机会，以便有利于人们相识、熟悉和交往，从而形成网络关系（夏建中，2009）[4]。

2）社区权力结构强化与制度的社会资本建构

刘春荣（2006）[5]提出了社会资本生成的制度转向分析框架。在缺乏公民结社传统的社会空间中，信任和互惠关系的形成需要一定的制度空间和组织资源。不过，并非所有的组织资源都能有效地塑造居民在邻里生活中的信任关系。在经验中，国家介入所提供的社区组织资源在制度化模式上是不同的。具体地看，组织资源的配置可以集中的（concentrated）的，也可以是散布的（diffused）。为了论述的方便，

① [美]罗纳德·伯特.结构洞：竞争的社会结构.上海：格致出版社，2008：27–30.
② 刘春荣.国家介入与邻里社会资本的生成.社会学研究，2006，（2）：60 ~ 77.
③ 边燕杰.城市居民社会资本的来源及作用：网络观点与调查发现.中国社会科学，2004，（3）：136 ~ 147.
④ 夏建中.美国社区的理论与实践研究.北京：中国社会出版社，2009：87.
⑤ 刘春荣.国家介入与邻里社会资本的生成.社会学研究，2006，（2）：66–67.

我们可以把集中的社区组织资源称为行政化的介入，而把散布的社区组织资源称为社会化的介入。行政化介入，在邻里社会中导致了一种独特的组织资源结构关系，这种关系的特征是强调单个组织的管理力量和纵向的行政联系，以便基层的公共事务得以在更大尺度的行政网络中进行治理，由此这样的"行政联系"建构了纵向一体化的邻里政治过程，在这种制度渠道中，居民不容易在日常生活中建立横向的沟通和互信关系；另外一方面，社会化的社区政策代表着对组织资源的另一种配置模式，提供了一个分散的在地政治空间，在此之中，平铺的组织资源扩展了居民交往的机会结构，并且激励着横向互惠关系的增生。散布的组织资源之所以重要，乃是因为它们具有工具性，可以消减行动者自组织的成本，同时它们本身即是行动者的一种关系资源（图3-4）。

总之，社会资本既是一种权力建构工具，也是一种权力网络的"场域化"社会实践，另外，社会资本的生成还依赖于社会化的制度空间的供给，对社区组织的强化。

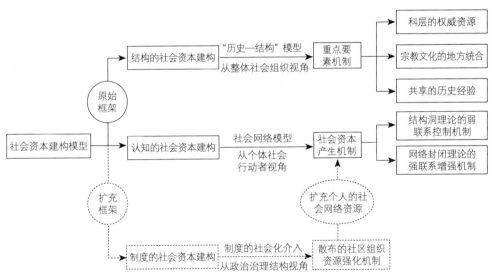

图 3-4　基于社区权力的空间诠释机制的社会资本建构理论框架

（资料来源：笔者自绘）

3.3　小结

在第二章中，我们以社会实践理论为背景，阐述了"社会共同体"在公共性价值建构中的核心意义，并且指出基于权力空间批判和建构的社会实践方法论，亦即公共空间价值形态建构的方法论。在本章中，我们进一步从社区权力的价值诠释和社区行动的实践建构分析入手，剖析了基于公共空间价值建构的社区实践机制，并为下一章中聚焦于社区空间的城市规划制度实践方法的研究锚定了社会与空间对象、目标层级。

在社会实践方法论研究中我们特别强调，后现代社会研究方法的空间化与语言化转向，昭示着社会实践中的价值呈现与建构机理。同时，这两种研究方法的转向，为实现公共性价值导向的社会共同体的重构，找到了"空间"这把钥匙。

空间怎样才能具备价值批判与建构功能？我们已经从第二章对"空间权力"的研究中找到了答案。古典的自然地理学将空间作为客体化的理性实证主义的科学研究对象，随着20世纪以来人文地理学的兴起，空间才呈现出一种基于现象学观念的人的主体经验的认知视角。新文化地理学则更加凸显了基于文化批判的价值实践品格。新文化地理学基于后现代主义哲学对本质主义空间观的解构，提出了新的空间价值的认知与建构理论。一是从空间认知上，批判与否定了屈从于生产和阶级关系的社会结构空间，提出了实践性、地方性和能动性的权力空间；二是从价值范畴上，"文化空间"从反映社会学意义上内生的整体"结构"特征转变为体现政治学意义上的个体经验和"行动"（身份认同与建构、权力抗争）价值。

文化权力空间的公共性价值建构研究是从对晚期资本主义和现代社会的文化批判中开始的。无论是哈维关于分裂和碎片化的后现代社会空间的描述，还是鲍德里亚对消费社会中无深度、无历史、无实践和虚拟化社会文化批判，都深刻地揭示了全球化时代中的传统意义上基于共同信仰或契约的社会共同体的瓦解，以及公共性价值的危机。

随着后现代主义哲学的发展和社会学研究的文化转向，社会研究的重点从实证的社会结构研究转向价值导向的社会实践研究。"文化景观"作为进行社会实践描述和意义诠释的"文本"，阐释了基于地方空间的文化批判和公共性价值建构功能，地方即个体和社会集体意识的中心。其中的核心作用机理就在于，地方空间通过集体记忆的"想象的共同体"和排他性的"自我"地域认同空间范围的确定，实现了基于身份认同的公民权力的主体性建构。身份认同是地方文化再现的象征与标尺，是现代人获得自我意识的文化过程。在塑造身份的文化过程中，景观被塑形并影响这一过程。因此，可以获得身份认同的地方性景观不仅是权力关系的反映，而且也是文化权力的工具。"地方"关于想象的共同体和地域认同边界建构的描述，为我们诠释了社区空间的公共性价值的本体意蕴。而基于语言诠释的社会行动理论，进一步阐释了基于社会资本与权力网络的社会实践中的"场域"建构，及其公共性价值的实践诠释方法。

"社区"一词在学术界，一般被视为是一个源自西方现代社会发展背景，描述城市空间和社会结构模式的概念。在西方社会和政治哲学中，对"社区"概念的使用非常频繁，社区是社会观察和批判研究的重要载体，并被赋予了深刻的公民政治实践的价值意蕴。我们可以通过三种研究视角，进一步解析社区的内涵与价值。第一种分析视角承接上一章对社会共同体的研究，我们发现，通过对现代社会契约经济和私人所有产权制度的剖析，新型的基于原子化的个人之间的契约形式缔结的机械的、非自然的社会关系，已经越来越背离了传统社会共同体的价值取向，社会对共同体的压制与消解成为大势所趋。尽管如此，滕尼斯仍然认为共同体（community）与社会不是截然分离的，他将"民族"观念视为重新进行共同体与社会关系建构的关键点。由于当代民族国家已经成为社会的一部分，形成了共同体与社会的对立格局，因此，只能对既有社会形态进行改造，赋予其共同体因素。这就是滕尼斯对共同体与社会冲突问题的解决之道。后来，芝加哥学派的社会学家将 community 一词用于社区研究，并赋予社区重塑传统共同体公共性价值的使命；第二种分析视角把"社区"视为一个地域范围中群体的社会结构，采用历史实证主义的方法，将社区结构形态与资本主义经济循环中的生产要素流动、产业分工与社会空间的（阶级、种族）分异结合起来；第三种分析视角提出了最要重要的社区研究方法，也是本章研究的核心内容。在这里，依托社区权力的空间生产和治理实践机制，社区成为一种当代社会组织与实践中的重要的能动力量，在传统公共性价值共同体的重建中必然产生深远的积极影响。社区既是有物理边界的城市空间，又是有心理边界的社会场域组织；既是有形而上学价值追求的精神与道德共同体，也是基于经济发展、政治体制和文化心理等综合因素影响下的社会治理建构。因此，一个健康的、活力的、具有成熟的社会治理能力的社区，其实质就是"公共空间"。

"社会资本"的建构，反映了社区空间生产和社区赋权的基本内涵和实践机理。本章系统阐述了结构的社区资本、认知的社区资本和制度的社区资本，在社区实践中的分别作用机理，并且为下一章的制度建构研究提供了目标框架。

第四章
基于公共空间价值建构的城市规划制度实践方法研究

4.1 "制度"概念的发展和公共性价值建构

4.1.1 制度概念及其发展

4.1.1.1 制度的定义

按照《辞海》的定义，制度是一种"规程"或"准则"，同时也是一种"体系"，一种由众多关系与准则构成的"体系"。在古汉语解释中，《词源》的定义则突出了"法"、"礼"、"俗"等作为约束人行为的"规"与"矩"的古代制度形态。在英语解释中，对于"制度"通常使用 System、Institution 和 Regime 等三个词。System 侧重于制度含义中的"系统、体系"这一层面；Institution 侧重于制度含义中的"规则、条文"和"组织"等层面的意思；而 Regime 更加侧重于强调宏观性的制度形态，突出制度的社会性与强制性色彩。

对制度内涵的诠释，主要包括以下几种基本观点：第一种观点把制度看作是一种规则或规范；第二种观点把制度解释为集体行动；第三种观点是将制度看作是一种行为模式；第四种观点把制度理解为"思想习惯"和"流行的精神状态"。著名经济学家诺斯（North D.C.，1992）[1]指出，制度是由人设计的对社会关系的约束，它由"非正式的制度（informal constraints，也可以称非正式约束或规则）"和"正式的制度（formal constraints，也可以称正式约束或规则）"组成。制度的核心是民众认同的价值观，其形式多样，既包括各种层面的法律、法规，也包括各地风俗习惯、村规民约、风俗习惯等（倪愫襄，2008）[2]。

20 世纪两位经济学大师哈耶克和诺斯提出的两种截然不同的制度研究思想，对制度的生发、型构、扩展及变迁的理论发展产生了重大影响。以哈耶克为代表的演进理性主义认为，一系列具有明确目的制度的生成，既不是什么设计的结果，也不是发明的结果，而是产生于诸多未明确意识到其所作所为会有此结果的人的各自行动，是自生自发地形构出来的。该理论采用了一种历史主义或社会学的制度变迁研究方法。而诺斯则认为，制度的发明与创新，并不像哈耶克所理解的那样来自市场过程中的自发制序的生成，而是来自统治者、经济或政治的企业家们的理性计算和心智建构。制度创新一方面符合市场经济发展需要的效率优化原则，另一方面受政治规则的约束，也反映了一种价值选择过程。

---

① North D. C. Institutions and economic theory. American Economist，1992，（2）：3 ~ 6.

② 倪愫襄. 制度伦理研究. 北京：人民出版社，2008：5.

4.1.1.2 制度的生产及其价值内涵

1）人的价值主体地位的确立和制度关联

前文阐述了以人的主体认知为基础的形而上学的现代转型以及价值哲学体系的建构逻辑，因此，探讨制度的生产与价值意义就离不开从人与制度的关系研究入手，进行剖析。

最早对制度的研究可以追溯到古希腊的政治学。柏拉图在《理想国》中表述了人是隶属于一定阶级和等级制度的，大多数人是不自由的，它必须受到国家和制度的约束，只有少数人才能真正享受自由，因为他们是社会秩序和制度的制定者。因此，在古代哲学中，由于人的主体缺位，人与制度的关系问题也就没有展开独立的研究。随着人的主体地位的确立，人对自身与世界的关注开始发生变化，人开始以自己为中心去看待社会与发展，怎样的制度安排更符合人性的发展，这也开启了近代哲学中的人与制度关系的研究。

以社会契约论为主线，霍布斯、洛克、卢梭等都主张制度是人与人之间协议的产物，是人性冲突的必然结果。他们从抽象的人性出发去解释社会历史发展，把社会制度或国家的起源看成是人性自私的结果。马克思试图在社会实践分析的基础上，确立人的价值主体地位。他把制度国家等看成是上层建筑，是有一定经济基础决定的产物，实践是人与制度相统一的基础，制度是人的生产实践与交往实践的产物（张志勇，2009）[①]。

2）作为社会共同体价值规范的制度内涵

在第二章中，笔者讨论了社会共同体在公共性价值实践中的重要意义。本小节将以此为基础，讨论制度作为共同体运作规范的价值内涵和实践呈现。

在现代社会中，"社会性"基于人们相互协作而结合成为一体的某种自然适应性，体现了社会共同体的公共性价值的核心理念。社会性可以摆脱个体与国家外在强制秩序的二元对立，建构一种超越个体意图的稳定的社会关系，和自发演进的社会秩序。现代社会即是一个有机的社会共同体，其中维持共同体的运作规则就是制度规范。这一规则产生于人们的社会交往中，这种社会化的交往是由行为主体的权利与义务关系构成的。制度规范内生于共同体的社会化交往中，又外在于每一共同体成员，它隐含着对社会职位与角色的定位。在此意义上，制度规范[②]具有双重意义：对个体天然权利的确保及对个体社会职责和社会交往行为的明确和规范。

---

① 张志勇.人与制度关系的哲学研究综述.阿坝师范高等专科学校学报，2009，26（3）：63.

② 制度规范作为宪政社会的政治运作基础，其最高约束力依然存在于它本身的价值性与真理性，即对普通人的尊重和对个体权利的确保，这一点使制度规范本身成为一般性规则而为社会诸个体所接受和认可。从其内涵来说，制度规范的意义包含三方面：人与人权利的对等性，权利与义务的对等性，自由与责任的对等性。

对个体天然权利的确保，从根本上设定了国家权力的永久性边界；对个体社会职责和社会交往行为的明确和规范，从根本上决定了国家权力必然随着行为主体的职责分化和权利、义务的增长而不断延伸。制度规范的这种双重意义形成一个有机的统一体：以保护个体的天然权利为出发点，对各行为主体的权利与义务、自由与责任等外在行为进行规范。对行为主体内在行为的确保和外在行为的规范成为约束国家权力与创设国家权力、延伸国家权力的共同基础（马翠军，2005）[1]（表4-1）。

西方具有代表性的制度定义及相关概念　　　　　　　　　　　　表4-1

出处	定义 / 描述	相关概念
Bromley（1989）	经济生活中，影响人们权利和义务的集合	管理、规则或者权力
North（1990、1992）	社会的游戏规则，或者更正式些，影响人们交往行为的条条框框	经济表现
Coase（1991）	交易的成本，有赖于一个国家的制度：法律体系、政治制度、社会制度、教育文化等	经济表现、交易费用和产权
Borner et al（2004）	经济制度：产权和契约；政治制度：国家结构、政治决策过程等	产权质量、制度质量和经济发展
Ostrom（2005）	人们用于组织各类反复性和结构化人际交往的规则	规则、规范、信任和互惠

（资料来源：笔者自绘）

4.1.2　制度研究的价值哲学范式和传统制度主义的学科视角

4.1.2.1　制度研究的价值哲学范式

1）基于"社会实在"的价值本体论

在哲学本体论层面上，"制度"概念可纳入对于"社会实在"的哲学统摄之中。斯科特引入后实证主义学者亚历山大（Alexander J. C.，1983）[2]从观念实在（形而上学）到经验实在（实证主义的自然科学）的研究范式中，寻求"社会实在"的本体哲学意义。他指出，"社会实在"反映了对观念预设（的社会价值）和经验实证（的社会事实）综合。塞尔（Searle J.，1995）[3]认为，社会制度指的是由那些具有规制作用与建构作用的规则集合形成和利用的社会实在类型。在本体论层面上，两种制度观存在明显的分歧：规制性制度观基于工具理性的社会分析方法，将"制度"视为一种科层社会体制下的权力运行机制；而文化—认知性制度观体

①　马翠军. 对制度规范的法哲学前思. 广西社会科学，2005，123（9）：26-27.

②　Alexander J. C. Theoretical Logic in Sociology. Berkeley：University of California Press，1983，Vol 1：72.

③　Searle J. The Construction of Social Reality. New York：The Free Press，1995：1-13.

现了基于社会行动过程的社会价值建构的主体能动性与社会结构秩序性的统一。制度规则的建构作用强调对行动者利益观的社会界定，立体的"经济人"不是一种人类本性的反映，而是一种特定历史环境中出现的社会建构，是由资本主义的出现相关的特殊制度逻辑来维持的（Heibroner，1985）[1]。同时，利益的内涵会因制度背景而变化。另外，规则对于行动者及其相关活动的社会建构，并不只限于个人。各种集体行动者同样是社会建构的，并以各种不同的形式出现和存在。

2）基于"社会行动"理性的价值实践论

"制度理性"概念的引入，将为分析各种社会行动者的决策逻辑提供重要的研究框架。哲学层面的"理性"概念可从认知理性、实践理性、评价理性三个方面进行解读：认知理性主要指人类特有的一种认知能力，实践理性主要指人类特有的一种规范行为的自控能力以及实践批判的审辨精神，评价理性则主要是主体对自身行为的目的、过程和结果的评价能力和评价原则（张雄，1999）[2]。

韦伯曾经指出，"任何社会理论在界定行动的性质时都要涉及的一个中心问题就是行动是不是理性的"，当然，这就涉及对于"理性"概念使用范畴的定义问题。对此，制度理论家门提出了不同的答案。新古典经济学家通过"原子论"观点阐述一种以追求个体利益最大化为特征的完全理性的个体行动者假定，这也是博弈理论所支持的一种理性行动者模型（Schotter，1986）[3]；而经济学的新制度主义者和政治学的理性选择理论家利用西蒙的有限理性模型，适当放宽了正统经济学对于完全理性行动者的假定，使社会行动理论从"原子论"向"有机论"转化。互动中的各种行动者建构了社会结构，而行动者互动的产物——规范、规则、信念和资源——为个体决策提供了各种背景性要素，并通过"结构化"作用反过来建构行动者。对此，韦伯（Weber Max，1924/1968）[4]将理性行动类型区分为工具理性行动和价值理性行动，前者关注行动手段与结果之间的联系，工具理性行动以个体完全理性模型为基础，视制度为规制性框架，强调通过创立制度来规制自己和他人的行为。价值理性行动关注的是目标和结果，将以规范性要素为核心的制度建构作为行动指南，来解释以社会关系中的责任、道德框架为导向的，遵循适当性逻辑的行动对个人工具主义行动的取代。另外，强调文化—认知性要素的学者依据"实践行动"的理念，放弃了那种狭隘的理性视角相关联的关于个人主义的、非社会的假定，转而强调个体的各种选择被规范性规则支配的程度以及嵌植

① Heibroner Robert L. The Nature and Logic of Capitalism. New York：W. W. Norton，1985.
② 张雄. 哲学理性概念与经济学理性概念辨析. 江海学刊，1999，6：81-87.
③ Schotter，Andrew. The evolution of rules. In Economics as a Process：Essays in the New Institutional Economics，edited by Richard N. Langlois. New York：Cambridge University Press，1986：117-134.
④ Weber Max. Economy and Social：An Interpretive Sociology，3 vols，edited by Guenther Roth and Claus Wittich. New York：Bedminister Press，1924/1968：24.

于互惠性社会责任网络的程度。该理论认为，所有决定和选择都是理性计算和非理性预设的混合。决策行为在很大程度上受到关于那些建构与编码知识的各种方式的信息的支持与制约，都是以社会建构的各种模式、假定和图式为背景基础的（DiMaggio and Powell，1991）[1]。

4.1.2.2　传统制度主义的学科视角

制度研究存在着社会学、政治学和经济学等三种传统。三种学术传统的制度研究，将对制度内涵进行不同视角的挖掘，从而为新制度主义理论中的价值批判与建构研究奠定理论基础。

1）社会学研究

与经济学和政治学相比，社会学具有更加悠久的规范性制度研究传统。早在古希腊时期，亚里士多德对城邦制度的研究首开政治学制度研究的先河。此后，从柏拉图的"理想国"、卢梭的直接民主制度，到近代以来的国家宪法、选举制度、政党制度等，制度研究的目的是通过建立和完善某种政治形式来实现某种政治原则。从这个意义上讲，几乎所有的政治学研究都是制度研究（祝灵君，2003）[2]。而事实上，基于社会学视角的制度研究才真正奠定了制度认知的哲学基础。在社会学研究领域，实证主义与人文主义是两种重要的社会学研究方法，与之相对应的则是分别将社会事实和社会行动作为社会学的基本研究对象。我们可以从两种理论研究中概括出制度概念的基本内涵。

（1）实证主义研究视角的制度内涵

西方社会学研究的鼻祖斯宾塞（Spencer，1876，1896，1910）[3]基于实证主义的理论立场，将制度视为推动社会系统整体发展的子系统。涂尔干（Durkheim E.，1901，1950）[4]提出了社会事实作为社会学研究对象，阐述了社会事实之间存在的结构、功能和因果的关系，制定了一系列社会学研究的实证规则，充实了由孔德开启的实证主义社会学的构想。他认为，由人类互动形成的，通过知识、信念与"道德权威"构成的符号系统尽管是主观形成的，但又被个体经验为客体，成为共同的认知框架、图式以及社会秩序的轴心，这就是社会制度。萨姆纳（Sumner，1906）[5]在总体上支持并拓展了斯宾塞的思想，指出"制度是由（思想、概念、学说与利益等）观念和结构构成的"。"观念"确定了制度的目标和功能，而"结

① DiMaggio Paul J.，and Walter W. Powell. Introduction. In The New Institutionalism in Organizational Analysis，edited by Walter W. Powell and Paul J. DiMaggio. Chicago：University of Chicago Press，1991：22.

② 祝灵君. 政治学的新制度主义：背景、观点及评论. 浙江学刊，2003，（4）：84～89.

③ Spencer Herbert. The Principle of Sociology，3 vols. London：Appleton-Century-Crofts，1876，1896，1910.

④ Durkheim E. The Rule of Sociological Method. Glencoe，IL：Free Press，1901，1950.

⑤ Sumner William Graham. Folkways. Boston：Ginn&Co，1906：53.

构"体现制度思想并提供把这种思想付诸行动的手段。制度是在社会进化过程中，从个体行动到社会习俗，再到社会规范的形成，一步步发展完善而成的。休斯（Hughes，1939）[1] 认为，"制度存在于个体的整合性和标准化行为之中"，阐述了制度所体现的行动的连贯性和个人与制度之间以及自我与社会结构之间的相互依赖的关系。

（2）人文主义研究视角的制度内涵

以韦伯（Weber，1968）[2] 为代表的人文主义学者提出，应以"社会行动"作为社会学研究的核心——以个体主义的视角研究社会问题（而非传统实证主义研究社会整体）。在社会行动研究领域，"制度"作为一种社会行动中的理性决策框架，被纳入分析范畴。与涂尔干的客观化的社会制度的研究逻辑相反，韦伯指出在社会生活领域不能脱离个人行动的社会现象，社会行动应成为社会学研究的核心，而社会行动实质上是个人行动。韦伯重点考察了在社会制度的约束之下的人们的社会行动的选择过程，韦伯和涂尔干关于社会行动或社会事实的争论，分别阐述了社会学研究的两个基本视角，并奠定了当代社会发展研究的总体路径。韦伯将社会行动划分为四个基本类型：即工具理性（work rationality）、价值理性（value rationality）、传统类型和情感类型。其相关社会行动的论述为后来的学者有关正式制度和非正式制度的建构研究，以及制度变迁的多元机制研究奠定了理论基础。

美国社会学家帕森斯（Parsons，1951）[3] 试图将实证主义和人文主义方法结合起来研究社会行动，他强调规范框架独立于具体社会行动者而存在，而行动者以共同规范标准系统或价值范式作为他们自己的活动导向的意义，随着这样的规范系统逐渐内化于行动者，对它的遵守就成为行动者自己人格结构中的一种内在需要倾向或习性，这时行动系统就被制度化了。因此，帕森斯通过行动中的制度化过程，阐述了他的"制度"生成的理念，即强调作为"价值导向"的文化模式对于行动情景的控制和制度化的促进作用。

马克思（Marx，1972）[4] 从历史唯物主义的理论视角，批评了形而上学的社会认知视角和"唯心主义"的社会行动观，并提出了基于生产实践过程的社会行动观。在马克思看来，完整的社会制度是由经济基础和上层建筑这两个相互联系的层次组成的，制度属于历史范畴，也是一种社会关系范畴，揭示了社会交往关系的形式以及演进变迁的过程与规律。

① Hughes Everett C. Institution. In An Outline of the Principles of Sociology, edited by Robert E. Park. New York：Barnes & Noble，1939：319.

② Weber M. Economy and Social：An Interpretive Sociology（3 vols）. edited by Guenther Roth and Claus Wittich. New York：Bedminister Press，1968：4.

③ Parsons Talcott. The Social System. New York：The Free Press，1951：37.

④ Karl M. Economic and philosophic manuscripts of 1944：Selections. New York：W. W. Norton，1972：52-106.

2）经济学视野研究

经济学领域的制度研究起源于 19 世纪晚期，以斯穆勒（Schmoller，1900 —
1904）[1] 为代表的德国历史学派经济学家，受康德和黑格尔思想的影响，对古典经济
学理论的"经济人"假设和将经济学还原为一系列普世法则的传统教条提出了挑战，
提出应使用更为现实的人类行为模型。凡勃伦和康芒斯在否定正统经济学的非现实
的个体行为假设的基础上，提出应以历史的变迁研究为线索，考察经济关系的制度
特征，从而开启了经济学范畴的制度研究的先河。凡勃伦（Veblen，1919）[2] 把制度
界定为"常人共有的、固定的习惯性思维方式"，并指出个体的经济行为受到社会
群体之间存在的习惯性关系的影响，这种关系体现出某种制度特征，个体行为会随
着制度场景的变化而变化。康芒斯（Commons，1950，1970）[3] 同样挑战了正统经
济学的个体行为假设，并提出应采用"交易"[4] 概念来阐述具有稀缺性特征的经济活
动的行为机制和规则，这种机制与规则就是社会制度。制度规则对个人及公司追求
经济目标的行动起着限制的作用。

3）政治学视野研究

"制度"概念体现了社会关系相互作用中的强制性运行机制和规范性体系。
事实上，起源于道德哲学观念的西方古典政治学命题，已经阐述了作为规制化
的伦理概念的"制度"[5] 所蕴含的基础性"政治伦理"价值（陆艳丽，2010）[6]。而
政治学领域正式的制度研究发端于 19 世纪 80 年代，以宪法和法律体系的阐释
为重点的政治制度理论仍然保留了道德哲学的特征。从 20 世纪 30 年代到 60 年
代，政治学中的制度视角日益受到行为主义的挑战。政治学行为主义切断了政治
学与道德哲学之间的联系，把政治学重新确定为一种理论导向的经验科学，并
将关注重点从制度结构转向政治行为（如投票行为、政党构成与公众意见等）
（Thelen&Steinmo，1992）[7]。

① Schmoller Gustav von. Grundriss der Allgemeinen Volkswirtschaftslehre. Leipzig: Duncker&Humbolt，1900–1904.

② Veblen Thorstein B. The Place of Science in Modern Civilization and Other Essays. New York：Huebsch，1919：239.

③ Commons John R. The Economics of Collective Action. Madism：University of Wisconsin Press.（Originally published in 1950），1970.

④ "交易"是康芒斯提出的一个独特的概念。康芒斯认为，在市场中进行的交易不仅仅是商品与服务的交换，而是权利与义务的交换，与特定的制度安排相关，因此，经济学以交易而非商品为分析单位，可以把制度纳入经济学的分之中。

⑤ 相比较来说，制度是一种国家或政府制定出来的用以调节和约束人们各种行为的准则；而伦理则是一种人们约定俗成的依靠内心信念以及社会舆论来发挥作用的准则。制度具有强制性，伦理具有非强制性；制度所整合的对象是特定的触犯法规的人的行为，而伦理更为广泛地要求着全社会大众的道德行为；制度由于其本身的外显性，所以其对人们行为发生的作用也是外显性、物质性的，而伦理针对人们的行为所起的约束功能则主要表现为个人内心的良心责备和舆论评价（陆艳丽，2010：22）。

⑥ 陆艳丽. 制度伦理及其二维互动向度探析. 齐齐哈尔大学学报（哲学社会科学版），2010，3：22.

⑦ Thelen，Kathleen，and Sven Steinmo. Historical institutionalism in comparative politics. In Structuring Politics：Historical institutionalism in comparative Analysis，edited by Sven Steinmo，Kathleen Thelen，and Frank Longstreth. Cambridge：Cambridge University Press，1992：1–32.

4.1.3 新制度主义与公共性价值建构

4.1.3.1 新制度主义的缘起、发展和价值转向

1）新制度主义的发展和行为主义批判

当代政治哲学思想的价值转向，促进了新制度主义理论的发展。制度研究一直是政治学的一个重要研究方向，从亚里士多德到马克思，都把国家的政治制度作为研究的主题。古典意义上的制度研究主要包括公法、民主与专制、政府权力分配等领域；近代以来，制度研究的对象进一步扩展，开始包括国家宪法、选举制度、政党制度、中央与地方政权之间的关系等领域。总的说来，制度研究的目的是为了分析政治形式与政治原则之间的关系，即如何通过建立和完善某种政治形式来实现某种政治原则，从这个意义上讲，几乎所有的政治学研究都是制度研究。但是，随着资本主义代议民主制的进一步发展和完善，政治学研究发生了重大转向。发端于第二次世界大战之后的行为主义政治学在本质上是对传统政治学研究对象和方法的革新。在研究对象上，行为主义以政治行为和行为互动代替传统的政策和制度，在研究方法上，大量借助于各种科学技术手段，进行量化和实证分析。

新制度主义是在对 20 世纪 50 年代以来政治学发展的整体倾向和局限性的基础上建立的。新制度主义的"新"体现在，既关注制度在政治生活中的作用，又吸收行为主义和新制度主义经济学的研究方法。新制度主义者拒绝行为主义理论以及在行为主义影响下的多元主义理论、功能主义、结构主义等，与此同时，他们吸收了70年代以后发展起来的政治学和社会学理论，如回归国家理论、组织理论、学习理论、符号互动论和比较政治学的政治发展理论等。

马奇和奥尔森第一次系统地批判传统政治学的行为主义取向，并创立了新制度主义理论。在价值上，新制度主义对行为主义对于价值的疏忽进行了补充。新制度主义不但没有忽视价值，反而把价值本身看作是制度的一种，十分重视制度、程序、观念本身的实质性正义。行为主义或理性选择分析在批判传统研究中的宏观、定性、整体主义的同时，却滑向了另一个极端，即微观、定量、个人主义为基础的政治分析，忽略国家等制度因素。与行为主义及理性选择分析相比较，新制度主义强调了制度的重要性，如制度如何影响甚至改变个人偏好，个人行为与制度所规定的责任义务如何分不开，历史不仅影响制度，更重要的是制度影响历史，是制度而不是个人才是政治学分析的主要对象（储志峰，2005）[①]。

---

① 储志峰. 政治学制度研究的回归与发展——新制度主义述评. 华中师范大学研究生学报，2005，12（1）: 9–10.

2）制度实践中的价值建构——新制度主义理论的核心命题

通过第一章的研究我们知道，古典自然法通过对人的自然理性的正义价值的阐述，确立了公共性的价值基础。亚里士多德提出的，以"最高的善"的道德正义价值目标为基石的精神共同体，成为公共性价值认知的形而上学载体。而随着社会分工的发展，和以城邦为代表的"精神共同体"的瓦解，道德的共同体建构了以社会的公共理性为特征的公共性价值观念，并奠定了政治哲学的公共性伦理基础。

现代政治把何谓优良的政治生活的传统道德问题转化为"我们应该怎样过公正的政治生活"这样一个道德实践问题，即把道德是什么的追问融入怎样才能过上属于道德的生活的问题中。用罗尔斯的话说，就是从康德式的道德建构主义走向政治建构主义。这在政治实践层面就体现为如何构建政治制度的问题。这种道德实践的政治过程正是现代政治所追求的民主政治生活。近现代民主政治过程越来越追求由人治走向法治，法治最具实体化的表现形式是制度。

制度设计考虑问题不再是从至善的道德要求出发，而是只要满足制度伦理要求的底线共识就行。即在现代民主社会合理性多元论的文化条件下，我们把社会规范看作是作为社会公民之理性选择的结果，它应该是也只能是全体（或绝大多数）社会公民基于公共理性与平等对话所共同选择的一种合理的道德秩序的原则性表达。在此意义上，社会规范应该是通过某种公平合理化的选择程序而形成的道德制度体系，与社会的法制系统有着直接的关联。这就是政治秩序建构所依凭的制度伦理（或底线共识）。

近代以来，国家被比作利维坦，这个庞然大物是人为构造的产物。把国家机器作为对象来研究，为政治祛魅，人们越来越需要通过制度化来驯服利维坦。启蒙运动以来的制度研究，就是为过上民主政治的生活而寻求一整套的制度安排，主要围绕政治权力是如何产生、如何运转和如何监督这一体系化的过程，最主要从个人权利的维护出发来监督政治权力的滥用。所以制度设计就有这样三个预设：第一，每个人都是无赖的人性恶假设。因为如果每个人都是天使，我们就不需要制度。第二，政府是必要的恶的有限政府预设。这也说明，必须通过制度设计与制度创制，来预防和弥补人理性的不足。第三，原子式个人的自足性主体预设。一个经受公民授权和同意的政治才具有政治统治的合法性。现代国家制度设计的三个预设，给予我们看待政治现象的全新视角，使政治统治的合法性由道德圣贤或异己神灵的统治回归到人自身的选择能力上来，确立起近代以来新的政治观：第一，由伦理政治到道德与政治的二分；第二，由神权政治到世俗政治，即由君权神授到非天使统治；第三，政治统治最具合法性的证明是追求一种同意的政治。

一旦政治统治确立下来以后，政治合法性问题就转变为政治合理性的问题。当制度的合法性证明转变为政治统治提供合理性证明时，制度就失去其价值维度，而沦为统治的工具。这也是人们反对制度神话的原因所在，制度神话可能与道德神话带来同样严重的后果。而一旦失去价值维度沦为统治工具的制度安排，难以解决谁来治理治理者的问题，寻求主体性解放的自我统治就会被外在物化的机构或制度所异化。这也是反思启蒙运动、反思现代性的一大批思想先知者的理论自觉，启蒙运动以来的现代性是否面临着这样的困境，它为了体现人的主体性的自我意识而取代传统的宗教信仰，构建合乎理性的精神家园，然而，结果却导致工具理性的增长，忽视人们行为的内在价值，而仅仅寻求程序的可操作性和结果的有效性，从而加深了主体被物化和异化的程度。

然而，要找回被启蒙的主体性，人们越来越反思控制得越来越死的官僚科层制，重新反思我们到底需要什么样的制度这一根本性的问题。这里就存在一个如何理解制度的问题，如何走出制度的悖论呢？这也是新制度主义兴起的必然原因所在。新制度主义的制度分析，使政治文明的制度根基更具合理性：第一，制度的有限理性预设。从制度的生成过程看，制度是制度设计和制度演进合力的结果，也要认识到人在制度生成过程中有所能有所不能。第二，重申制度的伦理维度，走出制度悖论。之所以出现制度悖论，是因为他们忽视了制度的形成过程本身就是为了发现和实践美德的过程，过于强调制定出来的制度的控制性作用，而忽视了人对制度变迁的能动性作用。制度的伦理维度就是重申人在制度中的主体性地位，选择制度最终目的还是为了满足人过更好生活的需要。第三，从制度的演进看制度的内生价值。人们在对制度的崇拜和追求的过程中，为了走出制度神话的困境，越来越看到外在制度的不足。青木昌彦从内在规则的视角把制度理解为博弈规则，即博弈规则是内在产生的，他们通过包括实施者在内的博弈参与人之间的策略互动，最后成为自我实施的。从这种观点出发思考制度的最合理的思路是将制度概括为一种博弈均衡；第四，从实践理性看制度的博弈过程。制度的产生不是外在于制度之上的第三方制定的，只有把所有利益相关者的利益都纳入制度的制定过程中来，充分博弈，才能使得任何一方的意见不受忽视和利益得到体现，才有利于解决外在制度的困境谁来治理治理者的难题。

从制度文明的累积看，制度经历了这样三个明显过程：选择制度化政治整合对现代政治合法性转型的意义、旧制度主义对制度理解的局限、新制度主义——对制度的重新理解。在重视制度设计的同时，遵循制度变迁和演进的逻辑，既打破了制度神话的盲目崇拜，又有效地解决了所谓的制度悖论，即由片面追求与道德无涉的制度发展为制度与道德走向融合（陈毅，2010）[①]。

---

① 陈毅. 从制度文明看现代政治价值. 河南师范大学学报（哲学社会科学版）. 2010，37（1）：54-57.

4.1.3.2　新制度主义理论体系研究

自十九世纪以来制度理论进入西方社会学理论的研究视野开始，制度研究的范式，围绕着对"制度"概念的"社会实在"命题的本体论解读，已经发生了根本性改变，即从较为静态和抽象的规范性价值命题，转向融合制度经济学、组织社会学和行为政治学的，将规范性和实证性相结合的实践性命题。新制度主义提供了三种理论研究视角：理性选择理论关注制度化和制度变迁的实证研究，历史主义制度理论强调制度过程中的文化建构作用以及机制分析，而社会学制度理论从社会组织发展的逻辑出发，为制度的建构提供了具体的实施方法和组织工具。

1）从经济学视角——实证的新制度主义理论

以西蒙、科斯和尼尔森等人为代表的新制度经济学派理论注重对经济系统的历史演化过程研究。该学派认为，制度在其中并非一种影响经济行为的外生变量，而是交易行为中的规范或规则。理论研究的重点是思考影响经济交易的制度是如何出现、维持和变迁的。除了政府系统外，嵌植于经济组织中的各种制度结构与市场交易机制共同作用，实现经济活动的协调。新制度经济学派主要包括西蒙的管理行为理论、科斯的交易成本经济学，以及尼尔森和温特的演化经济学。

西蒙（Simon，1945，1997）[1] 在其经典著作《管理行为》（*Administrative Behavior*，1945，1997）中指出，组织结构会以规则、程序或惯例的形式影响组织成员的信念、价值偏好和选择，从而使行动个体在"有限理性"的情况下，保持协调一致性。西蒙将个人认知能力的有限性与组织结构的规制作用联系起来，分析经济行动过程的内在逻辑关系，将组织制度引入经济决策行为分析的内核。

科斯（Coase，1937）[2] 在《企业的性质》（*The Nature of the Firm*，1937）中指出，某些经济交易之所以不直接通过市场价格机制来进行，而是通过公司等治理结构中的规则与等级制实施机制来推动，是因为"使用价格机制存在交易成本"。因此，在某些情况下，交换就有可能从市场退出，而进入组织框架，形成调节和管理经济交易的各种愈加精细化的规则与治理系统，即形成了制度建构的激励机制。诺斯（North，1989）[3] 从文化、政治和法律等更广泛的制度框架出发，关注这些制度框架构成的社会"博弈规则"对经济结构与过程的影响，以及制度变迁的规律。

尼尔森和温特（Nelson & Winter，1982）[4] 使用了"组织惯例"概念来指代一种

---

① Simon Herbert A. Adminstrative Behavior：A Study of Decision-Making Processes in Administrative Organization. New York：Macmillan，1945；New York：The Free Press. 1997：chap. 5.

② Coase Ronald H. The Nature of the Firm. Economica N. S. 1937，4：385–405.

③ North Douglass C. Institutional change and economic history. Journal of Institutional and Theoretical Economics. 1989，145：238–245.

④ Nelson Ricard R. and Winter Sidney G. An Evolutionary Theory of Economic Change. Cambridge，MA：Belknap Press of Harvard University Press. 1982：134.

制度化的行为模式,即将制度视为"可以理解为规则、规范与惯例等的行为规律性"。与交易成本经济学家相比,尼尔森和温特阐述了一种更为广义的制度概念,认为制度包括了影响组织行为和结构的诸多因素。

2)从政治学视角——规范的新制度主义理论

政治学视角的新制度主义以理性选择理论的诞生为标志。伊斯顿(David Easton,1969)[①]提出了强调政治活动中的价值与规范研究的后行为主义改革运动。政策科学成为后行为主义思潮影响下最重要的政治研究理论(陈振明,1999)[②]。根据舒尔茨"公共政策本质上是关于个体和集体选择集的制度安排结构"(布罗姆利,1996)[③]的定义,制度研究重新成为政治学理论的核心议题。理性选择的新制度主义为政策科学和公共政策研究提供了理论基础。

理性选择理论将经济学的新制度主义用于政治系统研究,支持应用经济学模型来解释政治行为。该学派认为,制度是针对个体利益保护的一套积极(诱导性的)或消极(规制性的)激励系统,适用于对政治行为的经济模型化分析。组织的契约性质、市场与等级制交易成本、结构理性等均成为理性选择学派的政治制度理论的重要研究领域。

政治学视角的新制度主义除了源自新制度经济学的理性选择理论外,还包括基于社会建构视角的历史的新制度主义。以彼得·霍尔(Hall,1986)[④]等人为代表的历史新制度主义者将理性选择制度主义的功利路径和社会学制度主义的文化路径进行了综合。他们认为,制度包括"正式结构和非正式规则,以及这种结构所传导的程序"(Thelen&Steinmo,1992)[⑤],制度是指"嵌入政体或政治经济经济组织结构中的正式和非正式的程序、规范、规则、惯例"(彼得·霍尔等,2007)[⑥]。历史制度主义重点关注和阐明制度和行为之间的相互关系,强调权力在不同集团之间不均等的分配对制度的运作和产生的重大影响,也强调社会因果关系中的"路径依赖"在制度的产生和变迁过程中的作用。历史制度主义认为,制度的变迁不是一个理性的设计过程,而是一个在既有制度背景之下,充满路径依赖的缓慢变迁过程(李晓广,2010)[⑦]。制度形式对个体行为施加了强大的影响:建构其行动议程、关注、偏好与模式,制度在制约行为的同时,又对行为提供能动作用(即为行为提供权力、资源

① Easton David. The New Revolution in Political Science. American Political Science Review. LX III. 1969: 1051.

② 陈振明. 20世纪西方政治学:形成、演变及最新趋势. 厦门大学学报(哲学社会科学版), 1999, 137(1): 5-6.

③ [美]布罗姆利 W. 经济利益与经济制度. 上海:上海三联出版社, 上海人民出版社, 1996: 292.

④ Hall P. A. Governing the Economy: The Politics of State Intervention in Britain and France, Cambridge: Polity Press. 1986.

⑤ Thelen, Kathleen, and Sven Steinmo. Historical institutionalism in comparative politics. In Structuring Politics: Historical institutionalism in comparative Analysis, edited by Sven Steinmo, Kathleen Thelen, and Frank Longstreth. Cambridge: Cambridge University Press. 1992: 1-32.

⑥ [美]彼得·霍尔等. 政治科学与三个新制度主义流派 // 何俊志, 任军锋, 朱德米编译. 新制度主义政治学译文精选. 天津:天津人民出版社, 2007: 48.

⑦ 李晓广. 新制度主义政治学中国化研究及其启示. 2010, 143(4): 213-214.

等支持）。历史制度主义指出，政治系统不是一种中立领域，即在这个领域中并不会任由处于政治系统之外的那些利益群体彼此自由竞争。相反，政治系统会形成独立的利益群体、复杂的特权结构与公共场所，这些复杂的特权结构与公共场所的规则与程序，都将对正在进行的所有交易事件施加重要影响。这些制度规则与程序的建构和变迁遵循一种历史演进的路径。

3）从社会学视角——实践的新制度主义理论

社会学视角的新制度主义理论，在沿袭历史与实践生成的社会制度观的基础上，借鉴现象学和认知心理学理论，提出了以认知系统为核心的社会组织模式，以及围绕社会组织场域展开的制度研究视域。社会学制度理论主要关注运行于组织环境中的文化信念体系的影响而非组织内部的各种过程，更强调认知性而非规范性分析框架。在这里，制度化过程主要意旨人类在社会互动中通过符号系统和认知反馈建立的社会共同建构的知识和信念系统。斯维尔曼（Silverman，1971）[①] 借鉴涂尔干以"社会事实"为基础的社会制度描述方法，采用组织社会学的研究框架对制度概念进行了重新审视。默顿（Merton，1940，1957）[②] 指出组织在社会行动过程中构成了具有价值引导作用的规范化力量。而斯维尔曼进一步认为，组织在社会行动中被建构和重构的方式体现了一种基于整体"社会事实"的制度意义，即将"组织"本身作为社会制度的价值建构的载体进行研究。

另外，布迪厄、迈耶和罗恩等学者提出一种社会组织建构的文化规则视角，进一步扩充了制度生成的文化性内涵。布迪厄（Bourdieu，1977）[③] 指出，基于文化规则的内化作用生成的"惯习"构成了"持续性的、具有转换作用的性情倾向系统"，从而使个人能够在各种情景中建构自己的行为，并统合形成特定的价值观和手段、方法所支配的"社会场域"。迈耶和罗恩则将制度视为一种文化性规则复合体（ Meyer and Rowan，1977）[④]。"被理性化"的认知性信念对于行为具有支撑和锚定作用，这种认知性信念成为一种文化性规则，为组织建构提供了一个独立的基础。通过强制、模仿和规范等三种重要机制，制度的影响被扩散到整个组织场域，因此，许多社会组织在结构上的同形特征既是竞争过程，也是制度过程的重要结果。这种组织场域的分析层次对于考察制度过程的运行环境具有重要价值。

总之，新制度主义理论以社会行动中的"制度理性"建构为核心命题，围绕社会行动者、制度建构以及制度变迁之间的互动关联问题，重新整合形成三种新的社

① Silverman David. The Theory of Organisations：A Sociological Framework. New York：Basic Books，1971：141.

② Merton Robert K. Bureaucratic structure and personality. In Social Theory and Social Structure 2nd ed. ，edited by Robert K. Merton. Glencoe，IL：Free Press，1940，1957：195-206.

③ Bourdieu Pierre. Outline of a Theory of Practice. Cambridge：Cambridge University Press，1977：95.

④ Meyer John W. ，and Brian Rowan. Institutionalized organizations：Formal structure as myth and ceremony. American Journal of Sociology，1977，83：340-363.

会行动逻辑，即以认知理性为基础的"工具理性行动"、以评价理性为基础的"价值理性行动"和以实践理性为基础的"社会实践行动"，并阐释了社会实践中的规制性、规范性和文化—认知性制度内涵。

工具理性行动——以个体完全理性模型为基础，关注行动手段与结果之间的联系，视制度为规制性框架，强调通过建立制度来规制个体行为；价值理性行动——以规范性要素为核心的制度建构作为行动指南，认为社会行动应以社会责任、道德框架为导向，并遵循适当性的逻辑；社会实践行动——认为决策行为是以社会建构的各种模式、假定和图式为背景基础的（DiMaggio and Powell，1991）[①]，在很大程度上受到包含各种编码的信息的支持与制约，即社会制度影响行动者的目标以及实现这种目标的具体行为。由此，美国社会哲学家理查德·斯科特（2010）[②]将"制度"概念定义为："制度包括为社会生活提供稳定性和意义的规制性、规范性和文化—认知性要素，以及相关的活动与资源"。下一节将对各制度要素的作用价值进行详细阐述。

4.1.3.3 基于新制度主义的制度运行要素分析

1）对规制性基础要素的研究

经济学家倾向于认为制度主要依赖于规制性基础要素。各种规制过程包括规则设定、监督和奖惩活动。这些过程可能通过分散的、非正式的机制而运行，如社会习俗；也可能是高度正式化的，并通过设置和安排诸如警察与法院等专门行动者来实施。虽然规制概念充满压制和约束的语境，但很多规制性规则对于行动者及其行动同样具有能动作用，鼓励行动者采取行动并获得特殊的权力和收益。规制性基础要素的主要构成是强制性权力。强制性权力通过一种既支持又制约权力实施的规范化框架而合法化，从而使权力转化为权威，得到别人的遵守，使制度的规制性和规范性基础要素特征之间可以相互强化。然而，依据经济学的研究，建立规制需要付出较大的成本。尽管代理理论指出合约可以通过当事双方相互监督来实施，但是很多情况下，政府作为规制制定者、仲裁者和强制实施者的角色，其作为以中立方式行事的"第三方"来监督和实施的作用依然是不可或缺的（North C.，1990）[③]。

2）对规范性基础要素的研究

第二种理论认为制度主要依赖于一种规范性基础要素。大多数早期的社会学家都持有规范性制度这一概念。他们强调社会信念和规范通过他人的内化和运用，而具有稳定的作用。如帕森斯就把共同的规范与价值观视为稳定社会秩序的重要基础

① DiMaggio P. J，Walter W P. The New Institutionalism in Organizational Analysis. o. Chicago：University of Chicago Press，1991.

② [美] 理查德·斯科特. 制度与组织——思想观念与物质利益(第3版). 姚伟，王黎芳译. 北京：中国人民大学出版社，2010：56.

③ North Douglass C. Institutions，Institutional change and economic Performance. Cambridge：Cambridge University Press. 1990：54–64.

之一；而斯廷克库姆（Stinchcombe，Arthur L.，1997）[①] 则指出人们普遍认为制度有其道德根源。

规范系统包括了价值观和规范。价值观是指行动者所偏好的观念或者所需要的、有价值的观念，以及用来比较和评价现存结构或行为的各种标准。规范则规定事情应该如何完成，确定目标（如赢得博弈、获取收益等），也规定追求这些目标的合法方式和手段（如规定博弈如何进行，公平交易的概念等）。规范系统会对社会行为施加一种限制，但也会赋予社会行动某种力量，对社会行动具有能动作用。因此，它们对行动者既赋予权利也施加责任，既赋予特权也施加义务，既提供许可也实施命令和操纵。

3）对文化—认知性基础要素的研究

第三类制度主义者强调制度的文化—认知性基础要素的重要性，认为制度的文化—认知性要素构成了关于社会实在的性质的共同理解，以及建构意义的认知框架。关注制度的文化—认知性维度，是社会学与组织研究的新制度主义最显著的特征。该理论认为，认知是外部世界刺激与个人机体反应的中介，是关于世界的、内化于个体的系列符号表象。符号——词语、信号与姿势——塑造了我们赋予客体或活动的意义。意义出现于互动之中，并被用来理解持续不断的互动，从而得以维持和转化。关于符号与意义的重要性，正如韦伯指出的那样，只有在行动者赋予行动以意义时，这种行动才是社会行动。

基于文化研究视角的语义符号分析是该理论的重要研究方法。该理论认为，文化不仅是主观的信念，也是被感知为客观的、外在于个体行动者的符号系统。"文化提供了思考、情感和行动的模式"（Hofstede，1991）[②]，"文化是认知的容器，在其中各种社会收益得以界定、分类、主张、谈判，并以斗争来解决"（Douglas，1982）[③]。不同文化要素的制度化程度（与其他要素相联系的程度、嵌植于惯例或组织图式的程度）存在差异。通常谈及制度的认知—文化要素时，指的是这些更具嵌入性的文化形式。与强调规范性制度要素的理论家相比，强调文化—认知性要素的学者们认为，人们之所以遵守制度惯例，是因为个体与组织在很大程度上都要受到各种信念体系与文化框架的制约，随着在地方化情景中不断重复的行动模式的渐渐习惯化和客观化，完成特定行动中的关于各自角色的共同认知和理解，并接纳各种信念体系与文化框架。总之，文化—认知性制度概念强调了以社会为中介的共同意义框架，对于组织与行动者的建构具有十分重要的作用（Meyer and Rowan，

① Stinchcombe，Arthur L. On the virtues of the old institutionalism. Annual Review of Sociology，1997，23：1–18.

② Hofstede，Geert. Culture and Organizations：Software of the Mind. New York：McGraw-Hill，1991：4.

③ Douglas Mary. The effects of modernization on religious change. Daedalus（Winter），1982：1–19.

1977）[1]、(DiMaggio and Powell，1983 ）[2]（表 4-2 ）。

制度的三大基础要素   表 4-2

	规制性要素	规范性要素	文化—认知性要素
遵守基础	权宜性应对	社会责任	视若当然、共同理解
秩序基础	规制性规则	约束性期待	建构性图式
扩散机制	强制	规范	模仿
逻辑类型	工具性	适当性	正统性
系列指标	规则、法律、奖惩	合格证明、资格承认	共同信念、共同行动逻辑、同形
情感反应	内疚 / 清白	羞耻 / 荣誉	确定 / 惶惑
合法性基础	法律制裁	道德支配	可理解、可认可的文化支持

（资料来源：斯科特：2010，笔者整理）

4.1.3.4 基于新制度主义的价值建构及其实践方法论

新制度主义理论从不同视角阐释了对制度内涵的重新挖掘，并建构了有关制度变迁问题的新理论方法，对制度建构研究具有重要意义。总体来看，历史制度主义与理性选择制度主义重构了制度的认知框架，而社会学制度主义则从实践层面提供了制度建构的方法。

从制度的认知框架来看：第一种认识，将制度视为一种规制性框架，是为了适应观念的整体转化而建构的工具性的社会价值体系。历史制度主义理论认为，制度变迁的关键变量是环境变化（整体社会转型），个体对制度变迁的影响不大。第二种认识，将制度视为一种规范性框架，理性选择制度主义和社会学制度主义均认为"制度"代表了一种社会普遍认同的价值规范性。但理性选择制度主义更倾向于认为这种规范性的建立源自以个体利益最大化为目标的社会契约组织结构的完善，更加重视对制度的理性设计；而社会学制度主义更倾向于从人们的日常规范（如典礼、仪式等）中提炼制度中的意义结构和价值认同，反对有目的地、理性地设计制度的观点。

从制度的实践来看，社会学制度主义将制度与组织画等号，以"组织"概念来阐释在社会行动中创造价值和认知性框架的过程。在这里，"制度"进一步升华为以文化—认知性为基础的社会实践、行动过程框架，制度研究的核心是制度建构过

---

① Meyer John W. , and Brian Rowan. Institutionalized organizations: Formal structure as myth and ceremony. American Journal of Sociology，1977，83：340-363.

② DiMaggio Paul J. , and Walter W. Powell. The iron cage revisited: Institutional isomorphism and collective rationality in organizational fields. American Sociological Review，1983，48：147-160.

程，个人在组织中会通过三个步骤（即习惯化—客观化—沉淀化）最终形成对组织或规范的认同。

从以上对"制度变迁"概念的不同诠释可知，在新制度主义理论体系包含实证认知性和价值建构性两种研究框架。制度建构包含本体论与方法论两种内涵，分别指向基于规范性要素的公共政策建构和基于文化—认知性要素的社会组织行动过程的建构（图4-1）。

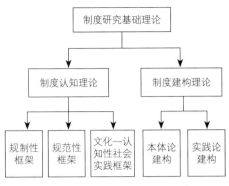

图4-1　制度研究基础理论框架

（资料来源：笔者自绘）

以下将进一步通过对两种制度建构过程假设，深化讨论有关制度建构的实践方法。其中，"制度化"研究制度体系建构的本质特征，"制度维持"从制度运行主体的角度研究制度的激励机制，"制度扩散"重点探讨符号系统等各类制度扩散机制，而"制度创新"从社会组织视角研究制度建构的实践机理。

1）基于规范性要素的制度建构路径

（1）制度化

制度化既是一种过程，又是一种状态或属性变量（Zucker，1977）[①]。研究规范性制度要素的学者认为，制度化过程不仅应强调激励（成本和收益）的作用，而且更应强调承诺机制的作用。承诺的核心要素包括规范和价值观、结构与程序，以及个体与集体行动者。塞尔兹尼克（Selznick，1992）[②]认为，与传统的市场或等级制组织不同，网络形式的组织更依赖于彼此的互惠。

基于回报递增的制度化：制度经济学家诺斯（North，1990）[③]在借鉴保罗·戴维研究技术发展和演变轨迹中的存在的路径依赖现象的分析框架的基础上，解释了一种以正反馈过程为基础的制度系统的形成和维持过程。诺斯指出，学习效应与协同效应，同正式规则和非正式规则的形成和发展密不可分，这两种效应都促进了各种博弈者对这些规则的认可。"制度矩阵的相互依赖网络，产生了大量的、日益增加的回报"——即一种激励机制的形成。除了受到日益增加的回报这种影响外，制度过程更要受到不完全市场的影响。诺斯也根据路径依赖与非理想市场概念，来解释社会、政治和经济演化过程中存在的重大差异。

基于承诺递增的制度化：研究规范性制度要素的学者，不是强调激励（成本和

① Zucker，Lynne G. The role of institutionalization in cultural persistence. American Sociological Review，1977，42：728.

② Selznick P. The Moral Commonwealth：Social Theory and the Promise of Community. Berkeley：University of California Press，1992：235.

③ North D C. Institutions，Institutional change and economic Performance. Cambridge：Cambridge University Press，1990：92–95.

收益）的作用，而是强调承诺或忠诚机制的作用。承诺的核心要素包括规范和价值观、结构与程序，以及个体与集体行动者。塞尔兹尼克（Selznick，1992）[1]认为，社会组织通过两个步骤来实现制度化：第一步是正式结构的产生为经济与协作问题提供了"制度"性解决办法，如制度经济学家威廉姆斯所谓的"治理模式"；第二步，基于承诺递增的制度化，在关系合同和网络组织形式中发挥着较大的作用。与传统的市场或等级制组织不同，网络形式的组织更依赖于彼此的互惠。如果基于回报递增的制度化强调的是物质激励的作用，那么基于承诺递增的制度化强调的是身份的作用（Powell and Walter，1990）[2]。

随着日益客观化而出现的制度化：基于回报递增的制度化观，强调的是物质激励的作用。基于承诺递增的制度化观强调的是身份的作用。而随着日益客观化而出现的制度化观，则强调的是思想观念的作用。关注文化—认知性制度要素的学者伯格与拉克曼（Berger and Luckmann，1967）[3]强调共同信念的日益客观化在制度化中的重要作用。他们借鉴符号互动理论[4]（DiMaggio and Powell）[5]，提出包括外化、客观化和内化等制度化建构的三个阶段：

外化（externalization）——符号结构从参与者的社会互动中产生，其意义逐渐为参与者共有。客观化（objectification）——这种互动产物"逐渐成为参与者自身之外的、与参与者对立的事实"，成为"外在于那里"的物，成为一种与他人共同经验的实在过程。内化（internalization）——客观化的世界在社会化过程中被"再次投射到意识之中"的过程。在这里，他们把客观化——行动者社会互动过程中产生的各种意义，相对于行动者而日益成为外在于行动者的事实的过程——确定为制度化的三个阶段之一。

托尔波特和朱克尔对这种基于客观化的制度化过程观进行了拓展，并提出了一种发生在组织内以及组织之间的制度化过程的多阶段模型（Tolbert and Zucker，1996）[6]。客观化包括组织决策者们对某种结构的价值达成一定程度的共识，并在这种共识的基础上日益采纳这种结构。总之，思想观念在一种较有意识的水平上提供

① Selznick，Philip. The Moral Commonwealth：Social Theory and the Promise of Community. Berkeley：University of California Press，1992：235.

② Powell，Walter W. Neither market nor hierarchy：Network forms of organization. In Research in Organizational Behavior，vol. 12，edited by Barry M. Staw and L. L. Cummings. Greenwich，CT：JAI Press，1990：303-304.

③ Berger，Peter. and Thomas Luckmann. The Social Construction of Reality. New York：Doubleday Anchor，1967：60-61.

④ 舒茨等人创立的现象学社会学提出的"文化主要是一种语义符号性（semiotic）系统"的观点，与那些主要强调文化中的共同规范与价值观的学者如涂尔干与帕森斯的研究拉开了距离，并转而强调文化中的共同的知识和信念系统。他们认为，人们的行为不仅受其对规则与规范运行的关注的影响，也受其共同的情景界定与共同的行动策略的影响。强调和关注认知结构与文化框架而非规范系统，是社会学的新制度理论的一个显著特征。

⑤ DiMaggio Paul J.，and Walter W. Powell. Introduction. In The New Institutionalism in Organizational Analysis，edited by Walter W. Powell and Paul J. DiMaggio. Chicago：University of Chicago Press，1991：22.

⑥ Tolbert P. S，Zucker L G. The Institutionalization of Institutional Theory，in S. Clegg，C. Hardy，ed，Handbook of Organization Studies，Thousand Oaks，CA：Sage，1996.

了认知框架，并用来证明此种或彼种行动的正当性，提供大量重要程序来发现可能的新理论路径和行为方式，这是一种客观化和对决策进行争夺和对各种政策选择进行斗争的领域（图4-2）。

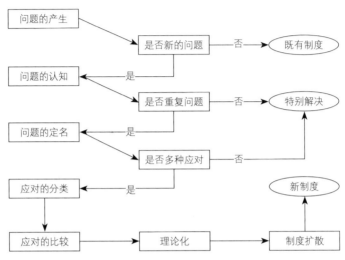

图 4-2　从既有制度到新制度：制度化的多阶段模型
（资料来源：Scott and Christensen，1995，笔者转绘）

（2）制度维持

制度维持需要持续的促进制度结构再生产的激励机制。朱克尔（Zucker，1988）[1] 认为，"社会系统的一种去组织化倾向"会导致"熵"的发展，这时，各种事物——结构、规则和惯例等——都将被违背和打破，导致普遍的去制度化。只有在行动者能够持续地生产和再生产结构的意义上，结构才是持续性的。

重视规范性制度要素的学者，强调既由他人内化、又由他人实施的共同规范对于制度稳定具有重要的影响。这一理论更强调有意识的控制，这种控制涉及各种制度代理人及其权力以及制裁和奖赏的使用。其权力不仅是要创造制度，还试图保持与维持这种制度。提出交易成本理论和代理理论的新制度经济学家都强调设计适当的治理结构的重要性，以及进行与情景相适合的激励与控制的重要性。然而，如果这些规制被制度化，奖偿与制裁就会在规则框架中发生。权力通过规则的形成而得以稳定和合法化，即制度化。

2）基于文化——认知性要素的制度建构路径

基于文化—认知性要素的社会学制度主义从方法论研究视角出发，借鉴现象学和认知心理学理论，提出了以认知系统为核心的社会组织模式，以及围绕社会组织

① Zucker, Lynne G. Where do institutional patterns come from? Organizations as actors in social systems. In Institutional Patterns and Organizations: Culture and Environment, edited by Lynne G. Zucker. Cambridge, MA: Ballinger, 1988: 26.

场域展开的制度研究。社会学制度理论主要关注运行于组织环境中的文化信念体系的影响而非组织内部的各种过程，更强调认知性而非规范性框架。在这里，制度化过程主要意指人类在社会互动中通过符号系统和认知反馈建立的社会共同建构的知识和信念系统；另外，社会学制度主义理论从"组织场域"概念入手，提出了制度扩散（Institutional Diffusion）和制度创新（Institutional Innovation）的分析逻辑，用以替代规范性研究中基于"制度维持"的制度建构方法研究（表4-3）。

社会学视角制度建构理论观点　　　　　　　　　　　　　表 4-3

代表人物	主要观点
帕森斯（1951）	强调作为"价值导向"的文化模式对于行动情景的控制和制度化的促进作用
戴维·斯维尔曼（1971）	组织在社会行动中被建构和重构的方式体现了一种基于整体"社会事实"的制度意义，"组织"本身是社会制度的价值建构的载体
布迪厄（1977）	基于文化规则的内化作用生成的"惯习"构成了"持续性的、具有转换作用的性情倾向系统"，从而使个人能够在各种情景中建构自己的行为，并统合形成特定的价值观和手段、方法所支配的"社会场域"
迈耶和罗恩（1977）	通过强制、模仿和规范等三种重要机制，制度的影响被扩散到整个组织场域，因此，许多社会组织在结构上的同形特征既是竞争过程，也是制度过程的重要结果

（资料来源：笔者整理）

（1）制度扩散的"要素传递"视角

社会学制度主义强调模仿性制度扩散机制在制度建构中的重要性。制度扩散，即制度作为一种规范或价值观的地位逐步确定、得到认同的过程。迪马吉奥和鲍威尔（DiMaggio and Powell，1983）[①] 指出，制度扩散存在三种不同的机制，即强制、规范和模仿机制。这些机制界定了人们采纳新的结构和行为的不同力量或动机。对于基于文化—认知要素的制度建构研究而言，模仿性制度扩散机制具有特别的意义。斯特朗和迈耶（Strang & Meyer，1993）[②] 认为，只有相关行动者认为自己在某些重要方面是相似的，制度扩散才有可能发生，因此思想观念方面的模仿机制尤为重要。思想观念主要通过符号系统、关系系统、惯例和人工器物等构成的四种制度要素实现传递和表达。

符号系统：是制度规则和信念的传递者。理解、理论化、认知框架和重新组合（bricolage）是具有重要作用的机制。"当各种相关行动者被（他们自己人和他人）视为类似的行动者，以及当这些行动者处于共同的社会制度之中时，思想观念的扩散就更容易发生"，同时，这种理论化又被应用于所扩散的实践本身，因为实践会

① DiMaggio Paul J. and Walter W. Powell. The iron cage revisited: Institutional isomorphism and collective rationality in organizational fields. American Sociological Review，1983，48：147–160.

② Strang D. John W M. Institutional conditions for diffusion. Theory and Society. 1993，（22）：487～511.

被抽象、编码和转化为各种模型（Strang & Meyer，1993）。另外，"认知框架"作为对符号系统的扩展概念，对于信息或问题"取舍"（framing）具有重要的影响。认知框架被信息扩散者用来提取与厘清信息，被接受者用来捕捉和理解信息，因此信息要成功地传播，关键在于相关各方的认知框架实现结合的过程。

关系系统：斯特朗和迈耶（Strang & Meyer，1993）强调关系传递者的制度设计，是以社会实在主义理论为基础的，这种理论假定各种社会行动者是相对独立的实体，如果他们要进行制度扩散，就必须通过具体网络进行交流、联系。在社会网络之中常常存在空隙或结构洞①，这样的条件为行动者提供的重要的机会，使他们可以把先前没有联系的社会位置联系起来（Burt，1992）②。

惯例：结构化理论试图通过对"惯例"概念的引入，对结构与行为、思想与行动之间的相互支持与相互依赖进行理论研究，从而揭示出除了符号与信念之外，制度化常常涉及那些对参与者的行动的影响。惯例是思想层面和"绩效"层面的结合——"是由特定的人们在参与组织日常事务时，在特定时间所采取的特定行动"（Feldman and Pentland，2003）③。因此，惯例既包括了一般化的思想，又包括了特定的设定和践履制度的行为。

人工器物：包括各种工具、设备和技术，制度的扩散过程需要借助一定的工具、设备，尽管技术不是决定性的因素，但引入技术可以为制度扩散提供"机会"。

（2）制度创新的"组织场域"视角

从"组织场域"的视角看，制度变迁和制度创新是组织场域、组织种群与单个组织等实体在面对环境要求或压力，采纳新的结构和实践时所导致的新制度形式的产生、创造以及相关变迁，即所谓的"去制度化"与"再制度化"过程。早期的新制度社会学家们比较关注自上而下的制度建构、设计过程，关注制度模型、方案、规则等建构与制约组织层次的结构与过程的方式。新制度主义则强调自上而下（规制性）和自下而上（规范性和认知性）过程相结合的、"综合的"制度创新方法（图4-3）。

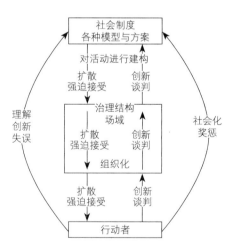

图4-3 从上到下与从下到上的制度创新与扩散过程

（资料来源：斯科特，2010）

---

① 所谓结构洞是指在整个大的社会网络中各群体之间的弱联系（weak connections）（刘春荣，2006）。

② Burt，Ronald S. Structural Holes. Cambridge，MA：Harvard University Press，1992.

③ Feldman Martha S. and Brian T. Pentland. Reconceptualizing organizational routines as a source of flexibility and change. Administrative Science Quarterly，2003，48：101–102.

总之，从制度化和制度维持研究视角对于社会行动者的动态关系的分析，构建了基于规范性要素的制度建构机制的运行模型；而从制度扩散和制度创新视角，则更易于解释基于文化—认知性要素的制度建构机制的作用逻辑。

4.2 城市规划制度——体系与重构

现代城市规划体现了基于政治合法性的权威建构和基于交往行动的社会实践过程特征。城市规划制度的体系重构将融合公共性权力空间的价值诠释和社会实践中的制度创新理念。基于公共空间价值建构的城市规划制度重构理论，将为社区价值的空间诠释提供实践依据。

4.2.1 城市规划制度的发展和体系建构

4.2.1.1 西方城市规划制度体系建构的思想基础

作为制度体系的城市规划理论的思想基础，分别源于以法治制度为基础的现代西方政治伦理价值观和基于制度经济学逻辑的理性选择制度主义，前者强调对制度的价值形态的判定和选择，而后者则侧重于制度的设计和创新研究。

政治制度是西方制度理论发展的历史起点，古典政治制度研究大都致力于政治秩序的建构，近代以来确立了以个体为基础的自由价值的政治制度研究路径。20世纪70年代末期以后兴起的新制度主义，关注政治制度与历史、文化和价值的关联问题，从总体上扩展了制度概念的内涵。其中，"社会学制度主义"将与文化相关联的社会组织作为制度研究的起点，认为社会组织采用一套特定的制度形式、程序或象征符号，形成利益结构，并对政治结果或公共政策的制定实施影响（祝灵君，2003）[1]。城市规划制度即城市规划体系中一系列可以罗列的规范、原则、限制等的总和，是针对对象的内涵、外延、运行规律等来制定或自发生成的（周建军，2004）[2]。因此，虽然从行政管理视角看，城市规划过程具备一般公共政策的制定与实施的内涵；但从内在机制看，城市规划的价值指向、编制与实施程序均依托相关政治与社会制度体系支撑，制度设计与创新是城市规划体系重构的核心内容。

---

① 祝灵君.政治学的新制度主义：背景、观点及评论.浙江学刊，2003，4：87.
② 周建军.论新城市时代城市规划制度与管理创新.城市规划，2004，28（12）：33.

4.2.1.2　现代城市规划理论的起源和发展

从广义上看，"城市规划"如同城市的起源一样古老，它既蕴含了古典社会政治人文价值观念，又构成了城市建设的空间形态的管理规范。现代城市规划则因为其诞生的特殊社会背景和发展动力而呈现出全新的社会实践特征。霍尔从城市病理学角度，认为西方现代城市规划起源于对 19 世纪末 20 世纪初产生的城市问题的关注、解决城市问题所做的理论探索以及前期实践（叶青，2007）[1]。Campbell[2]（1996）则从规划实践史的角度具体归纳为田园城市、城市美化运动、公共卫生改革运动。从这一视角看，城市规划理论的核心就是通过政府管理手段，对私人土地产权进行适当制约，保护公共利益，解决市场机制引发的城市社会矛盾和问题（何明俊，2008）[3]。

从价值观层面看，理想主义和人文主义成为现代城市规划重要的思想基础（秦红岭，2009）[4]。理想主义起源于古希腊思想家柏拉图的《理想国》，表达的是一种对现实的价值批判与反思精神，其目标指向是面向公共性价值的社会乌托邦理想。人文主义起源于文艺复兴运动，人文主义思想推动了社会价值观从形而上学的宗教意识向以人的主体为基础的道德意识的转向，人文主义的城市规划理念更加强调保障人的主体地位和价值实现的需求。

4.2.1.3　城市规划理论研究范式及转型

本体理论和程序理论构成了现代城市规划理论体系的基本骨架，而系统与理性、导向与交往的对垒与融合阐释了围绕本体论与程序论偏好而展开的城市规划理论范式的变迁轨迹（曹康、吴殿廷，2007）[5]。

系统理论和导向理论（包括问题导向理论、目标导向理论、和竞争力导向理论等）从不同侧面阐述了对城市规划的本体论认知思维。系统论认为城市与区域是各种相互关联又不断变动的部分因素的综合体，城市规划的作用就是把握其相关性，并进行引导、调控和改变。系统规划理论的核心是基于目标和结果的规划本体研究，其手段是计量经济模型分析和模拟，在这种理论引导下，综合规划得到广泛发展。在新自由主义思潮中成长起来的导向型理论，基于对多元社会利益主体和发展目标的认识，从一般抽象的系统规划论转向面向实际社会问题的规划

---

① 叶青.现代城市规划与城市设计方法论的演变.同济大学硕士学位论文，2007：11.
② Campbell, S., &Feinstein, S., Introduction: The strueture and Debates of planning Theory. InS. CamPell&S. Feinstein. (Eds.), Readings in Planning Thoery. London: Blackwell Publishers, 1996: 1-14.
③ 何明俊.西方城市规划理论范式的转换及对中国的启示.城市规划，2008，32（2）：71.
④ 秦红岭.理想主义与人本主义：近现代西方城市规划理论的价值诉求.现代城市研究，2009，11：37-40.
⑤ 曹康，吴殿廷.规划理论二分法中的本体理论和程序理论.城市问题，2007，8：3-6.

研究，提出了结合具体价值目标导向研究之下的本体论城市规划思想。后现代城市主义（Postmodern Urbanism）提出了基于城市设计手段的地方（社区）场所文化建构方法，成为尊重个体价值，强化社区认同，实现人文主义城市理想的重要手段。围绕社区公共空间建构的历史主义、地域主义和新城市主义成为重要的城市设计理念（艾琳，2007）[①]。

1）本体论范畴——从系统论的综合规划到价值论的城市设计

上述研究指出，人文主义建构了现代城市规划的价值根基。然而，20世纪初期，以西方社会大规模工业化和现代化推动下的现代理性主义将社区、邻里等社会空间降格为工具化的城市政治、经济功能要素，现代主义的城市规划排斥了个人的尺度和公共性与地方性的社会共同体价值（Stein，1960[②]；Cox，1965[③]；Mitchell，1963[④]；Lefebvre，1967[⑤]；Sennett，1974[⑥]；Relph，1976[⑦]）。在20世纪60年代和70年代诞生的对现代主义城市规划的批判思想，逐渐汇聚成为一股以城市设计为手段的后现代城市主义（Postmodern Urbanism）思潮，以取代现代理性主义规划方法。这场后现代城市主义思想发端于20世纪50年代的英美的城镇景观运动、文脉主义和欧洲大陆的新理性主义以及新古典主义，并逐渐演化成为以美国为代表的新城市主义运动。

（1）现代城市设计的起源与发展

在狭义[⑧]层面上，现代意义上的"城市设计"（Urban Design）起源于1893年开始的以芝加哥世博会为标志的美国城市美化运动（City Beautiful Movement），其核心是城市景观的设计与营造（李锴，2010）[⑨]。城市美化运动以"芝加哥规划"（1909）为开端，提出了通过城市美化建设以建立一个"梦幻城市"，以此拯救沉沦城市的理想。景观建筑师伯恩海姆（F. L. Olmsterd）推崇以古典主义模式进行城市美化和设计。他指出，恢复城市中失去的视觉秩序及和谐之美是创造一个和睦社会的先决条件（张京祥，2005）[⑩]（图4-4）。

① ［美］艾琳. 后现代城市主义. 张冠增译. 上海：同济大学出版社，2007：10-82.

② Stein Maurice. The Eclipse of Community: An Interpretation of American Studies. New York: Harper, 1960.

③ Cox Harvey. The Secular City. New York: Macmillan, 1965.

④ Mitchell Gordon. Sick Cities. New York: Macmillan, 1963.

⑤ Lefebvre Henri. Le droit à la ville. Paris: Gallimard, 1967.

⑥ Sennett Richard. The Fall of Public Man: On the Social Psychology of Capitalism. New York: Random House, 1974.

⑦ Relph Edward. Place and Placelessness. London: Pion, 1976.

⑧ 对"城市设计"的概念及其起源的研究，通常存在广义和狭义的两类历史范畴上的界定。从广义的历史发展过程上，城市设计的发展与人类城市文明发展的起源同步，有着悠久的思想传统和实践历程。从认识论视角，城市设计遵从形式主义的逻辑，其本质是承载宗教与政治权力价值观的物质空间"乌托邦"（王一，2009）。

⑨ 李锴. 我国城市设计的实施困境分析. 上海城市规划，2010，92（3）：41.

⑩ 张京祥. 西方城市规划思想史纲. 南京：东南大学出版社，2005：99-100.

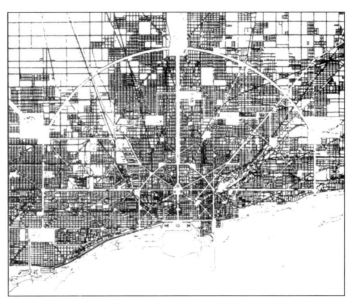

图 4-4　伯恩海姆的芝加哥总体规划

（资料来源：张京祥，2005：100）

　　1956 年，在哈佛大学召开的首次城市设计会议被认为是城市设计面向全面社会实践的发展里程碑（杨涛，2009）[1]。对"城市设计"概念的定义，一般存在"空间组织手段"和"实践过程"认知的两种视角。从"空间组织手段"的认知视角看，沙里宁（1986）[2]认为"城市设计是三维的空间组织艺术"，指出城市设计应着眼于空间的结构及形态的完美性和生动性的创造。即将城市三维空间作为城市设计的主要对象，把城市设计从单纯的景观设计提高到三维的空间形态概念上来，明确了城市设计与城市空间发展的内在关系。美国建筑师协会组织编写的《城市设计：城镇的建筑学》（1965）中指出，"城市设计的本质是将由建筑和街道、交通和公共工程，劳动、居住、游戏和集会等活动系统构成的内容，按功能和美学原则组织在一起的空间布局安排。"使得城市设计从根本上关注城市空间的功能组织，并成为对城市规划的补充。

　　（2）后现代城市主义的理论脉络与城市设计的价值取向

　　起源于英国的城镇景观（Townscape）运动通过对现代主义导致的基于地方经验的"城市性"的衰落的批判，提出以公共空间的塑造为核心的城市设计思想。Gordon Cullen 最早在 1949 年提出了"城镇景观"概念，并将其形容为在所有景观元素中一种"关系的艺术"。城镇景观运动强调通过公共空间组织建筑与周围环境之间的关系，以获得更好的地方场所经验，而不是像现代主义那样将建筑置于空间

① 杨涛. 美国城市设计思想谱系索引：1956 年之后. 国际城市规划，2009，24（4）：80.
② ［美］沙里宁. 城市：它的发展、衰败与死亡. 北京：中国建筑工业出版社，1986.

的中心位置。Lynch[①]（1960）和 Jacobs[②]（1961）认同应该通过基于整体城市空间的更加人性化的城市设计，减轻现代化影响的困扰。Lynch（1960）发现，人们主要通过五种物质的景观特点来理解场所的含义：道路（直线的运动）、边界（限制个人"世界"的边缘）、地区（为每一个活动的分区）、节点（集中活动的地方）和地标（参照点）。Jacobs（1961）提出，应该通过城市设计注重复兴街道与其他公共空间的社会与象征功能，培育城市的可读性、安全感和认同感。Alexander（1963）[③]、Mumford（1961）[④]、Habermas（1962）[⑤] 和 Sennett（1973）[⑥] 等人均认为，公共空间中含有一种折中主义的识别性，人们可以在隐姓埋名的活动中感受到极大的乐趣，并为充满意义的公共空间的衰落而悲叹。他们认为，以分区控制为基础的综合规划窒息了创造性和多样性，并提出应通过人文主义的公共空间城市设计，建立景观的知觉连贯性，重新发现场所，创造历史识别感。

"二战"以后，在社区主义、环境主义和女性主义运动的影响下，人们更加关注由规划师和社区共同参与的本土化的城市设计（Safdie，1970）[⑦]、（Rudofsky，1964）[⑧]。本土设计有两个主要的参照物：历史主义和地域主义。欧洲的新理性主义一般参照前者；而美国的文脉主义通常偏爱后者。新理性主义是 20 世纪 60 年代初开始兴起于意大利和西班牙的一股理论思潮。新理性主义借用类型学和形态学来表达城市建筑，将建筑和城市视为一个"记忆的剧场"。并效仿 18 世纪的理性主义者，将代表基本生活形态的街道、拱廊、广场、院落、中心区、交通节点等空间元素串联成为清晰易懂的城市生活主题（Delevoy，1978）[⑨]。受列维—施特劳斯的结构主义思想和德里达的建构主义思想影响，"类型"取代了现代主义的"模式"，成为人们对于城市空间的普遍认知的结构化表达。阿尔多·罗西（Rossi A.，1982）[⑩] 是早期最有影响的新理性主义者。罗西驳斥了现代主义关于形式追随功能的原理，主张用"建筑秩序的相对自主性"来取代它。他将城市理解为一个集体记忆的地方，强调持续纪念性建筑的重要性和对地方的感受，他指出城市需要纪念碑式的雄伟建筑，这样才能拥有庄严和必要的肃穆气氛来表达更大的社会抱负。罗西认为，地点的重

① Lynch Kevin. Image of the City. Cambridge，MA：MIT，1960.
② Jacobs Jane. The Death and Life of Great American Cities：The Failure of Town Planning. New York：Vintage，1961.
③ Chermayeff S. and Alexander C. Community and Privacy：Toward a New Architecture of Humanism. New York：Doubleday，1963：73.
④ Mumford L. The City in History. New York：Harcourt Brace Jovanovich，1961.
⑤ Habermas J. The Structural Transformation of the Public Sphere：An Enquiry into a Category of Rourgeois Socity. Translated by Thomas Burger. Cambridge，MA：MIT：1989. Original German edition，1962.
⑥ Sennett Richard. The Fall of Public Man：On the Social Psychology of Capitalism. New York：Random House. 1974.
⑦ Safdie M. Beyond Habitat. Cambridge，MA：MIT. 1970.
⑧ Rudofsky B. Architecture without Architect：An Introduction to Non-Pedigreed Architecture. New York：MoMA. 1964：1.
⑨ Delevoy R.，ed. Rational Architecture /Ralionelle 1978：The Reconstruction of the European City. Brussels. 1978：15–21.
⑩ Rossi A. Architecture of the City. Translated by Lawrence Venuti. Cambridge，MA：MIT. Postscript by Vincent Scully. 1982. 53–56.

要价值通过与景观和记忆相关联的场所性特征展示出来（Lesnikowski，1982）[1]。

随着新理性主义运动与欧洲的城市更新运动的融合，雷恩·克利尔（Krier，1978）[2]作为其先锋人物，批判了现代主义追求利益的本质，以及对城市文化的损害。他借鉴 Toennies 的《共同体与社会》（1887）和 Tessenow 的《手工业与小城镇》的思想，指出城市重建应以类型学和形态学研究为基础，对城市的历史进行精确考证。必须按照反映历史空间形态的街道、广场、小区的形式进行重建，塑造前工业时代的城市形态。"城市特点必须清楚地在公共空间和家庭空间、在高大建筑和城市肌理中、在广场和街道、古典建筑和地方性建筑中表现出来，必须在那个社会的等级制度当中表现出来"（Dutton，1986）[3]。在 20 世纪 70 年代后期，克利尔按照其传统城市观念的复兴，提出了华沙中心城市的改造方案和一系列旧城中心的公共建筑设计和公共空间改造项目。

与新理性主义一样，新古典主义同样注重物质形态以及与之相关的含义，同属于历史城市主义。而不同的是，新理性主义创建的是制度，而新古典主义创建的是等级和中轴线的秩序；新理性主义应用的是增长的行为，而新古典主义应用的是广泛的改组重建。新古典主义重新挖掘出 16—17 世纪的巴洛克式的城市空间串联形态，寻求恢复自然和原本的形态，以便传递与古典城市相关联的永恒的感觉。Iñiguez[4]（1989）指出，"无论是古代的还是现代的城市，都永远拥有能给自己下定义的特点：街道、广场、公共建筑、居民等，并通过缓慢而不间断的发展过程在相互之间建立如何组合的法则"。新古典主义主张的是"一个建立在批判自己的历史基础之上的建筑或城市"，而它"在理性的自我模仿中没有忘记自己的根源"。

在美国，Jackson 开创了"新地域主义"的人文主义城市设计理论。而罗伯特·文丘里的文脉主义思想成为该理论的进一步深入探索（Venturi，1966）[5]。文丘里在其《建筑的复杂性和矛盾》一书中，提出了一个更为包含性的"都是/并且"的态度，来针对一个"难以处理的、整体复杂的和引起错觉的秩序"。罗沃（Rowe C.，1978）[6]在《拼贴城市》一书中，运用拼贴图的比喻来建议，城市中各种各样的要素应该被编制进一个有凝聚力的整体——一个拼贴的城市中。他批判了现代主义中的乌托邦思想，认为在步行范围内的由街道和广场构成的公共空间是城市形态和文化感知的

① Lesnikowski，WG. Rationalism and Romanticism in Architecture New York：McGrawHill. 1982：47.

② Krier L. The Reconstruction of the European City. R. Delevoy，ed. Rational Architecture. 1978：38–42.

③ Dutton T. Toward an Architectural Praxis of Cultural Productin：Beyond Leon Krier. J. William Carswell and David Saile，eds. Purposes in Built Forum and Culture Research. Proceedings of Conference on Built Forums and Culture Research at the University of Kansas. 1986：21–26.

④ Iñiguez M. The City classical tradition. Architectural design：reconstruction–deconstruction. 1989：88–91.

⑤ Venturi R. Complexity and Contradiction in Architecture. New York：Museum of Modern Art. 1966：80.

⑥ Rowe C. and Koetter F. Collage City. Cambridge，MA：MIT. 1978：132.

基础。Schumacher[1]（1971）认为，文脉主义并不把建筑视为"拥有自己的生命，因而漠视其他方面的使用、文化和经济的条件"，而是把它作为一种模拟的艺术，并以交流为目的。总之，文脉主义从更加广泛的历史与文化发展进化的视角，承认建筑形式和公共空间的象征性和功能性。文脉主义的城市设计并非仅仅模仿过去，而是从历史中吸收新的元素，通过将历史的片段"拼贴"或调整到一个文脉关系当中，实现乌托邦的愿望和现实的约束条件之间的一种妥协。同历史主义观的比较来看，文脉主义在本质上是文化观，它强调文化的范围、分枝和流向，强调可触、可感、可见的文化存在（图4-5）。

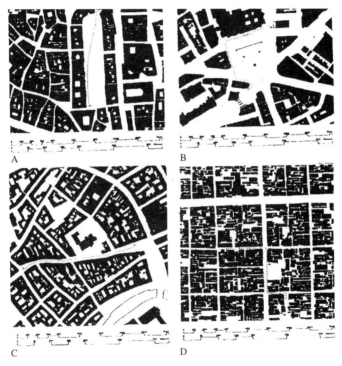

图 4-5　卡米洛．西特所倡导的文脉主义城市空间
（A）罗马;（B）伦敦;（C）哥本哈根;（D）京都
（资料来源:卡斯伯特，2010: 158）

　　侧重于历史和文化的本土化城市设计理念开启了地方城市主义思想的先河。然而 20 世纪 70 年代以来，在美国大规模新建的总体规划的社区（MPCs）往往都是为中等和上等收入阶层开发设计的。为了创造所谓的共同社区的感情，总体规划的社区常常漠视周围环境，用绿带和围墙将自己封闭起来。同时，防御性的办公和商业建筑从便于监控、管理的角度出发，设计出"共享式"中庭、商业拱廊等空间。

① Schumacher T. Contextualism. Casabella，1971: 78–86.

主题公园则成为大型购物商场的变异，同样具有明确边界，并受到高度监控。无论是封闭社区还是大型主题公园的建设，都表明美国社区空间的地方场所公共性特征正在受到巨大挑战。

在此背景下，新城市主义延续了地方城市主义倡导的历史与地方文化空间理念，提出传统邻里或街区发展计划和公共交通指向的步行地段空间发展计划。新城市主义认为，易于识别和可达性强的社区公共空间设计是实现社区发展的关键（艾琳，2007）[①]。与此同时，从20世纪60年代开始兴起的后现代主义思潮，积极回应全球化和去地方化的挑战，并提出了城市新区发展的新理念。与新城市主义相对比，"新郊区主义"提供了一种适应后现代空间生产的新的文化建构理念（Cuthbert，1997）[②]。尽管新城市主义和新郊区主义都可视为是全球化的产物，但新城市主义被认为是建立在阶级自利基础上的保守与反对的运动，具有强烈的意识形态倾向。而新郊区主义则体现了通过文化空间重构的社会改革的潜力。

文化社区的重建是后现代主义的城市设计的重点命题。实现"真实性社区体验"是后现代城市设计营造的空间场所的核心价值所在。哈维认为，"政治经济过程中的空间转化和场所建设削弱了住所的真实性，所以场所变得愈发重要。"因此，在后现代社会空间中，象征性的再现将成为实现真实性社区体验的主要方式，而这种再现并非是有意识的建构过程，而应源自日常生活的体验经历（卡斯伯特，2010）[③]。

2）程序论范畴——从公共政策到社区行动的制度化过程

（1）作为管制型公共政策过程的城市设计

从"实践过程"的视角看，城市设计作为一种过程，包括从创造性的过程、集合科技信息的技术过程，到政策过程，直至社会过程。城市设计作为一种创造过程，激发着城市空间系统的不断更新和发展，为城市空间中各元素的组织和融合提供各种可能的机会。美国的哈米德·雪瓦尼在《城市设计程序》（The Urban Design Proeess）一书中指出"城市设计活动寻找制定一个政策性框架,在其中进行创造性的物质设计,这个设计应涉及都市肌理（fabric）各主要元素之间关系的处理并在时间和空间两方面同时展开，也就是说城市的诸组成部分在空间的排列配置，由不同的人在不同的时间进行建设。"巴奈特（Bamett，1983）[④]把城市设计看作是政策过程，并认为"城市设计是一种公共政策的连续决策过程"。雪瓦尼不仅强调城市设计过程的政策方面，

① ［美］艾琳.后现代城市主义.张冠增译.上海：同济大学出版社，2007：10-82.
② Cuthbert，A. R. MUDD yearbook 1997-1998. Sydney：Faculty of the Built Environment，University of New South Wales，1997.
③ 卡斯伯特 A R. 城市形态——政治经济学与城市设计.孙诗萌，袁琳，瞿炳哲译.北京：中国建筑工业出版社，2010：99-110.
④ Bamett J. 开放的都市设计程序.舒达思译.尚林出版社，1983.

还将城市设计的政策制定与城市的传统文化相关联，"城市设计必须以新的方法，在更广泛的城市政策框架下发展起来的文脉中，融入传统物质规划和土地使用规划"。马德尼波尔认为城市设计是一个"社会—空间过程"（Socio—spatial process），在其《城市空间设计：探究社会—空间过程》（Design of urbans space: An Inquiry into A social—Spatial Process）一书中，作者认为城市设计涉及城市空间的各个层次，有两种类型：宏观的整体城市设计和微观的局部城市设计，前者侧重广泛地研究空间和功能组织，后者则偏重城市建筑的公共界面及如何实施设计控制，两者是关联的，属于城市空间设计的同一过程。它将城市设计定义为：塑造和管理城市空间环境的多学科活动，根植于政治、经济和文化过程，涉及社会—空间过程的各个层次。城市设计包括三个特征：技术特征、社会特征和创作特征（綦伟琦，2006）[1]。

（2）作为沟通型社会实践过程的社区规划

从程序理论的发展路径看，从理性规划理论到交往型规划理论，城市规划从反映技术理性的公共政策的制定和实施过程向促进社会行动的公众参与、协商程序的转化。实际上，在这种程序论规划范式中已经蕴含了一种新的"交往伦理"（communicative ethics）和"公共性"的价值诉求。何明俊（2008）[2]从影响城市发展的要素作用机制的角度，总结了三种城市规划理论研究范式：①以市场的一元结构为主导的物质规划（Physical Planning）所呈现的结构—功能范式；②以市场—政府的二元结构为主导的理性规划（Rational Planning）和倡导式规划（Advocate Planning）所呈现的理性—参与范式；③以市场—政府—公民的三元结构为主导的合作规划（Collaborative Planning）所呈现的合作—沟通范式。

20世纪80年代以来，随着渐进主义和社会规划等理论的发展，规划思潮出现多元化发展态势，基于本体与程序的二元区分的规划理论范式逐渐淡化，如社会学家吉登斯就将系统论与理性论融合为同一种理论的趋势称为规划与政策的"控制论"模式（Thibodeau&Thomas，2003）[3]。正如我们看到的那样，当代西方城市规划制度体系主要由规划立法建设与司法监督、规划行政和规划编制运作体系、规划实施许可等几个骨干内容框架构成，也体现了本体与程序、系统与理性融合发展的城市规划制度体系发展趋势。

4.2.2 城市规划理论发展中的社区公共性价值导向

上一节讨论了西方城市规划理论的发展范式及其转型特征，本节将进一步通过

① 綦伟琦.城市设计与自组织的契合.同济大学工学博士学位论文，2006：6-8.

② 何明俊.西方城市规划理论范式的转换及对中国的启示.城市规划，2008，32（2）：72-76.

③ Thibodeau，Thomas G. Marking Single-Family Property Values to Market. RealEstate Economics，2003（1）：1-22.

研究社区空间规划理念的变迁，考察公共空间价值建构的社区化实践路径。研究发现，邻里空间规划、新城市主义社区城市设计，以及社区治理行动与社区规划成为当代公共空间价值建构的核心理念与方法。

4.2.2.1　现代人文主义的城市规划理论——社区"邻里"空间价值

以霍华德的"田园城市"为标志，人本主义思想构成了现代城市规划的基石，也使城市规划从一开始就带有强烈的社会改造色彩、鲜明的价值诉求和对现实问题的批判反思（秦红岭，2009）[①]。1933 年 8 月国际现代建筑协会（CIAM）第 4 次会议通过的《城市规划大纲》（后被称作《雅典宪章》）进一步针对人口密度过大、工作地点散乱、游憩空间缺乏和交通拥堵的问题提出"功能分区"和"以人为本"的规划思想。伴随着对区域不均衡问题的关注和城市问题理解的深化，规划者开始引入综合性规划的视角。

盖迪斯的人类生态学的城市空间研究方法、芒福德的人文主义社区规划思想，以及沙里宁和赖特基于自足型社区构成的有机城市理论，奠定了邻里空间规划思想的理论基础。而 1910 ~ 1920 年代，人们对城市美化（City Beautiful）运动的批判成为邻里空间理论的直接诱因。1893 年，以美国芝加哥举办世界博览会为契机开展的城市美化运动，被一些人批评为"城市虚荣（Civic Vanity）和外部装饰（External Adornment）"。在此舆论背景下，美国的许多城市团体、协会关注的焦点逐步从政治和商业的城市中心，向人居环境以及郊区的微观社区转变。芝加哥城市俱乐部（City Club of Chicago）分别在 1912 年和 1914 年组织了两次以社区为对象的设计竞赛。在 1912 年社区设计竞赛中，戴蒙德（Drummond）提出了"邻里单位"的概念，他认为"邻里单位"是城市的社会和政治结构的一个单元，在整个城市中可以重复出现，它的大小约 160 英亩（约 65 公顷）。佩里在 1929 年《纽约区域规划与它的环境》一书中，系统地阐述了"邻里单位"[②]社区规划设计思想。1929 年的雷德朋（Radburn）规划中成功地实践了佩里的邻里单位社区规划思想（李强，2006）[③]。

"邻里"单元（neighborhood unit）提供了组织各种"邻里"活动的必要设施，如社区中心、商店和教堂，其目的是要将在形形色色的城市生活中分散了的人们以

[①]　秦红岭. 理想主义与人本主义：近现代西方城市规划理论的价值诉求. 现代城市研究，2009，11：37-40.

[②]　邻里单位设计要考虑的 6 个要素：规模（Size）、边界（Boundaries）、开敞空间（Open Spaces）、公共设施区位（Institution Site）、地方商店（Local Shops）和内部街道系统（Internal Street System）。邻里单位规模由小学合理规模确定，并使小学生上学不穿过城市道路（小学的合理规模约 400 人，邻里单位的规模为 5000 人）。邻里的空间范围由自邻里中心至邻里边缘大约 5 分钟的步行距离确定，邻里单位的边界是大容量的城市干道。邻里公园和其他公共服务设施要满足邻里需求。学校和其他公共设施要置于邻里中心。邻里商店要满足居民日常，并置于邻里周边，与社区相邻。邻里内部交通应采用环绕模式（Re-routing Through-traffic），来削弱汽车穿越邻里。

[③]　李强. 从邻里单位到新城市主义社区——美国社区规划模式变迁探究. 世界建筑，2006，7：93.

住区为核心凝聚起来。因此,"邻里"没有单一、普遍的定义,Davies 和 Herbert(1993)[1]强调"邻里"概念包含的若干要素:从地理上的接近、物质和社会特征、组织的特点到认同感、共同的兴趣以及行为和社会关系。亦即是说,邻里指的是城市聚落中最基本的单元,它不仅强调地域和物质特征,更强调居民的交往联系、情感归属等社会心理特征。因此,邻里的定义既包括具有明确边界的地域范围,还包括人们在长期居住和相互交往中形成的社区精神和社会网络,邻里是一个完整的社区(何深静,刘玉亭,2005)[2]。

邻里单位理论极大影响了世界范围内的社区规划,特别是英、德,法等国的战后社区重建规划,以及日本、新加坡等国的社区规划理论。邻里单位理论不仅是一种理性实用的设计概念,而且是一种经过深思熟虑的社会工程。它摆脱了当时街区和景观大道的简单空间模式,将规划基本单位界定为一种邻里基础上更为复杂的社会空间单位(Mumford,1954)[3]。邻里单位是世界范围内社区规划空间单位的原型(于文波,2005)[4]。

4.2.2.2 后现代空间诠释主义的城市设计理论——社区"场所"空间价值

"邻里单位"社区规划一方面营造了新的社会空间形式和交往组织模式,另一方面,却助长了大规模的郊区化和城市蔓延。自 1930 年代,美国传统城市空间形态加速转型,从传统的步行城市空间尺度演变为成郊区无序蔓延的汽车尺度的城市形态。城市蔓延不仅带来了人均服务设施成本的增加、土地资源浪费以及中心区的衰退等经济问题;而且带来了种族、贫富空间隔离,增加了社会暴力和种族主义等社会问题;带来了湿地的减少,以及因机动车使用的增加而引致的环境污染加重等环境问题;还带来了传统社区被破坏、社区多样性丧失、传统文化被破坏等文化领域的问题。

面对传统社区规划的日趋物质与理性主义的僵化思想导致的丛生的社会问题,自 1960 年代开始,在美国掀起了一场轰轰烈烈的反规划运动。雅各布斯反对传统的规划方法,主张建立一种自我批评的和渐进主义的规划方法;亚历山大反对等级化的城市的树形结构(A City is not a tree)。后现代主义者文丘里指出,"我宁愿要世世代代相传的东西,也不要经过设计的"。查尔斯谴责现代城市规划毁掉了传统的城市社区,代之没有灵魂的、机械的城市环境(Hall,2002)[5]。

① Davies W. K. D. Herbert D. T. Communities within Cities:An Urban Social Geography. London:Belhaven Press,1993.
② 何深静,刘玉亭.邻里作为一种规划思想:其内涵及现实意义.国外城市规划,2005,20(3):65.
③ Mumford L. The Neighborhood and The Neighborhood Unit. Town Planning Review,1954,24:259-261.
④ 于文波.城市社区规划理论与方法研究——探寻符合社会原则的社区空间.浙江大学建筑工程学院博士论文,2005:23-24.
⑤ Peter Hall. Planning:Millennial Retrospect and Prospect. Progress in Planning,2002,57:263-284.

对 20 世纪前半叶社区规划实践的检讨，促进了对新的社区规划模式的探索。1980 ~ 1990 年代，在卡尔索尔普（Peter Calthorope）、卡茨（Peter Katz）、杜安伊（Andres Duany）、普拉特 - 兹伊贝克（Elizabeth Plater-Zyberk）等学者的推动下，在美国掀起了一场轰轰烈烈的新城市主义（New Urbanism）运动。新城市主义借用了1920 ~ 1930 年代"邻里单位"的外衣，但对其规划设计理念进行了根本性的变革。杜安伊与普拉特—兹伊贝克提出了"传统邻里开发"（Traditional Neighbourhood Development，简称 TND）模式，卡尔索尔普提出了"公共交通导向的邻里开发"（Transit-Oriented Development，简称 TOD）模式。两者并没有本质的区别，只是 TND 偏重于城镇内部街坊社区层面，而 TOD 更偏重于整个大城市区域层面。这两套社区开发模式，成为"新城市主义"社区开发的经典范式。1996 年在第四届新城市主义代表大会上，《新城市主义宪章》（The Charter of the New Urbanism），成为新城市主义的宣言与指南。

新城市主义规划设计的基本要点包括，在区域层面（大都市区、市、镇），通过交通系统（特别是公交与捷运系统）的贯联衔接问题、税收区划及税收分担与共享问题、环境污染与污染治理问题、农田与自然保护区问题、教育系统（特别是中、高等教育）问题、政策不公与地方保护主义问题等的解决，保障和促进整个区域的经济活力、社会公平、环境健康；在城镇层面（街坊、（功能）区、廊道），新城市主义反对僵化的绝对的功能分区，尤其反对尺度巨大的功能单一化。他们倡导每个区段（尤其是邻里街坊）的功能多样化和完善化，从而促使各个区段独自生长成为有机的城市细胞。为此他们提出了在这个空间层面规划设计的几项基本原则：紧凑性原则；适宜步行的原则；功能复合（多样性）原则；可支付性原则。在城区层面（街区、街道、建筑物）：新城市主义强调舒适的步行环境和丰富的公共生活（王慧，2002）[1]。

综上所述，公共空间是所有新城市主义方法关注的核心。高质量地设计有吸引力的街道、公园和广场是城市规划的关键。新城市主义要求那些户外空间能够使市民产生自豪感，举办多种活动（Cusumano，2002）[2]。新城市主义要求按照人的尺度设计步行街道。人们在社区里有可以休闲娱乐的场所，步行或骑车小径沿线有宜人的景观。Scully（1994）[3] 提出，集中关注城市设计并非集中关注感觉或偏好，好的设计有把大众感觉转换为所设计的形体的内在价值观念（格兰特，2010）[4]（表 4-4）。

① 王慧. 新城市主义的理念与实践、理想与现实. 国外城市规划，2002，3: 35-38.
② Cusumano G. 'Foreword', in C. Bohl, Place Making, Washington: Urban Land Institute, pp. Ⅷ – Ⅺ. 2002.
③ Scully V. 'The architecture of community', in P. Katz（ed.）, The New Urbanism: Toward an architecture of community, New York: McGraw–Hill, 1994: 221-230.
④ 格兰特. 良好社区规划——新城市主义的理论与实践. 叶齐茂，倪晓晖译. 北京: 中国建筑工业出版社，2010: 50.

新城市主义方式的原则比较				表 4-4
	传统街区设计	公交导向的设计	城市村庄	精明增长
每一种模式的不同元素	集中在地方或古典建筑上	集中在与区域相连接的公共枢纽上	更为强调自足（住宅和工作的混合）和褐色土地的再开发	在推进变革时增加政府和各类优惠的政策
所有模式在社区设计上的共同元素	混合使用、住宅类型的混合、紧凑的形式、可以步行的环境（400米半径）、可供选择的交通模式、有吸引力的公共场所、高质量的城市设计、中心区用于商业和市政服务、明确的边缘、较窄的街道设计专业会议			

（资料来源：格兰特，2010，作者自绘）

4.2.2.3 参与式社会治理行动与社区规划——社区"行动"空间价值

参与式规划源自国际发展学界 1970 年代产生的内源式发展理念，它认为发展的核心动力来自于发展的主体而非外界的干预，因而对发展动力的寻求方向从国家转向民众，强调"自下而上的发展"和"以人为中心的发展"。

可持续发展在社区层面上追求一种在社会需求、经济目标和环境约束三者之间的平衡，因而社区可持续发展战略的实施，必然涉及上述三者的利益相关者或群体（主要为居民、企业和环境），一旦平衡三种发展进程的行动计划形成，相关利益群体就必须各自参与并负责实施行动计划。因此，该阶段的社区规划的内涵更加符合于多元目标导向与综合之下的社会发展行动计划。可持续发展规划力图创建一种反映可持续发展要义的战略规划方法，它必然以三种传统规划（企业发展战略规划、社区规划和环境规划）的方法和工具为基础。

社区可持续发展规划在一般流程上，放弃了传统的规划过程一般为制定政策（Policy）、成立机构（Structure）、收集资料（Collectinfo）、编制规划（Makeplans）并实施（Implement），这种仅注重结果，而忽视过程的"蓝图式"规划，强调规划的过程本身就是可持续发展的良性运行机制的形成过程。一般首先成立规划小组，与地方各利益团体建立合作伙伴关系（Partnership），共同形成宏观发展战略，进行微观优先项目选择，并根据项目的执行过程和绩效的反馈信息不断改进、补充战略规划，这样从战略到战术，从宏观到微观，滚动循环、不断完善。具体的决策与实施的过程包括参与分析、项目分析、行动计划 [包括行动目标（Action Goals）、阶段性目标和触发器（Targets and Triggers）、行动策略和职责义务（Action Strategies and Commitments）等内容]、实施和监测，以及评估和反馈等阶段内容（图 4-6）。

综上所述，上述三个阶段的社区发展规划分别从邻里空间规划、地方社区文化空间的城市设计，以及社区行动规划中的公众参与等不同侧面，诠释了社区空间的形态结构模式、空间生产过程和与社会行动内涵。另一方面也阐明，公共空间的价值建构成为社区发展的重要推力。

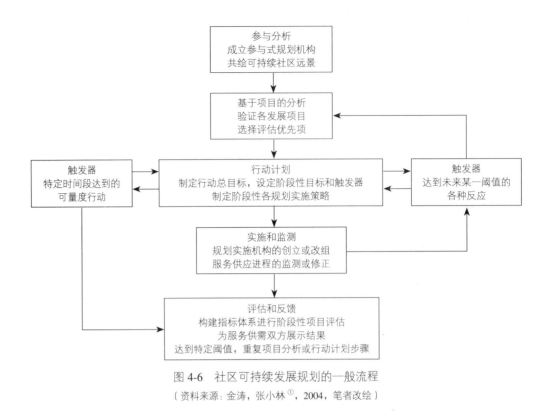

图 4-6　社区可持续发展规划的一般流程

（资料来源：金涛，张小林[①]，2004，笔者改绘）

4.3　基于社区价值诠释的城市规划制度实践方法

4.3.1　基于社区权力的结构强化——城市设计政策运作中的制度化与制度维持

4.3.1.1　公共政策的制度特征和规范价值

1）基于规范性价值的制度认知

在第三章研究中，我们探讨了社会共同体在公共性价值实践中的重要作用，以及制度作为共同体运作规范的价值内涵和实践机理。制度规范体现了现代社会共同体的运作规则，制度规范内生于共同体的社会化交往中，体现了对个体天然权利的保障，以及对个体社会职责和社会交往行为的明确和规范的双重意义。

"制度"概念体现了社会关系相互作用中的强制性运行机制和规范性体系，而事实上，起源于道德哲学观念的西方古典政治学已经阐述了制度所蕴含的基础性政治伦理价值。虽然 20 世纪以来的行为主义政治学的发展弱化了政治与道德之间的

① 金涛，张小林 . 国际可持续社区规划模式评述 . 国外城市规划，2004，19（3）：47–50.

联系，将关注重点从制度结构转向政治行为，但新制度主义政治学的理性选择理论重新引入价值及规范研究，政策科学成为后行为主义思潮影响下最重要的政治研究理论（陈振明，1999）[①]。根据舒尔茨"公共政策本质上是关于个体和集体选择集的制度安排结构"（布罗姆利，1996）[②]的定义，制度研究重新成为政治学理论的核心议题。

除了源自新制度经济学的理性选择理论外，基于社会建构视角的历史制度主义也为公共政策和规范性制度研究提供了理论基础。彼得·霍尔（Hall，1986）[③]认为，制度包括"正式结构和非正式规则，以及这种结构所传导的程序"（Thelen & Steinmo，1992）[④]。制度是指"嵌入政体或政治经济经济组织结构中的正式和非正式的程序、规范、规则、惯例。"历史制度主义认为，制度的变迁不是一个理性的设计过程，而是一个在既有制度背景之下，充满路径依赖的缓慢变迁过程（李晓广，2010）[⑤]。

2）公共政策——发展、价值和制度建构

美国政治学学者拉斯维尔的《政策科学：近来在范畴与方法上的发展》成为现代政策科学发端的标志。威尔逊认为，公共政策是由政治家，即具有立法权者制定的，而由行政人员执行的法律和法规，强调了公共政策的政治属性；拉斯维尔和卡普兰（Lasswell，Kaplan，1963）[⑥]认为，公共政策是一项含有目标、价值与策略的大型计划。这里强调公共政策的设计功能及其目标性；伊斯顿（Easton，1953）[⑦]认为，公共政策就是对全社会的价值作权威的分配。这里强调的是公共政策的价值分配功能，并暗含着一个基本的政治学假设，即利益及利益关系是人类社会活动的基础，公共政策就是政府进行社会性利益分配的主要形式；戴伊（Dye，1975）[⑧]认为，公共政策是政府选择作为或不作为的行为。这里突出强调公共政策的行为特征，并暗含着一种假设，即公共政策在本质上是一门实践科学；安德森（Anderson，1990）[⑨]认为，公共政策是政府的一个有目的的活动过程，而这些活动是由一个或一批行为者为处理某一问题或事务采取的。这里强调公共政策的动态性和实证性（张国庆，1997）[⑩]。概括起来，公共政策可以定义为：社会权威机构以公共权力干预社会公共

① 陈振明. 20 世纪西方政治学：形成、演变及最新趋势. 厦门大学学报（哲学社会科学版），1999，137（1）：5-6.

② [美]布罗姆利 D W. 经济利益与经济制度. 上海：上海三联书店，上海人民出版社，1996. 292.

③ Hall, Peter A. Governing the Economy: The Politics of State Intervention in Britain and France, Cambridge: Polity Press. 1986.

④ Thelen K. and Steinmo S. Historical institutionalism in comparative politics. In Structuring Politics: Historical institutionalism in comparative Analysis, edited by Sven Steinmo, Kathleen Thelen, and Frank Longstreth. Cambridge: Cambridge University Press，1992：1-32.

⑤ 李晓广. 新制度主义政治学中国化研究及其启示. 2010，143（4）：213-214.

⑥ Lasswell and Kaplan A. power and society. NY: McGraw Hill Book Co，1963：70.

⑦ Easton. the political system. N. Y.：Knopf，1953：129.

⑧ Dye. understanding public policy. Englewood cliffs. NJ.：Prentics-Hall，Inc，1975：3.

⑨ 安德森. 公共决策. 唐亮译. 北京；华夏出版社，1990：4-5.

⑩ 张国庆. 现代公共政策导论. 北京：北京大学出版社，1997：7-8.

领域，为解决社会公共问题而制定和实施的具有权威性的行为规范、行动准则和活动策略（陈振明，2004）[①]。以下分别从公共政策的价值分配功能、制度设计和空间实践特征等方面内容展开讨论。

3）现代公共政策的价值研究

林德布洛姆（1992）[②]认为，公共政策有两个基本价值：科学性与民主性。科学性主要是指公共政策的高效率与有效性及合乎科学的方法论，而民主性主要是指公共政策要满足市民的各项要求，强调对民众需求的适应性和广泛亲身参与，也就是政治互动（Political Interaction），或者说政治上的相互作用，它反映的是政府与民众的协调关系。斯通认为，公共政策具有公平、效率、安全、自由等基础价值，但是四个价值又互相冲突。因此，公共政策目标本身具有多元性。西蒙[③]（1988）指出，程序合理是公共政策的本质，也是公共政策的根本价值（邹建锋，2006）[④]。

马克斯·韦伯通过对政治合法性[⑤]的研究，引申出公共政策价值合法性及其危机的问题。公共政策价值指向是人类价值理性在政策层面的体现，共同的善、正义和效率构成了公共政策的基本价值指向。如果公共政策的价值设定与实施偏离了社会公众对政策的价值诉求与偏好，便会衍生出公共政策价值的合法性危机问题。

共同的善体现了对社会整体利益最大化的价值诉求。然而，根据公共选择理论关于"经济人"的假设，政策主体的自利性往往导致个体利益的最大化淹没了对社会共同的善的追求，从而诱发公共政策价值的合法性危机。20世纪90年代以来的治理—善治理论强调社会公共利益最大化的社会合作性管理过程，强调市民社会和非政府民间组织参与政策全过程，以实现对"政府—市场"二分法管理模式的超越，和公共利益的最大化。

公正或正义是政治哲学的中心论题，也是公共政策的重要价值考量。由于公共政策完全通过公共权力来实施对各种利益关系的分配、调节功能，自私的动机往往促使公共权力的公共性遭受破坏，反而成为以权谋私的工具，从而造成正义的坍塌和政策的合法性危机。现代宪政民主社会肯定了公民的主体意识和权利意识，普通公民通过政治参与，影响政治体系的构成、运行方式、运行规则和政策过程，公众广泛的政策参与形成了利益不同的多中心的利益集团，并在制定和实施公共政策中形成相互制约和对公共权力的监督机制，从而提升政策的公正性。

① 陈振明. 公共政策分析教程. 北京：中国城市出版社，2004.
② [美]查尔斯·林德布洛姆. 政治与市场. 上海：上海三联书店，1992
③ [美]西蒙. 管理行为. 北京：北京经济学院出版社，1988.
④ 邹建锋. 理解公共政策的本质与价值. 湖州师范学院学报，2006，28（6）：63-64.
⑤ "合法性"（legitimacy）是政治学的一个核心词汇，也是专门用来指涉政治系统的范畴。韦伯认为，合法性是人们对权威者地位的确认和对其命令的服从。政治合法性可以分解为政治制度的合法性和公共政策的合法性。政治制度的合法性指政治价值、政治权力及政治权威得到被统治者的认同与支持，是政治系统输入的合法性。公共政策的合法性主要指公民对公共政策系统及其产出的认同和接受，并积极参与政策的贯彻执行，是政治系统输出的合法性，它内在地包含公共政策主体合法性、程序合法性和价值合法性三重向度（王建文，2006）。

效率是公平的基础，传统的政策体制由于缺乏成本意识和竞争性压力，往往滋生大量低效率甚至失效的公共政策，导致公共政策有效性的丧失和效率危机，而构建一个竞争性的政策体制是根除危机的根本性方法。发轫于 20 世纪 80 年初的新公共管理（New public government）理论认为，在行政体系中引进竞争机制，通过市场力量营造竞争性的政策体系，就可以消除政策的低效危机（王建文，2006）①。

4.3.1.2　公共政策价值方法论——从规范到行动

早期的政策研究者基本上是从规范意义上来认识公共政策的。早在 1951 年，拉斯韦尔就提出了政策科学必不可少的三个核心要素：跨学科性（multidisciplinary）、历史情景与问题导向性（contextual and problem-oriented）以及明确的规范性（explicitly normative）（Lerner and Lasswell，1951）②。在这三个核心要素中，问题导向最为重要也最为关键。正是对问题导向的强调使拉斯韦尔提出了迄今仍居于基础性范式地位的"政策过程阶段论"，也正是对问题导向的强调使得政策科学朝着一门作为应用社会科学的政策分析（policy analysis）的方向前进，并使政策分析最终成为政策科学的重心。这种对公共政策的规范性认知以及以政策分析为核心的研究方法的兴起，与其社会经济背景有着密不可分的关系。众所周知，现代公共政策研究是在政府干预不断加强的背景下从幕后走向前台的。政府成为解决市场失灵问题的一个具有比较优势的组织。因此，公共政策是公民在市场之外追求自身福利的另一基本途径，并被普遍地认为是公共权力机关为解决公共问题、达成公共目标、以实现公共利益的工具。政府政策理所当然地具备了足够的公共性质，制度也顺理成章地成为理想的政策分析的"冗余"。

20 世纪 50 年代至 70 年代，随着美国政府的"反贫困运动"等一系列大型政策规划的相继受挫，人们意识到政策科学的认识论和理论假设并没有为设计社会干预项目提供正确的方法论基础，政策过程阶段论受到越来越多的批评，批评者认为它反映了一种合法的和自上而下的偏见；它只关注某项重大法律的单一的政策循环圈，忽视了多元与互动的循环圈（保罗·萨巴蒂尔，2004）③。奥斯特罗姆等人由此提出了"制度性的理性选择"的替代性的政策分析框架。因此，问题导向的政策研究最终因脱离制度平台、抛弃政治思维，必然难以破解"政策过程"这个黑箱，也肯定难以很好地解释政策差异和政策变迁。

20 世纪 80—90 年代，随着以布坎南为代表的公共选择理论和以诺斯为代表的

①　王建文. 公共政策价值合法性危机探析. 广西师范学院学报（哲学社会科学版），2006，27（2）：105-108.
②　Lerner，Lasswell. The Policy Sciences Recent Development in Scope and Method M. Stanford. CA Stanford University，1951：3-5.
③　[美]保罗·萨巴蒂尔. 政策过程理论. 北京：生活 读书·新知三联书店，2004：9-10.

新制度主义理论的兴起，人们对政府政策等传统概念有了新的理解。公共选择理论以经济学方法研究"政治市场"上的利益集团和个体的利益交换过程，拆除了横亘在政治学与经济学之间的藩篱（布坎南，1989）[①]。新制度主义理论强调，作为一套人们相互交往的行为规则，制度是影响人类行为的一个最重要的变量。一方面，制度影响和约束个体的行为；另一方面，制度又是特定社会中个人行为的结果。因此，制度兼具制约性和使动性，制度视角为社会建构主义的公共政策研究提供了重要的个体主义与整体主义、微观研究与宏观研究相结合的方法论。

综合上述两种理论可以发现，我们完全可以将公共政策过程视为一个基于复杂交易的政治过程。在此过程中，各政策主体因为不同的利益差别、价值观念和行为目标，会采取不同的策略进行互动，因此公共政策过程就不可能是简单的线性循环，而是复杂的相互作用过程。社会建构主义成为理解这一过程的新的方法论工具。

作为一种有别于实证主义和规范主义的政策研究纲领，社会建构主义（social constructivism）以现象学哲学理论为基础，强调现实的社会建构性、行动者的主体性以及行动的创生性。社会建构主义认为社会并非是由宏观的结构构成的，而是行动者借助语言与意义建构起来的。按照上述观点，政策问题并不是一种独立的客观存在，而是行动者在社会互动过程中创造出来的，公共政策也不是政府的行动方案或行为，而是发生在一定的环境当中由参与者所构成和维继的东西。这样，从过程上看，公共政策的本质不再是规范意义上的概念，而是一种构建行动的特殊方式，一种有组织的交互作用；从形态上看，它强调一个结构化的交互作用的模式，亦即行动者在特定情境下可资利用实现其利益、目标和价值的工具。总之，在这一理论框架下，公共政策被视为一种通过社会行动建构的制度输出过程和模式（杨成虎，刘建兰，2011）[②]。

4.3.1.3 公共政策与社会制度的互动建构

1）公共政策与社会制度的互动建构机理

社会学新制度主义理论分别从"组织"和"场域"概念入手，阐明了制度建构的社会行动逻辑。而基于社会建构视角的历史的新制度主义政治学理论则阐明了制度和行为之间的相互关系，制度形式对个体行为施加了强大的影响：建构其行动议程、关注、偏好与模式，制度在制约行为的同时，又对行为提供能动作用（即为行为提供权力、资源等支持）。该理论关注政治系统中独立的利益群体、复杂的特权结构与公共场所，认同一种遵循历史演进规律的制度变迁路径，这些都为理解公共

[①] [美] 布坎南. 自由、市场与国家——80 年代的政治经济学. 上海：上海三联书店，1989.
[②] 杨成虎 刘建兰. 公共政策：从政策科学到建构主义. 陕西行政学院学报，2011，25（1）：20–23.

政策的社会行动建构方法，以及广泛的（正式与非正式的）社会制度要素对公共政策制定的影响，提供了理论支撑；另外，也阐明了公共政策在制度建构中的重要能动性和实践价值（斯科特，2010）[1]。

2）公共政策的制度化建构方法——政策过程研究

上述研究阐述了公共政策理论从规范导向往行动导向转变的思想脉络和基于社会建构方法的制度创新价值，并引申出以政策分析为核心的政策科学体系和以政策过程为核心的制度建构体系等两大类当代政策研究的知识体系。政策过程理论体系主要包括公共政策问题和议程研究、公共政策设计、公共政策的实施和公共政策的评估等内容。

公共政策设计：美国学者斯奈德等（Schneider and Ingram，1993）[2]认为政策设计是理解政策作用的关键因素，成功的政策设计必须综合考虑社会、经济、政治文化背景，并能够对政策指引下的具体行动起到激励作用。为此，她们以后实证主义的"社会建构（social construction）"思想为基础，提出政策设计不能局限于传统政治科学所关注的政治权力、制度及其文化影响分析，还应充分关注到政策指向的目标群体、专业人员的价值观和利益取向，只有这样才能保障政策设计后在实施过程中达到预期效果。二人基于社会学理论的研究，构建了完整的政策设计逻辑体系。

公共政策执行：早期公共政策学者把研究重点集中在政策设计上，政策执行没有引起学者们的注意。但是，20世纪七八十年代，随着美国政府一些社会计划的失败，引起了对政策执行的关注。组织理论学派的代表人物之一·Forester（1987）[3]批判了传统的政策执行研究只强调行政人员对政策目标和规定的顺应行为，而对政策执行机构人员基于组织的行为、规范和文化理论之上的预期分析（anticipatory）能力的漠视。这就引申出了与制度变迁相关联的组织理论学派的政策执行研究模式（张国庆，1997）[4]。

公共政策评估：在政策评估领域的实践发展上也体现出从实证主义到规范价值，再到建构主义方法的变化。弗兰克·费希尔（2003）[5]提出了可以将政策目标的规范评估和政策过程的经验测量相结合的方法论框架。根据这一框架，政策评估由两个层面构成："第一顺序评估"着重探究特定项目的结果和这些结果出现的情景；"第二顺序评估"着重于更大的政策目标对社会系统作为一个状态的方法性的影响，强

① ［美］斯科特.制度与组织——思想观念与物质利益（第3版），姚伟，王黎芳译.北京：中国人民大学出版社，2010.

② SCHNEIDER A，INGRAM H. Social Construction of Target Population：Implications for Politics and Policy. American Political Science Review，1993，87（2）：335.

③ Forester J. "Anticipating Implementation：Normative Practice in Planning and Policy Analysis," in F. Fischer and J. Forester（eds.），Confronting Values in Policy Analysis：The politics of Criteria（Beverly Hills：Sage Publications，1987），153-173.

④ 张国庆.现代公共政策导论.北京：北京大学出版社，1997.

⑤ 弗兰克.费希尔.公共政策评估.吴爱明等译.中国人民大学出版社，2003.

调这种社会顺序背后的规范的原则和价值的评估（图 4-7）。

4.3.1.4 作为政策过程的城市设计

巴奈特（Bamett，1983）[1] 把城市设计看作是政策过程，并认为"城市设计是一种公共政策的连续决策过程。"著名新制度经济学家诺斯（North D. C.，1992）[2] 指出，制度是由人设计的对社会关系的约束，它由"非正式的制度（informal constraints，也可以称非正式约束或规则）"和"正式的制度（formal constraints，也可以称正式约束或规则）"组成。

与城市设计公共政策运作相关的制度环境要素也包括"非正式制度"与"正式制度"两类（图 4-8）。笔者将在第五章中进行讨论。

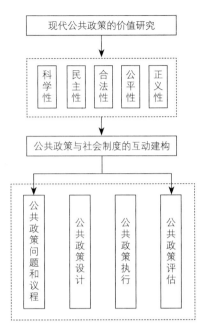

图 4-7　公共政策理论框架

（资料来源：笔者自绘）

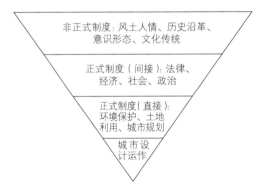

图 4-8　影响城市设计运作的制度环境因素构成

（资料来源：唐燕[3]，2012，笔者改绘）

"非正式制度"是社会正常运转的基本规范，国家的文化传统、意识形态、地域特点、历史沿革、风俗人情等。"正式制度"包括现在各个领域中正在实施的基本制度的总和，又可将其分为"直接影响因素"和"间接影响因素"。直接影响因素主要是城市规划制度以及与其相关的土地利用、建筑、景观、环境保护等制度。城市规划的法律法规、编制体系、审批程序等是城市设计运作及其重要的环境制约。

① Bamett. 开放的都市设计程序，舒达思译. 尚林出版社，1983.

② North D. C. Institutions and economic theory. American Economist，1992，（2）：3 ~ 6.

③ 唐燕. 城市设计运作的制度与制度环境. 北京：中国建筑工业出版社，2012：44–45.

间接影响因素主要是国家在政治、经济、社会、法律等方面的制度。以宪法为代表的法律制度因素确定了城市设计运作的国家基本环境；政治制度因素明确了国家行政管理的机制，决定了城市设计借助政府权力干预城市建设过程所能采用的方式；经济制度因素是国家经济发展水平、发展阶段和发展模式的综合指向标；社会制度决定了社会各方面支持和参与城市设计的愿望及能力等。土地的权属和管理等制度决定了土地利用的基本方式，是形成城市设计乃至规划、建筑、景观等行动规则的基础。制度环境与城市设计的关系如图4-9所示。

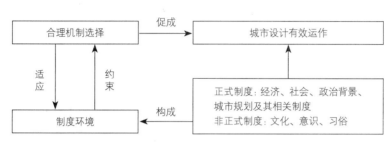

图4-9　制度环境与城市设计运作机制之间的内在关系

（资料来源：唐燕，2012）

4.3.2　基于社区权力的空间生产——城市设计空间诠释中的制度扩散

4.3.2.1　制度扩散中的空间诠释

1）文化空间诠释论和社区权力的空间生产

在第二章的研究中，我们阐述了公共空间价值建构的空间诠释理论，讨论了基于文化空间的社会符号系统的规范性价值，以及文化空间诠释中的社区权力生产机制。后现代空间理论将文化空间视为实践性、地方性和能动性的权力空间，"文化景观"（cultural landscape）成为阐述该能动性权力空间的核心概念。Matless[1]（2000）指出，"文化景观"的实质是不同话语体系下的社会实践，是由一系列复杂的文化习俗和行为中建构起来的一种循环往复的信仰与实践过程。另外，吉登斯（Giddens，1991）[2]阐述了以"身份认同"为基础的地方空间（文化景观）建构的公共性权力共享和实践价值。身份认同的确立的关键是基于集体记忆的"想象的共同体"。共同体的想象是一个集体的文化过程，是通过地方性文化景观的再现诠释建构起来的。

总之，"文化景观"概念阐述了文化空间的实践性、能动性的后现代空间本质，

① Matless D. Action and noise over a hundred years: the making of a nature region. Body&Society，2000，6（3-4）：141-165.
② Giddens A. Modernity and Self-identity. Berkely：Stanford University Press，1991：53.

以及基于空间文本诠释的微观化的权力实践价值。"地方"空间的塑造是一种新的文化景观空间的价值认知路径和建构方法，同时凸显了社区权力空间的公共性价值实践功能。

城市设计文本利用空间形态与空间结构诠释手段，通过对社区空间的历时性与共时性结构的文本重构，将促进多元性的社区亚文化意识的生成，从而实现以日常生活实践为基础的地方性泛权力观对传统权力观的解构，阐释了公共性价值建构的新型微观社会空间基础。

2）基于符号系统的模仿性制度扩散

上一小节讨论了作为有意义的社会符号系统的文化景观与空间的公共性价值实践机理，本小节将进一步讨论这一空间符号系统是如何通过模仿性制度扩散机制，得以作为一种规范的地位逐步确立、得到认同，这将为第六章中的"制度扩散"实践研究奠定理论基础。

社会学制度主义强调模仿性制度扩散机制在制度建构中的重要性。迪马吉奥和鲍威尔（DiMaggio and Powell，1983）[1] 指出，制度扩散存在三种不同的机制，即强制、规范和模仿机制，其中，模仿性制度扩散机制具有特别的意义。只有相关行动者认为自己在某些重要方面是相似的，制度扩散才有可能发生，因此思想观念方面的模仿机制尤为重要（Strang David & John W.Meyer，1993）[2]。思想观念主要通过符号系统、关系系统、惯例和人工器物等构成的四种制度要素实现传递和表达。

"符号系统"是制度规则和信念的传递者，理解、理论化、认知框架和重新组合（bricolage）是其中具有重要作用的机制；另外，"认知框架"作为对符号系统的扩展概念，对于信息或问题"取舍"（framing）具有重要的影响（Douglas，1986）[3]。

4.3.2.2　城市设计空间诠释方法论

伽达默尔（Gadamer，Hans Georg，1982）[4] 在《真理与方法》中提出的关于本体论的诠释学（Herraeneufcs）理论，以胡塞尔的现象学方法和海德格尔的存在本体论为基础，放弃了传统认识论哲学思维模式，提出基于理解与解释的人类的根本性的存在方式和本体论价值。城市设计在方法论上与诠释学的同构性，阐释了城市设计"以某种城市形态表达所公认的城市意义的象征性"的可能性（Castells，

① DiMaggio Paul J. and Walter W. Powell. The iron cage revisited: Institutional isomorphism and collective rationality in organizational fields. American Sociological Review，1983，48：147–160.

② Strang David and John W. Meyer. Institutional conditions for diffusion. Theory and Society，1993，22：487–511.

③ Douglas Mary. How Institutions Think. Syracuse University Press，1986.

④ Gadamer. Wahrheit und Methode，Tübingen，Mohr，1982，S. XVI–XVIII。

1983）①。它的有关理解的历史性、语言性，以及解释的实践性的论述，为城市设计中的空间意义的生产提供了重要方法论。

一方面，文脉主义（contextualism）城市设计观认为所谓的"城市精神"就存在于它的历史中，一旦这种精神被赋予形式，它就成为场所的标志，符号记忆成为它的结构引导；另一方面，对于多元文化的诠释则是城市设计在全球化与信息时代中所面临的挑战：城市文化成为城市设计的重要研究对象。20世纪哲学思潮中的"语言学转向"（the linguistic turn）对"诠释学的哲学本体论转折"起到了重要的理论支撑作用。后结构主义的语言理论研究对诠释论倾向的城市设计产生了深刻影响，呈现出生活活力论、城市意象论、场所理论、图示语言、交往空间论等重要的城市设计理论，而20世纪70年代中期开始兴起的解构主义城市设计则成为后现代城市设计的重要特征。

从诠释论解释的实践性特征看，城市设计可被视为一种政治治理、经济发展、社会秩序、文化认同的形式和过程。城市设计的实践过程成为表达意识形态的工具，城市设计的表意实践同诠释结构之间存在着某种本质的联系，对城市文本的分析与诠释承载着意识形态的建构。与此同时，城市设计中的诠释与实践过程又通过历史与现实的文化沟通，获得广泛的公共性主体价值认同基础（刘生军，徐苏宁，2006）②（图4-10）。

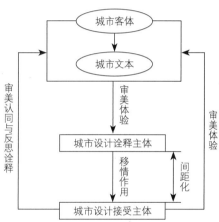

图4-10　城市设计的诠释语词

（资料来源：刘生军，徐苏宁，2006，笔者改绘）

4.3.2.3　城市设计文本诠释——社区空间价值实践机理

城市设计文本利用空间形态与结构诠释手段，通过对社区空间的历时性与共时性结构的文本重构，将促进多元性的社区亚文化意识的生成，阐释了公共性价值建构的微观社会空间基础。

1）城市文本及诠释

在讨论城市设计文本的空间价值实践机理之前，我们先引入城市文本的概念。根据诠释学研究的语言文本分析方法（利科，2012）③，城市不仅仅是可以感知的物

① Castells M. The City and Grassroots：A Cross-cultural Theory of Urban Social Movement. Berkeley：University of California Press，1983：303-304.
② 刘生军，徐苏宁.城市设计的诠释学情境.华中建筑，2006，24（12）：87-89.
③ [法]保罗·利科.从文本到行动.孔明安，张剑，李西祥译.北京：中国人民大学出版社，2012：165-171.

质形态，也是一种"文本"和一种视觉话语，即城市文本。城市空间的价值须依靠人们对城市本身的体验及评价，对城市文本的阅读过程即城市文本的分析[①]理解过程。在诠释学中，意义是诠释的本质所在，诠释文本就是诠释文本的意义，意义表征着一种复杂的多元关系。

诠释过程包括三大要素，分别是诠释主体（即诠释者）、诠释客体、诠释文本，其中文本处于核心地位。一方面文本表达了主体的感受与思想，另一方面文本指称着某客体，即是文本具有指称和表达的功能。诠释学三大要素同时构成了文本诠释的三个维度，即语形、语用及语义维度（曹志平，2005）[②]。根据索亚提出的对空间认知的三种视角，第一空间的客观诠释主要由诠释主体对城市客体的直观感知诠释实现（此时的城市文本就是指语形意义上的城市客体，而非城市设计文本）；第二空间的主观诠释是通过城市设计文本实现的对城市客体的诠释（体现了城市文本的指称功能，此时的城市文本即指语义意义上的城市设计文本）；第三空间的辩证诠释通过诠释主体与城市文本或者诠释者之间的互动实现（体现了基于社会行动的实践诠释过程的，城市文本的普通语用学的表达功能）（图4-11）。

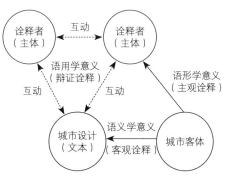

图4-11　城市文本诠释的三个视角
（资料来源：笔者自绘）

2）城市设计与城市设计文本诠释

前文已指出，"城市设计"概念的定义，一般存在"空间组织手段"和"实践过程"认知的两种视角。作为城市空间组织手段的城市设计在具体的实践中存在着使城市设计的目标经由特定过程变为现实可行的问题。从"实践论"的角度，城市设计不单是空间构造过程，更是政策及社会过程。无论从空间组织手段还是空间实践过程看，城市设计都是通过对城市空间文本的语义诠释，实现对空间意义的理念表达和实践建构。在此过程中，文本化的成果形式是城市设计创作表达的基本特征。狭义的城市设计文本是城市设计技术控制层面的文本成果；广义的城市设计文本是城市设计的文本创作形式。在分析空间的过程中，我们通过文本层面进入空间层面的任何介质可视为广义的城市设计文本——包括真实文本与"拟文本"。在广义的城市设计文本研究中，我们引入城市文本"替代物"的概念。人们

---

① 所谓"文本分析"（Text Analysis）是符号学的分析方法，是将城市空间的一切社会文化现象，都视为富含意义的文本（text），犹如语言文字所构成的文本一般，透过类似语言学分析文法、句构、词义、语用等意义生成规则的方法，来加以研究。

② 曹志平.理解与科学解释——解释学视野中的科学解释研究.北京：社会科学文献出版社，2005：154～304.

认知客体有两大途径，一方面是通过物质性的实在空间直接完成认识，另一方面是以"代替物"来间接认识。"替代物"分为"描述物"和"表现物"两种介质（成砚，2004）[①]。

从城市设计文本的作用来看，首先，城市设计文本是对城市空间环境的文本控制（狭义的文本）；其次，城市设计文本是引导人们认知城市的"替代物"（广义的文本）。人们通过直接认知方式阅读"替代物"（城市文本）而间接认识城市。因此，城市文本的"替代物"成为"文本—空间"思维转化问题的重要研究对象。综合上述研究，基于城市设计文本的语义学诠释方法的公共性权力空间价值实践方法体系如图 4-12 所示。

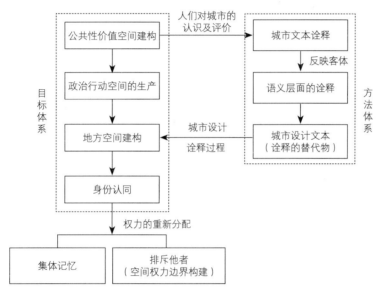

图 4-12　基于城市文本诠释的实现公共性价值空间建构的目标及方法体系
（资料来源：笔者自绘）

4.3.3　基于社区赋权的社会行动——社区规划的制度创新

4.3.3.1　空间生产和政治经济过程——城市空间运动中的权力运行

马克思和福柯都提出了基于经济力量决定论的权力观念。马克思的权力观念与资本密不可分，认为权力是生产力和生产关系的维系与延伸。马克思试图通过三个相互联系的工程实现对西方历史的宏大建构。首先，他力图建构一种历史理论，通过聚焦于社会阶级之间的斗争，对人类历史的广泛进程进行解释。这一工程分析的构建单元是生产方式。生产方式的核心观念是社会的组织、技术、财产关系、阶级

① 成砚. 读城——艺术经验与城市空间. 北京：中国建筑工业出版社，2004：30–31，41–43.

结构的长期塑形的观念，以及经济、政治和社会之间关系独特的逐渐模式化的观念；第二，马克思力图建立一种资本主义时代内的经济模式，他试图确定经济增长的动力、它对资本积累产生的作用、其危机趋势以及克服危机的机制；第三，马克思试图建构一种社会理论，能够创造出对特殊资本主义社会的解释，将其当作资本主义时代里的整体（而不只是作为经济）来加以理解。

列斐伏尔、哈维和卡斯特尔通过城市研究，都将空间引入了马克思主义工程的核心。列斐伏尔发展出一种空间理论，并且将对国家的分析、政治在形塑人们对城市的意向方面所起的作用引入到了城市话语中。列斐伏尔的方案取决于将城市与作为理论和实证建构的城市主义分开来。城市是客体在空间中的一种配置；城市主义是一种生活方式。列斐伏尔宣称，在我们的时代，城市主义已经超越了城市去仿制贯穿了一度有意义的城市—郊区—乡村的划分的日常存在。城市被从生产中心移出，城市所扮演的是和生产方式相对的上层建筑的角色。城市主义现在超越了城市，以一种革命方式对社会关系进行了重组。空间关系提供了一个实践领域。空间不只是一个人为环境，而是一种生产力和消费品，它也是政治斗争的一个对象，因为空间是国家的一种控制工具。

哈维拒绝了列斐伏尔所赋予空间关系的独立的决定性的中心地位。哈维认为，空间不是这样一个形而上学的范畴，而是一个既能塑造人的能动性，又为人的能动性所塑造的社会维度。哈维将城市表现为是包含在社会剩余、经济组织的主流模式、社会的空间组织之间的关联领域之内的。在资本主义内部，城市既是积累和其矛盾的一个场所，也是积累和其矛盾的一个稳定器。哈维的主要目的是重构马克思，并将空间内置其中。他直接将空间因素引入到对资本积累过程的分析之中。哈维发现，资本主义城市创造出来的空间——使资本的提速成为可能，并且为资本主义提供了其他功能要件，诸如一个投资剩余资本的地方，一个再生产劳动力的场所。这种投资机会为资本主义提供了一种"空间修复"，去处理周转、剩余、投资不足的种种危机。然而，哈维和卡斯特尔在 20 世纪 80 年代中期的著作《意识与城市经验》和《城市与草根》中，都重返了列斐伏尔的领域，试图推进马克思主义与城市社会理论的结合。哈维指出，资本主义城市已经产生了一种新的分化了的城市意识，基于其行为者的复杂性以及他们在空间之中和在受空间限制的与政治当权者关系之中的地位。哈维以巴黎的新空间塑形为例指出，这种空间以一种自相矛盾的方式，推动了不基于阶级而基于共同体的新型意识的发展。这有时强化的阶级认同，有时也切断了阶级认同。这种意识分割弱化了工人阶级的可能性和政治；卡斯特尔认为，城市的社会变化主要涉及城市意义的变化，他将城市定义为社会意义的象征表达、城市意义的历史叠加，而它们的形式总是由历史角色之间的冲突过程所决定的。总之，和哈维一样，卡斯特尔回到了列斐伏尔的城市主义：城市的特殊性，聚焦于空间和意义（卡茨纳尔逊，2013）[①]。福柯反对将权力仅仅视为对生产的控制这样的观点，认为权力观念与知识紧密相连（Gordon，1980[②]；Smart，1983[③]）。权力并不能体现为财产，权力不能像资本一样被拥有，相反，权力反映出在历史建构的、不断发展变化的栅格（话语）中，权力并非源自某一特定机构、组织或者社会阶级，而是分散地存在于社会网络之中。

通过上述以"权力"为载体的现代政治的意识形态分析可以发现，现代城市规划理论主要表现为以法律形式，对建立在经济关系之上的资本主义意识形态的制度化的空间权利实践的规定（Castells，1983；Clark and Dear，1984[④]；Sandercock，1990[⑤]；Yifttachel and Alexander，1995[⑥]）。卡斯特尔使用了"制度化的场所"来指在社会进程中建立在司法政治手段基础上的结构空间。他还指出，在制度组织下的场所之中，整个过程包含了融合、压制、统治和管制（Castells，1977）[⑦]。而"以某种城市形态表达所公认的城市意义的象征性"的城市设计，则更加适用于诠释福柯所谓的历史的、社会化的权力知识的空间建构过程。城市设计直接面向城市空间所有权的再分配过程，并通过城市景观表达了意识形态上的外在、象征形式（卡斯伯特，2011）[⑧]。

4.3.3.2 社会行动与实践中的城市空间权力的价值建构

康德的实践理性思想提供了价值哲学的生存论视角，使基于社会实践的政治权力关系的建构成为价值研究的中心命题，而"权力"则成为认识和建构空间价值的核心概念。权力的价值意蕴最早生成于传统政治实践中，并随着现代政治哲学的发展，融汇了国家、公民等新的价值理念，并在城市政治研究中发生分野：

1）国家权力框架下的城市研究

聚焦于政府及其管制制度，国家权力奠定了西方古典政治学的正义性价值基础。然而，随着近现代"主权在民"的自由民主理论的建立，现代国家成为一种宪政为保障，实现代议制民主的政治权力实践体制。由于在传统的民主政治实践中，极易出现草根公众的不诚实和无效率的"离心式"民主状况，针对这一问题，古力克等学者在其著作《政治与行政》中，提出了倾向于理性主义、等级主义和职业化的行

① [美] 卡茨纳尔逊. 马克思主义城市. 王爱松译. 南京：江苏教育出版社，2013，11：88-134.
② Gordon C. Michel Foucault：Power/Knomledge. Brighton：Harvester，1980.
③ Smart B. Foucault，Marxism and Critique. London：Routledge and Kegan Paul，1983.
④ Clark G. and Dear M. State Apparatus：Structures and Language of Legitimacy. London：Allen and Unwin，1984.
⑤ Sandercock L. Property，Politics and Urban Planning. New Brunswick，NJ：Transaction Press，1990.
⑥ Yifttachel O. and Alexander I. The state of metropolitan planning：decline or restructuring? Environment and Planning C：Government and Policy，1995，13（2）：273-296.
⑦ Castells M. The Urban Question：A Marxist Approach. London：Edward Arnold. 1977：209.
⑧ ［澳］卡斯伯特. 城市形态——政治经济学与城市设计. 孙诗萌，袁琳，翟炳哲译. 北京：中国建筑工业出版社，2010：72-101.

政科学思想（Waldo D., 1952）^①。它以政治与行政二分为根基，以效率为核心价值，以官僚制作为实用的组织结构，以行政国家作为最有效和最权威的组织载体（巴纳德·朱维，2005）^②。

随着西方全球化浪潮影响下的城市政府治理改革运动的开展，以传统民族国家为基础的公共行政的政治合法性受到极大挑战。从 1970 年代开始，由于经济危机迫使政府放松管制与推进私有化进程，促进了新公共管理思想的发展。奥斯特罗姆（1999）^③ 批判了威尔逊的政治与行政二分法和韦伯式的集权的官僚组织模式，建立了新公共管理理论。新公共管理的重要理论内核是公共选择理论及其孪生物——委托代理理论。新公共管理在把政府推向市场和社会的同时，突出了公共行政的公共性特征，部分体现了民主行政的价值蕴含。例如，通过控制权下移、授权、解除管制等方式提高政府的回应性，私人与非营利组织参与公共产品的供给，在政策制定过程从科层的命令与控制转变为在网络的协助与谈判，这些都体现了民主行政的权力分散、多中心治理等设计原则。

2）公民权力框架下的城市研究

公民权力框架下的城市研究，重点聚焦于社区治理以及社会行动组织制度建构。虽然宪政是民主制度的根本保障，但是宪政与民主之间实际潜藏着紧张关系，导致传统民主价值受到挑战。因为宪政主义提出的分权制衡原则与"纯粹"的民主逻辑并不相容。于是，权力的内部制衡和外部监督，就成为良好制度规划的必要要求。

尽管如此，民主制度的发展也呈现出新的契机，共和主义为民主提供了可咨改良的"公共性"的价值理念。共和主义主张各种代表性社会—政治力量都有机会参与政府的组织。它力图通过各种力量"共享"公共权力的混合型政体的运作，消除代议制民主政治中的多数原则所造成的"多数人暴政"；另一方面，罗尔斯提出了社群主义的公共性价值建构理论。社群主义重新厘定了公共性价值的社会基础，也将政治合法性的研究范畴从国家扩展到社会层面。在此基础上，哈贝马斯（1999）^④ 也批判了"国家"的权力本位思想，以及在当代宪政体制中的天然合法性，并提出以公共领域为核心的"公共性"价值重建方案。他指出，建立在国家与社会分离基础上的"公民社会"成为实现个体政治权利的社会共同实践形式。

伴随着经济全球化和后现代社会哲学的"出场"，治理（governance）概念被作为一种阐释现代社会、政治秩序与结构变化，分析现代政治、行政权力构架，阐述公共政策体系特征的分析框架和思想体系，与传统的统治（governing）和政府控制

---

① Dwight Waldo. Development of Theory of Democratic Administration. The American Political Science Review. 1952, 46（1）: 81–103.

② 巴纳德·朱维. 城市治理通向一种新型的政策工具. 国际社会科学杂志（中文版），2009, 4: 24–36.

③ 奥斯特罗姆. 美国公共行政的思想危机. 毛寿龙译. 上海：上海三联书店，1999: 114–117.

④ 哈贝马斯. 公共领域的结构转型. 曹卫东等译. 北京：学林出版社，1999.

（government）思想观念相区别。由此，"社区治理"意指一种地方层面上的政治实践活动和相应的制度化过程和一种制度组织类型，社区治理将关注焦点放在城市，而不是其他地方政府形式上，建构了一种基于地方空间（尤指小型市镇和社区）的政治权力观，以及一种基于公民合作的政治实践观。

4.4 小结

在本章中，笔者尝试建构了一个较为宏大的关于制度问题的叙事框架，是希望对制度理论进行更为准确的梳理和把握，并制度的实践价值获得新的认知。

"制度"既是当代政治哲学理论与实践的核心命题，又是社会实践方法论研究的重要工具。随着近现代西方代议制国家和有限政府的建立、科层制公共行政体系的完善，从现代政治的公共权利视角看，制度就是社会共同体的价值的规范性建构。因此，当我们重温公共性价值的古典理想时，不可能脱离现实的政治体制环境，进行空洞的形而上学的思想诠释；另一方面，制度也是重构人与社会总体关系的基本分析框架。制度的生成与价值转向有其深刻的现代社会的历史发展背景。古典时期人是隶属于一定阶级和等级制度的，受到国家和制度的约束，由于人的主体缺位，人与制度的关系问题也就没有展开独立的研究。随着人的主体地位的确立，人对自身与世界的关注开始发生变化。以社会契约论为主线，霍布斯等人从抽象的人性出发去解释社会历史发展，把社会制度或国家的起源看成是人性自私的结果。马克思试图在社会实践分析的基础上，确立人的价值主体地位，并提出实践是人与制度相统一的基础，制度是人的生产与交往实践产物的论点。

在第二章中，笔者讨论了基于公共空间价值形态的社会实践机制，而制度则建构了社会共同体运作的价值规范体系，并作为宪政社会的政治运作基础，规定了社会实践中的价值目标和行动指南。在第一章中，笔者讨论了依托公共领域建构的现代社会实践中的公共性价值，而"公共理性"通过以规范的共识为前提，以及对手段—目的理性行动的克服，建构了社会交往行动的思想基础。换句话说，交往性行动和社会体系的融合只有依靠制度化来保证。

基于价值哲学的制度问题研究包括两种理论范式：第一，从价值本体论建构看，制度即等同于"社会实在"。社会实在包括观念实在和经验实在，"社会实在"反映了对观念预设（的社会价值）和经验实证（的社会事实）综合。而社会制度指的是由那些具有规制作用与建构作用的规则集合形成和利用的社会实在类型。于是，在本体论层面，形成了规制性和文化—认知性两种制度观。规制性制度观将"制度"视为一种科层社会体制下的权力运行机制，而文化—认知性制度观体现了基于社会行动过程的社会价值建构的主体能动性与社会结构秩序性的统一；第二，从价值实践论建构看，"制度理性"建构了社会实践中的行动者决策逻辑。互动中的各种行动者建构了社会结构，而行动者互动的产物——规范、规则、信念和资源——为个体决策提供了各种背景性要素，并通过"结构化"作用反过来建构行动者。这就阐述了制度化中的价值实践机理。

传统制度主义的制度研究大多采用新古典经济学与实证社会学的研究方法，将制度的生成与变迁视为一种历史或文化建构，基本忽视其价值实践功能。新制度主义理论缘起于 20 世纪 50 年代以来，以马奇和奥尔森为代表的对西方行为主义政治学批判。新制度主义批判了行为主义的微观、个体的理性选择的政治分析视角，把价值本身看作是一种制度要素，重视制度、程序、观念本身的实质性正义。

新制度主义阐述了如何克服当代政治的制度困境，开创基于传统公共性政治伦理的制度实践建构的新路径。我们知道，古典自然法通过对人的自然理性的正义价值的阐述，确立了公共性的价值基础。而道德的共同体建构了以社会的公共理性为特征的公共性价值观念，并奠定了政治哲学的公共性伦理基础。然而，现代政治把何谓优良的政治生活的传统道德问题转化为我们应该怎样过公正的政治生活这样一个道德实践问题，用罗尔斯的话说，就是从康德式的道德建构主义走向政治建构主义。这在政治实践层面就体现为如何构建政治制度的问题。新制度主义的制度分析，基于对制度的有限理性预设，重申制度的伦理维度，试图走出制度悖论；它从制度的演进看制度的内生价值，为了走出制度神化的困境，从内在规则的视角把制度理解为博弈规则，并将制度概括为一种博弈均衡；它从实践理性看制度的博弈过程，通过制度制定过程中的多方博弈，尊重各方利益诉求。总之，新制度主义在重视制度设计的同时，遵循制度变迁和演进的逻辑，既打破了制度神话的盲目崇拜，又有效地解决了所谓的制度悖论，即由片面追求与道德无涉的制度发展为制度与道德的融合（陈毅，2010）[①]。

新制度主义理论体系主要包括制度的认知框架和制度的建构方法。总体来看，历史制度主义与理性选择制度主义重新提供了制度的认知框架，而社会学制度主义则从实践的层面提供了制度建构的方法。从制度的认知框架来看：第一种认识，将制度视为一种规制性框架，是为了适应观念的整体转化而建构的工具性的社会价值体系；第二种认识，将制度视为一种规范性框架，理性选择制度主义和社会学制度主义均认为"制度"代表了一种社会普遍认同的价值规范性。需要强调的是，社会学制度主义更倾向于从人们的日常规范（如典礼、仪式等）中提炼制度中的意义结构和价值认同。

---

① 陈毅.从制度文明看现代政治价值.河南师范大学学报（哲学社会科学版），2010，37（1）：54–57.

从制度的实践来看，社会学制度主义将制度与组织画等号，以"组织"概念来阐释在社会行动中创造价值和认知性框架的过程。在这里，"制度"进一步升华为以文化—认知性为基础的社会实践、行动过程框架，制度研究的核心是制度建构过程，个人在组织中会通过三个步骤（即习惯化—客观化—沉淀化）最终形成对组织或规范的认同。

通过以上研究归纳，本章进一步提出了基于规范性和文化—认知性要素机制的新制度主义的价值实践方法。制度化、制度维持、制度扩散、制度创新等概念充分诠释了制度实践的价值精髓，并为城市规划制度体系重构中的价值实践提供了具体的方法指导。

在第一章的小结中，笔者已经阐述了本书以公共空间价值和城市规划制度串联整体研究体系的基本思路和研究目标，此处不再赘述。实际上，在本章开始展开的城市规划制度重构研究中，"城市规划"的概念认知和研究重点，已经从比较狭义的静态公共政策及其空间蓝图指引，转向关注相关制度过程与制度绩效的，更为宏大的与城市治理相关的地方政治体制与社会行动的实践综合。当然，这种扩展的研究框架主要是为了更好地阐述"城市规划制度"研究的目标，以免与其他的学术研究中的相关语境产生歧义和混淆。

城市规划制度实践中的围绕"社区权力"的价值转向，为基于公共空间价值建构的制度实践提供了可能。基于社区价值诠释的城市规划制度实践方法主要包括：基于社区权力的结构强化、基于社区权力的空间生产和基于社区赋权的社会行动。从制度运作的视角看，这三种方法分别通过城市设计政策运作中的制度化与制度维持、城市设计空间诠释中的制度扩散，以及社区规划的制度创新得以实现。

第五章

基于公共空间价值建构的城市设计公共政策运作的"制度化"体系建构

本章将借鉴基于规范性要素的制度建构理论，通过制度代理人（政府）在城市设计相关公共政策创新方面的制度实践，完善制度化过程中的报酬递增与承诺递增机制，使通过城市设计文本诠释手段彰显的社区公共性权力空间实践过程，能够通过规范性（规则）形式得以稳定和合法化——即制度化。

5.1 基于公共政策过程的城市设计制度化运作的西方经验

我们知道，公共政策的研究方法经历了从规范论向行动论的转变。当从规范意义上来认识公共政策时，"公共政策"的核心强调问题导向的政策过程，公共政策被视为公共权力机关解决公共问题，达成公共目标，实现公共利益的工具。这符合以区划条例管制为主的城市空间规划管制模式的特征；而当从行动论的角度来认识公共政策时，一方面，社会建构主义（social constructivism）阐释了公共政策通过社会组织建构的"制度化"的逻辑，这恰好体现了设计导则管制的特征；另一方面，也进一步反映了设计导则作为实现社区公共性治理的制度创新手段特征。本节将以美国为例，讨论城市设计制度化运作的西方实践情况。

5.1.1 区划条例管制与设计导则管制的对比与结合使用

20世纪初至今，以分区规划法（含土地细分法）为代表的城市规划法规体系一直占据着美国城市建设领域公共政策的主导地位。1916年，纽约市率先通过美国城市的第一个区划法，首次以法律形式将私有土地的利用纳入宏观控制的秩序化发展轨道，随后其他城市纷纷效仿。1920年代，美国商业部出台《州分区规划授权法案标准》（Standard State Zoning Enabling Act），加速了区划法的普及，区划迅速成为地方政府进行规划控制与管理的主要工具。联邦国家体制使美国不同城市制定的区划法之间存在差异，但总体包括两个部分：其一为一套按各类用途划分的城市土地区界地图，细致程度达到每一大类用地及其可能包括的若干具体分类；另一为一份集中的文本，明确列出对各种具体分类用地进行尺寸划分与开发建设的相关规定，具体包括：场地布局的规定、建筑物属性的规定、建筑物的用途、程序性事务。一般情况下，一个分区内部会包括若干开发用地，对于这些大块的待建空地，可以遵循土地细分法[①]（Subdivision Regulation）的法规与程序，先细分为适合单体项目开

[①] 土地细分法的目的在于将大宗土地划分为适合单独项目开发的地块，避免土地被任意分割成奇怪的形状，同时减少地籍数目。细分法主要规定每一笔土地或街廓的规模、形状、街道的长宽，以及基础设施、公共设施等的设计规定。经过区划条例有关场地布局规定以及土地细分法规定后获得的开发地块，一般形状规整、尺度统一、朝向一致、并与道路的连接方式相同（孙晖，2000）。

发的地块大小，再与现有区划的用地分类与控制指标接轨。

区划管制的实质在于化繁就简，通过"地块划分的标准化"和"控制指标的标准化"建立起有限用地种类的标准开发模板，进而将复杂多样的建设开发按照不同的用地性质纳入各自预定的板块。但这种管制模式在长期应用过程中至少造成了以下两方面的不良后果：其一，区划能够实现标准地块建设的独立优化，但却难以控制地块组合以后产生的效果；其二，区划控制指标体系中，硬性的指标规定几乎锁定了开发的结果形式，建筑师的创造发挥受到严重束缚，城市建设质量下降。

1960年代，随着美国现代城市设计的兴起，导则作为主要的成果表达方式得到地方政府与专业人士的关注。导则作为一种新型的政策管制形式，客观上对区划管制的不足做出了一定程度的修正与补充：其一，将研究对象置于一定的城市环境之中，以功能相对独立且具有环境整体性的地段、街区，乃至整个城市的发展目标为出发点，对相关建设开发作出规定。这样缩减了实际发展与管制理论之间的偏差，促使管制效果更趋精细准确；其二，侧重土地开发结果给环境与使用者带来的视觉冲击与心理影响，通过对开放空间、景观视线、历史保护等内容的规定，提升心理健康标准；其三，通过绩效管制与规定管制两种并行的方式，将管制控制在一定的合理性范围内；其四，较之区划管制在全市范围内的通用标准模式，导则强调针对不同的研究对象做出不同管制规定。这种一定范围内的适用属性不仅不会弱化用地特征，相反还能对地方特色起到积极的保护作用。

虽然地块划分的标准化与控制指标赋值的标准化使得区划管制在某些方面较之导则有所不及，但其创造出的管制公平性与有效性却在很大程度上顺应了市场经济条件下土地开发和管理的客观要求，并赢得了广泛赞誉（表5-1）。

区划管制与导则管制比较 表5-1

项目		区划管制	导则管制
基本特征		通过地块划分和控制指标标准化，建立用地的标准开发模板	针对功能与环境相对独立的整体城市地段、街区的发展目标，制定开发建设规定
性质	管制内容	侧重二维土地开发，如用地功能、建筑密度等，满足基本生活健康需求	侧重土地开发结果给使用者带来的视觉、心理冲击，如视线走廊、历史保护等文化、历史等心理健康标准
	管制深度	定量的指标体系	绩效管制与规定管制并存
管制效果	精确性	程度较低	与实际开发较为吻合
	特色性	建筑设计发挥空间小，城市景观趋同严重	建筑设计发挥自由度较大，有助于开发结果的多样性和维持地方特色
	公平性	减少相似地块之间的经济差异，体现市场经济下的公平性	针对不同的研究对象进行设计判断和政策审议，公平性较差
	有效性	可借用较少的人力物力，在较短时间内制定一套覆盖城市所有地块的管制条例	制定工作需耗费较多人力、物力和时间，导则条例以覆盖城市范围内的局部地域为主

（资料来源：高源，2005，笔者整理）

鉴于区划管制与导则管制的各自优势与不足，大部分美国城市采用两者结合的使用模式，以兼顾环境建设的质量与开发管理的效率与公平。具体为以区划管制为基础，为城市所有用地先行制定一套概略的通用开发标准；再根据地方建设需要与人员配备实力，对少数重点地段（如中心区）、特色地段（如滨水区、保护区）、特色元素等内容逐步推行城市设计研究，实施导则形式的重点管控（高源，2005）[①]。

5.1.2　基于城市设计导则的空间开发的管制体系

前文讨论了公共政策研究从规范视角向行动视角转变的意义，以及城市设计导则在城市空间公共政策进行制度化建构中的作用。而公共治理理论的提出，则体现了对该领域公共政策研究的进一步超越。它基于新自由主义政治伦理的价值规范性认知，提出了从官僚制权力政治化的公共管理模式走向契约制民主政治模式的，以公民为中心的社会治理思想，对传统公共政策的价值目标、参与主体和组织模式进行了全面的更新，公共治理思想也成为城市设计导则编制和运行的重要理论基础。

首先，从价值目标看，以公私合作为基础的"公共性"价值取代了政府公共部门（Public Sector）作为社会利益的代理人，以"公平"作为主要行为目标的价值取向。这使得从公共政策角度看，出现了从公共利益单向利好的强制模式向双向利好的积极模式转变的趋势。依循公私双赢的思路，美国城市设计从1960年代开始陆续推出资金策略、开发权转移、连带开发等一系列激励方法与技巧。在这些方法技巧的作用之下，公私合作成为地方城市建设，尤其是1980年代以来美国城市建设实施的主要模式，并因此促成了巴尔的摩港湾市场（Harbor Place）、旧金山巴卡德洛中心（Embaca-dero）、明尼阿波利斯城市中心（City Center）、圣地亚哥霍顿广场（Horton Plaza）等一批深受市民喜爱的设计案例。

其次，从参与主体和组织模式看，建立在公众参与基础上的，由政府、市场和社会等各种社会力量共同建构的社会治理机制，成为推动城市设计制度创新的基础组织形式，使城市空间开发和空间权力分配的公共性价值得到进一步体现。美国城市设计相关的利益群体主要可划分为以下四类：以城市设计师为代表的专业设计团体、地方政府部门、私人开发团体和社会公众。当代博弈论（Game Theory）对多方利益制约下策略选择的理性行为及相应结果进行了解析。利益制约下的决策结果并非取决于其中某个团体的行为，而是所有团体的合力作用所致，此时的策略共识状态在博弈论中也被称为纳什均衡（Nashe Equilibrium）。城市设计公众参与正是给予其相应利益群体寻求这一纳什均衡的机会。在参与过程中，每个团体可以充分表

---

① 高源.美国城市设计运作激励及对中国的启示.城市发展研究，2005，（3）：59～63.

达自己的决策思想，通过谈判、争辩、妥协、退让向均衡状态逼近，直至最终达到策略上的共识。

近30年来，由于经济发展、科技进步等因素的综合作用，人们对传统集体交往方式的需求逐步减少，代表美国社会凝聚力的"社会资本（Social Capital）"持续下降，市民的社会意识淡薄，参与意愿不足。因此，依赖普通社会公众的自发行为介入城市设计运作缺乏现实操作的可行性，他们的参与活动需要一定的机构组织协助完成，这样的机构在美国主要有两种形式：

其一为地方社区组织。大多数美国城市根据市民居住的地理空间位置，将城市划分为若干个社区，由居民推选出的社区组织为领导，维护本地区居民的生活利益，管理生活活动，其中包括城市设计公众意见征集、方案讨论、成果评议等一系列相关事宜。社区组织的活动经费通常由政府社区发展基金或私人基金会提供；其二为由大学及专业研究机构组成的各种非政府组织（Non-government Organizations，NGOs）。在社区角度，非政府组织的介入提供了专业技术服务，协助社区做出有利市民的设计决策，增强了与政府、企业之间的谈判能力。在政府角度，非政府组织分担了调查社区状况、了解居民需求的工作，减少了政府部门的工作量，同时也避免了政府与社区之间的直接冲突，为政府解决问题留出了空间。

5.2 中国城市设计运作的制度建构研究

5.2.1 城市设计运作的外部制度环境建构

城市设计的运作必须受外部制度环境的影响，其中"正式制度"中的直接与间接影响制度，如政治治理制度、财政制度、土地产权制度等是城市设计得以实现的基础，也是本书主要研究的外部制度。本节主要探索以实现城市设计中的空间公共性价值目标导向下的，外部制度环境重构的要点。

制度化理论阐述了基于规范性要素的制度建构机制，也为城市设计外部运作制度环境建构的研究提供了理论支撑。制度化的本质是确定某种状态或属性的社会安排，既是制度建立及实施过程也是制度实施的状态。本节主要研究基于制度经济学视角的社会系统制度化过程，包括在报酬递增、承诺递增的基础上的制度化过程。基于报酬递增的制度化是通过"正效益"（如成本、收益）来促进制度系统形成及维持过程，基于承诺递增的强调承诺、忠诚和身份的认同，承诺的要素包括价值观和规范等。城市设计运行的外部制度环境重构的理论基础及制度重构框架如图 5-1 所示。

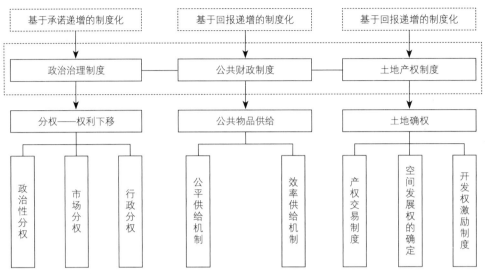

图 5-1　城市设计外部制度重构的框架

（资料来源：笔者自绘）

5.2.1.1　政治治理制度的重构

政治制度的形成、发展和变迁既是历史主义所阐述的"路径依赖"的反映，也是社会建构主义有关制度创新与重构的结果。本小节将考察以地方"分权"为主要特征的政治权力组织制度结构在实现民主价值导向的政治制度体系建构中的基础意义，并在"分权"理论的基础上，提出我国城市治理制度重构的路径及方向，并通过城市设计为空间公共性价值的实现提供保障。

1）政治治理制度重构的理论基础

（1）公共性——宪政制度的价值取向

随着当代政治哲学的发展，规范研究成为其理论研究的核心命题，"公共性"重新成为政治体系建构的价值基石。其中的宪政制度则是限制政府权力、实现公共性价值的政治制度规范。

（2）分权——政治治理制度的重构方向

"分权"反映了现代宪政价值理念之下的政府管理制度革新和适应市场经济与公民社会发育的政治权力结构的社会性重构过程。不同于"分权"概念的中国语境，西方社会的分权化改革有其自身的价值逻辑和实践内涵。

依据"类型—功能"的分析框架，分权化改革的基本类型可以划分为政治性分权（Political Decentralization）、行政管理分权（Administrative Decentralization）、财政分权（Financial Decentralization）、经济或市场分权（Economic or Market Decentralization）等相对独立的形式。

政治性分权：以限制国家权力过度集中、保护公民自由权利为目的，旨在给予公民或他们的选举代表更多的公共决策权力，通过政府体制的构造实现并保证权力的合理划分与制衡。政治性分权有两个重要条件：一是在宪法和法律中明确界定权力的划分、归属和形式范围，规定政府组织的管辖权限以及政府间关系的基本框架；二是以宪法和法律形式，赋予公民享有自由权利，并保证公民通过一定的选举机制，选举出他们的代议机构，行使对公共事务决策的权力。

行政管理分权：行政管理分权寻求的是提供公共服务的权力、责任和财政资源在不同层次政府间再分配。行政管理分权是规划、财务、管理等确定的公共职能从中央及其机构向政府机构的各部门、政府的次一级部门或层次、半自治公共权力机构或社团、区域性或职能型权力机构的职责转移。行政管理分权最主要的三种具体方式为：权力分散（deconcentration）、权力下放（devolution）和委托与授权（delegation）（罗震东，2005）[1]。权力分散主要表现为政府在管辖权限范围内运用行政手段，将特定的行政决策权、财政权、公共事务管理权等向其他组织机构转移的过程，是权力重新分配。权力下放是政府将决策、财政和管理权力移交给地方政府的具有法人地位的准自治单位（quasi-autonomous units）。行政权力下放通常将公共服务职责转移给各自治市。委托与授权特指中央政府及各级政府组织在明确界定组织任务的基础上，通过创立公共公司（Public Corporation）或管理当局（Management Authority）等机构，将决策权和行政管理权转移至这些机构的分权方式（孙柏瑛，2004）[2]。

财政分权：财政分权能使税收净额增大，所以能提高地方政府增加收入的积极性，进而促进经济活动的创新，增强官员的责任心以及政府管理中的基层参与。财政分权的形式包括通过自筹或收费而平衡成本，以税收增加地方收入，投入人力、财力参与提供公共服务或建设公共服务设施等（Litvack，Jennie and Jessica Seddon，1999）[3]。

经济或市场分权：市场化分权主要是通过政府保护产权、放松规制、赋予市场组织自主经营权利等方式，借助于市场组织固有的个人偏好显示优势，发挥市场和企业组织在资源配置中的更大作用。从政府的角度，分权最彻底的形式就是私有化（privatization）和放松规制（deregulation）（孙柏瑛，2004）[4]。私有化是一系列形式多样的分权策略过程，从完全许可供应全部物资与服务，到市场的自由操作，再到政府和私营部门合作提供服务和基础设施的"公私合作"。政府放松规制涉及放松、解除政府对社会经济事务管理的规制和政府内部管理规制两大部分。放松规制在广

① 罗震东.中国都市区发展：从分权化到多中心治理.北京：中国建筑工业出版社，2007：21～32.
② 孙柏瑛.当代地方治理——面向21世纪的挑战.北京：中国人民大学出版社，2004.
③ Litvack，Jennie and Jessica Seddon. Decentralization Briefing Notes. World Bank Institute Working Papers，The World Bank，1999.
④ 孙柏瑛.当代地方治理——面向21世纪的挑战.北京：中国人民大学出版社，2004.

义上是指为放宽和拓展企业自由活动空间，由各级政府组织推动的规制废除、修订和政府规制手段变革等所有活动，它通常包括取消某些有关行业性、准入、退出和价格管制的规制，放松规制存在和行使的环境条件与空间，放松对特定管理事务的规制等方式。

2）中国现行政治治理制度对城市设计运作的影响

我国国家层面的政治治理制度侧重于纵向的上传下达关系，横向的协作及自下而上的弹性互动关系相对较弱。区域自治制度仅限于少数民族地区和特别行政区。这种体制保障了在经济发展过程中做到效率优先，但难以兼顾公平。在社区层面，街区权力结构呈现出一种"割裂状态下的三叠权力网络"状态，第一叠是党组织网络，第二叠是行政权力网络，第三叠是由街道办牵头，各种非行政的社会组织构成的地方性权力网络（朱健刚，1999）[1]。每个网络均有其独自的运作制度，城市空间权力的分配将是各层级关系在空间上的投影。因此，不同的权力组织网络必将对城市规划的实施产生影响，城市空间的最终形成将是不同权力主体博弈的结果。现行的政治治理制度对城市设计运作的影响主要体现在以下三方面：

第一，管理体制过于集权，城市设计难以协调各方利益。我国目前的城市设计的管理体制和其他规划的管理体制一致，属于行政部门负责、行政领导负责制。此制度主要有两种影响，一方面政府可以运用权力，最大限度地调动资源，做好城市规划及建设工作；另一方面，行政长官拥有最终决策权，城市一般民众或规划所涉及的社区居民的意见对于城市设计方案的最终确定并没有产生决定性的影响，城市体系的层级制管理使得下级在服从上级领导的过程中，难以避免寻租现象，空间公共性价值难以保障。

第二，城市设计作为技术手段而非政策工具。城市设计在规划编制及规划管理体系中的位置一直不甚明朗，徘徊于现行规划审批体制及建设程序的边缘，城市设计无法从技术文件完全地转译为可操作的管理规程及政策。这种情况将导致城市设计的作用很容易被忽略，成为政府满足自身需求的工具之一。城市设计单纯停留在空间营造的技法层面无法满足规划实现公共利益的需求。为此，城市设计应从单纯的空间形态技术向社会政策转变。公共政策是公众意志的体现，也是政府及其他机构运作的依据，政府依照公共政策，通过调动社会资源，实现社会的发展和社会公平。

第三，公共空间的建设及运营管理过度依靠政府。我国城市公共空间的开发建设主体是各级政府，社区民众对社区的公共空间难以干预，造成空间的公共性缺失，地方文化性缺失。

第四，政府的治理方式过于单一，缺乏弹性的激励引导手段。目前城市设计的

---

① 朱健刚. 国家、权力与街区空间——当代中国街区权力研究导论. 中国社会科学季刊, 1999.

审批均由城市规划管理部门进行审批。虽然城市设计需要通过具体指标来指引城市的开发和建设，但重刚性的许可而轻弹性的激励，不利于设计师能动性的发挥，也不利于城市设计实施过程中提升建设主体或其他相关民众的积极主动性，难以确保空间公共性价值实现。

3）中国城市政治治理制度重构要点

借鉴西方以"分权"为核心的政治权力的组织制度重构的经验，以及我国目前城市治理制度对城市设计运作的影响，进一步推动中国城市政治治理制度重构的要点如图5-2所示。

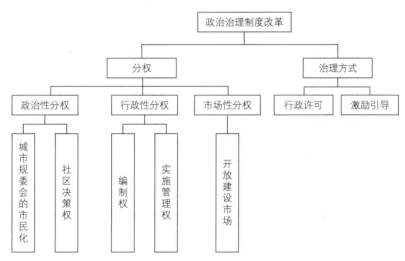

图 5-2　城市设计运作的背景制度——政治治理制度重构的要点

（资料来源：笔者自绘）

（1）政治性分权——决策权下放

现行的规划审批主要是以城市规划管理部门的工作人员或专家为主的规委会掌握，这是追求效率忽视公平的做法，同时规划方案难以符合当地民众的意愿，这也是城市设计方案缺乏"地方性"的原因之一。因此，空间公共性价值的维系应在城市公共空间建设中，由居民或社区民众参与决定其制度或方案的合法性；在社区空间规划中，符合上层次规划的前提下，是否通过设计的方案应由社区居民投票决定，把决策权力下放到社区。

（2）行政性分权——规划编制及审批权力的下移及简化

分权对于城市治理的发展具有重要作用，尤其是向市场、公民社会的分权。分权带来的更多发展主体的出现将可能为进一步自下而上的改革奠定基础。分权的规范化和制度化将成为城市治理进一步发展的主要方向。所谓成熟分权的规范化和制度化，首先需要明确权力在政府内部的划分要根据公共物品的范围和属性，根据影响范围、行动标准、效率优势等原则对公共事务治理权力进行划分后，还需要在制度上对权力划分的原则、程序、内容以及责、权、利给予有效的保障和监督。最有效、直接的制度就是立法，必须强化法律法规的配套建设，或者通过设立专门的地方分权法以及在各种相关法规中予以明确，如在《中华人民共和国城乡规划法》等相关法律中增加相应的分权规定。

通过分权鼓励多元主体之间通过协商、谈判等手段实现区域协调的自下而上方式，将逐渐弥补、替代自上而下的行政干预。可以具体从以下几个方面展开：

第一，减少行政手段的应用，加强咨询调研等方法的应用。精简行政审批机构及手续，虽然基于"效率优先"的考虑，行政手段在城市协调发展中发挥着重要作用，但减少行政手段的应用本身已经成为分权规范化和制度化的主要目的之一。同时，加强对社区的调研、咨询，变自上而下的审批为多个利益主体之间的商讨、协调。

第二，赋予社区一定的规划编制及决定权。依托"两级政府、三级管理、四级网络"的管理体制，将城市管理（主要是公共社会管理）重心进一步下移，一方面明确街道在社会建设和管理中的主体地位，同时使街道形成较完整的分级管理体制。充分发挥街道办、居委会在城市设计方案编制及实施过程中的作用。鼓励社区提出建设规划，鼓励居民自建家园，对于符合上层次规划及法律法规的社区规划，把规划方案的主要决定权赋予社区。

第三，市场分权——开放市场，调动社会组织共建公共空间。公共事务的运营应向社会开放，改变过往政府统一包办的行为。参照香港的做法，让企业来建设及管理部分城市公园、广场、社区公园，政府对企业的行为进行监管，并允许企业通过合法经营获取一定的利润以补贴公共空间的运营管理费用。通过社会共建的方式保障空间公共性价值的实现。

第四，治理方式转变——从审批许可走向审批许可与引导激励并存。"制度不是万能的，但是在我国市场化改革的过程中，我们最缺乏的是具有激励功能和约束功能的制度"（卢现祥，2003）[①]。随着城市建设行为市场化的进一步推进，城市公共部门直接提供建筑环境或公共空间的做法越来越少，城市建设大部分是私人开发程序和财产市场作用的结果。我国城市治理制度更倾向于行政审批及行政许可，在规划审批环节上，对设计方案停留在批准或否决的层面，完全自上而下的治理方式，尚未能调动公众的积极性。

为了充分调动民众的积极性，除了审批及行政许可外，应在制度上赋予城市设计一定的自由度，设立城市公共空间设计、建设、管理的激励机制，对符合条件的城市设计方案、建设行为等给予奖励，引导民众、企业及其他社会机构参与城市公

① 卢现祥. 西方新制度经济学. 北京：中国发展出版社，2003：20.

共空间的建设及管理。

5.2.1.2　公共财政制度重构

本小节将着眼公共空间的经济属性，从公共经济学的范畴，讨论公共财政理论对公共空间生产和重构的影响。公共物品理论和公共选择理论是现代西方公共财政理论体系中的两大支柱。公共物品理论旨在说明，在公共物品的供给问题上，政府应该承担何种职责，以及与之相关的市场机制又应该承担何种责任，因此属于规范研究的范畴；而公共选择理论的作用在于分析政府或财政过程的实际状况是怎样的，属于实证研究的范畴。笔者将依据公共物品理论，研究现行财政制度对城市空间及其对城市设计运营的影响，并提出制度重构的方向。

1）公共财政制度重构的理论基础

公共选择理论在总结"政府失灵"问题基础上，提出三个方面的政策改革主张：第一，进行宪制改革。其要点是程序约束和真正分权；第二，在政府部门引入竞争机制，如在行政管理体制内部重新建立竞争结构：可设置多个机构提供相同的公共物品，或者把某些公共物品的生产承包给私人生产者；第三，建立利润激励机制，允许政府部门对节省了成本的财政剩余具有一定的自主处置权（Buchanan，1972）[1]。

由于公共物品具有的非排他性和消费上的非竞争性等两个基本特性，因此，只有产权明晰，才能解决公共物品资源配置的低效率和公平性问题（Coas，1960）[2]。公共物品产权的明晰有助于促进公共物品提供的公平性。

在公共物品供给中引入消费者选择机制，则可以通过空间位移的方式来实现公共资源的有效分配（曹荣湘，2004）[3]。公共物品供给的社区化选择是实现这一目标的较为可行的模式，这种在集体偏好和个人偏好之间的有限的偏好集的形成，可以最大限度地提高公共物品的供给效率（胡鸣铎，牟永福，2008）[4]。

"社区自治"既是公共物品的公平供给机制，也是公共物品的效率供给机制。社区是居民生活的基本组织形式，社区的需求体现了居民对公共物品的需求。社区负责机构运用专设的资金对本社区公共物品的管理可以更有针对性地提供公共物品，满足社区居民对公共物品的需求，实现公共物品的公平性供给。

2）现行公共财政制度对城市设计运作的影响

第一，公共物品的选择性供给导致城市设计成为政绩表达工具。公共物品的提供过度依赖政府，在政府管理的理性"失灵"情况下，公共财政被"错误"地运用。

① Buchanan J. The Theory of Public Choice. Ann Arbor：The University of Michigan Press，1972：19.
② Coase R. The Problem of Social Cost. Journal of Law and Economics，1960（3）：1-44.
③ 曹荣湘. 蒂布特模型. 北京：社会科学文献出版社，2004.
④ 胡鸣铎，牟永福. "市场化"语境下的城市公共物品的供给失效及其路径选择. 河北大学学报（哲学社会科学版），2008，33（3）：102-103.

在此情况下，城市政府将城市规划建设作为实现发展和政绩目标的载体。城市设计被作为城市开发的意象，成为城市招商引资、展示城市形象的工具，公共空间被忽视或不再为民众服务，而是政府政绩的主要载体之一。

第二，消费者无法对公共物品进行选择性消费。公众只能接受政府对公共物品的供给，缺乏必要的选择权。作为消费者公众无权对公共物品提出要求，而公众跨地区使用公共物品的成本过大，难以保障公共物品供给的公平及公正。在城市建设方面，主要体现在政府主导城市公共空间的"供给"，民众作为公共空间的"消费者"无法影响"供给"，民众对公共空间使用及体验的需求无法向供给者反映。

第三，公共物品公平供给制度尚未建立。目前城市公共建设主要由城市政府拨款给相关城市建设职能部门，由职能部门进行统筹建设，职能部门管辖的城市建设项目较为繁杂，难以对公共空间的建设进行公平、周到的考虑，容易忽视个体或社区对公共空间的诉求。倘若个体利益得不到尊重，公共利益也将无法保证，空间的公共性价值难以保障。

3）公共财政制度重构要点

通过改革财政分配制度，构建城市建设的效率及公平体系，更侧重于城市空间权力分配的公平性，为城市设计特别是公共空间的城市设计运作提供财政支撑，为空间公共性价值的实现提供财政保障。城市建设的财政预算使用由单轨制改为双轨制，预算款由政府职能部门及城市建设的特定专业性机构共同负责管理使用，通过政府城市建设主管部门对部分城市建设资金的运用，保障城市建设的效率；专业性机构对部分建设预算的运用，保障城市建设的公平性，实现空间的公共性价值。公共财政制度的主要重构重点内容如图5-3所示。

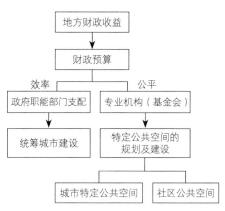

图5-3 基于公共物品理论的公共物品供给财政制度重构框架
（资料来源：笔者自绘）

（1）改革地方财政预算使用制度

关键是保障公共物品供给，应启动地方财政预算使用制度改革，针对公共空间的建设管理设立政府的财政基金。可以参考美国经费援助（Financial Assistance）制度，即各级政府通过财政预算划拨一定数量的资金作为公共基金，为公共事务的完成提供支助，如公园基金等，实现专款专用，从资金来源上保障空间公共性的实现。

（2）改变公共物品的供给模式

关键是应从效率型供给机制向兼顾效率与公平的供给机制改变。政府是城市公共物品的主要提供者及维护者，但现实中政府不可能提供民众所需的一切公共物品，确定不同公共物品的提供主体是确保民众可以公平享受到服务的前提。公共空间属于城市重要的公共物品，城市政府应在公共空间的提供及维护中扮演重要角色。出于公平与效率的考虑，政府应设立特定的城市建设专业机构或基金会等专业运营机构，侧重于某一类的业务，如城市公园运营管理、社区公园管理、旧城改造管理等。

（3）建立以社区为单位的公共物品需求反馈制度

关注"消费者"对公共物品的需求是完善公共物品制度的重要方面。在城市设计前期，社区通过多种渠道反映居民对公共空间的诉求，包括设施、环境、交通、开敞空间等方面的需求，以保障公共物品的提供符合居民的使用需求。反馈方式包括定期的社区居民会议、社区规划方案研讨会、固定的交流网站、社区论坛等。

5.2.1.3　土地产权制度重构

在市场经济条件下，产权制度的建设和交易机制的改进对城市设计运作具有重大的现实意义，城市设计的运作最终将体现在空间上，土地的利用将涉及土地的产权归属问题。产权制度是城市设计运作制度建构的主要内容，也是城市设计的社会目标得以实现的关键。

1）土地产权制度重构的理论基础

根据产权理论，产权是指由于物品的存在而引起的人与人之间的关系，是一种权利束，包括使用权、排他权、转让权等。产权是交易背后的"基础关系"，产权理论认为权责的清晰化将有助于降低交易成本。产权可分为完全产权和不完全产权，前者是产权所有者拥有一切权利，而后者是对同一物品有多个产权所有人或由于某些限定因素产权所有人只有部分权利。

2）我国城市公共空间的产权特征

在现有的政策及法律下，我国城市公共空间的产权并不清晰，表现为公共空间的开发、维护、获利等权责关系的不清晰，导致公共利益被忽视或受损；公共空间由于其公共性的需求，其受益者是城市广大市民，任何人均可以获得同等的权利，因而公共空间的产权亦具有非排他性；由于公共空间作为公共物品，无法在居民个体之间交易，因而具有不可分割性与不可让渡性。

3）我国现状土地产权制度对城市设计运作的影响

第一，法律对公共空间的用益物权缺乏清晰界定。用益物权指非所有人对他人之物所享有的包括占有、收益等在内的权利。《中华人民共和国物权法》对个体的用益物权进行了界定，但对城市公共设施的用益物权没有进行明确的规定。

第二，空间开发权缺乏明确规定。在市场经济条件下，城市形态是各利益主体博弈的结果在空间上的投影。作为公共政策的城市规划就是对未来城市的开发及受益者做出规定，但现行的规划中并没有对公共利益或公共性价值给予过多的关注，主要表现为当前对城市空间开发权缺乏明确的规定，只明确营利性的空间开发建设的权力，如房地产、商业等，对公共性的空间的开发及运营缺乏具体的规定，如水体河岸、各种公园等，公益性空间的开发主体、权力及义务等不甚明确。公共空间的开发在城市的空间开发上具有相对的随意性。产权界定不清是产生外部性的根源，导致公共性价值空间缺失。

第三，缺乏必要的产权激励机制。目前我国城市建设的主体已经由政府、居民两大主体演变成了政府、企业、居民、其他组织等多元主体的格局。企业在城市建设中的影响越来越大。城市设计方案的实施需要依靠落实到空间上，公共性价值的实现也需要空间作为载体。由于缺乏明晰及系统的产权鼓励措施，难以调动企业及居民参与公共空间的建设，不利于实现公共性价值。

4）产权制度重构的要点

根据产权理论，产权的确定是明晰不同主体之间的权、责、利，也是公共利益得到保障的前提；产权交易制度的调整可以改变原有的交易关系；产权激励可以引导不同产权所有者的交易及消费行为。产权制度重构要点包括产权的确定、空间产权交易的制度的创新以及产权激励制度。

（1）界定和保护城市的空间发展权与公共环境用益物权

界定城市公共空间的发展权即通过法律明确城市公共空间的开发、运营、收益、惩罚机制及主体，其本质是明确权、责、利关系。产权明晰既是一种保护手段，也是权利交易的基础。根据城市设计的工作特点，土地的空间开发权对于不同的城市和不同的地段应有不同的侧重。如对于城市历史保护地段而言，空间开发中的建筑形态、空间尺度、空间形态等方面的开发应制订有限制的开发权限；而对于商业中心区，空间的开发强度、服务设施的配套、环境设施的整体处理都应在空间开发中给予相应的规定。

城市公共空间的产权所有人是城市全体居民。城市公共空间的用益物权的明确，可以成为城市设计对开发管理的法律依据。从城市设计的工作特征来看，公共环境的用益物权应涵盖城市环境建构中对公共环境可能造成的负面影响的约束和导控。

城市设计涉及公共空间及公共设施建设，在法律上明确空间开发权和公共环境用益物权，从根本上解决了城市设计运作中缺乏明确法规表达的困境。通过产权的明晰界定，也可以为城市设计的协商、谈判和进一步法规、政策的制定打下了良好的基础，即可以大大降低城市设计中的交易费用，确保公共空间及公共服务设施的建设不因个体利益而受阻。

（2）城市土地空间产权交易制度从"限额的交易"到"管理的交易"的转变

公众是城市空间产权的权力主体，其主体权力的实现主要是通过公众与政府的交易来实现的。人民并不是直接行使自己的使用权，而由选举的国家行政机关来代理行使。城市公共环境使用权的分配则成为城市空间产权问题的关键。《中华人民共和国宪法》第三条规定："中华人民共和国的国家机构实行民主集中制的原则。全国人民代表大会和地方各级人民代表大会都由民主选举产生，对人民负责，受人民监督。国家行政机关、审判机关、检察机关都由人民代表大会产生，对它负责，受它监督。"从现代契约理论的角度分析，人民与政府的关系是一种委托与代理的关系。现代契约理论亦称委托与代理理论，它的出现是为了解决现代经济社会非对称信息[①]情况下普遍存在的财产权利在不同当事人之间的分解而产生的激励问题。基于"管理的交易"的公众与政府关系符合新制度主义关于自由主义的国家观的论述，它以"契约交易"为基础，阐述了通过政府主导的产权交易制度设计和创新，降低交易成本，实现公众利益最大化的可能性。

我国的公众—政府交易主要表现为限额的交易，即是一种管理与被管理的关系。而在委托—代理的交易中，则主要是管理的交易，即为保证共同目标的实现，分工不同，各司其职。只有建立了健全的公众参与机制，提高公众在城市设计运作中的地位，才能保证了委托—代理契约有效性。2008年1月1日实施的《中华人民共和国城乡规划法》为政府—公众交易机制的转变做了良好的法律铺垫，其重点之一是"建立健全城市规划中公权使用的约束机制。由强调对行政权力的维护转向制约行政权力。立法价值取向的核心在于关注民生，由国家本位向民众本位转化。法制的核心在于制约公权力，《规划法》在实现公共利益的同时，实现对私有财产的保护"（石楠，2004）[②]。此外，政府—公众之间形成双向沟通的管理的交易也有利于城市设计公众参与机制的形成和政府寻租和创租[③]行为的抑制（吴远翔，2009）[④]。

（3）完善基于产权的城市空间开发权提供的激励机制

在市场经济下，多利益主体的存在让决策权分散化，也让决策变得复杂化。开发企业在建设问题中的影响和作用明显增强。城市发展中的公共利益与私人开发利益的矛盾冲突始终难以很好地协调。通过对城市空间开发权的界定与控制，可以建立良好

[①] "信息不对称"是现代契约理论的核心概念，也是交易契约设计的根本原因。非对称信息是指缔约当事人一方知道而另一方不知道的信息。在现代城市的发展中，城市问题表现出了很强的复杂性、专业性特征，在城市设计领域存在着大量的非对称信息。由于不掌握这些非对称信息，所以大众没有精力，也没有能力完成如此复杂的系统协调工程，只能委托有能力的专业机构——政府——来完成，因而城市设计的政府—公众的关系是一种典型的委托－代理关系。

[②] 石楠.试论城市规划中的公共利益.城市规划，2004，（6）：15.

[③] 关于寻租的概念最早是由安·奥·克鲁格在1974年在探讨国际贸易保护主义政策形成原因的论文《寻租社会的政治经济学》首次提出来提出的。租，即租金，也就是利润、利益、好处。寻租（Rent-seeking），即对经济利益的追求。人类对经济利益的追求可以分两类：一类是通过生产性活动增进自己的福利，如企业等经济组织正常的生产经营活动中合法的对利润的追求。另一类是通过一些非生产性的行为对利益的寻求，如有的政府部门通过设置一些收费项目，来为本部门谋求好处。有的官员利用手中的权力为个人捞取好处，有的企业出贿赂官员为本企业得到项目、特许权或其他稀缺的经济资源。前者被称为创租，后者被称为寻租。是一些既得利益者对既得利益的维护和对既得利益进行的再分配的活动。

[④] 吴远翔.基于新制度经济学理论的当代中国城市设计制度研究.哈尔滨工业大学工学博士学位论文，2009：150～157.

的激励机制，解决市场经济下公私利益冲突的问题。如美国的城市设计激励机制经过不断的发展完善，对城市的开发起到了良好的控制、协调作用，值得我们借鉴。

在美国，城市设计运作激励措施的出现，与其两项基本国情有关：其一为资源的私有制；其二为治理的公共性。单纯依靠政府自上而下的管制，如限定容积率等的效果并不理想，政府意识到应充分发挥市场的力量，实现控制城市空间开发的目的。因此，政府部门的工作思路是通过对个体开发的奖励或惩罚，引导个体开发行为的结果向个人与公共利益双赢的局面转变。依循这一思路，美国城市设计的鼓励措施包括资金策略、连带开发、开发权转移三种。资金策略包括经费援助、赋税——租地价减免、信贷支持三种形式，主要针对利润较小、公共利益较大的项目；开发权转移是将限制性地带动项目转移至其他地区进行建设，满足法规许可，但由于公共利益需求而必须放弃或改变原有建设计划的业主；连带开发即要求业主附加建设与自身项目无关但有益于公共利益的项目、设施（高源，2005）[①]。

我国一些城市已经采取与美国相类似的鼓励政策，在开发权转移与连带开发的鼓励政策方面，例如成都市拟规定每建设 $1m^2$ 集中绿地，奖励 $1m^2$ 建筑面积。这些措施引导开发商在满足自身需求的同时，为公共空间的建构做出贡献。

5.2.2　城市设计运作的自身制度化建构

如果说"制度化"理论研究体现了制度体系建构的本质特征，并为城市设计外部制度体系建构提供了基于规范性要素的制度建构机制，那么，"制度维持"从制度运行主体的角度研究制度的激励机制，进一步阐释了作为公共政策过程的城市设计自身制度体系的建构机制，并将制度建构研究方法从偏向静态的理性制度设计研究转向行动的制度实践过程研究。制度维持需要持续的促进制度结构再生产的激励机制，重视规范性制度要素的学者从制度运行主体的角度强调有意识的控制，这种控制涉及各种制度代理人，以及对其权力的制裁和奖赏的使用。在新制度主义理论框架下，公共政策已经成为一种通过社会行动建构的制度创新实践过程，这就为城市设计自身制度体系的建构研究奠定了重要的理论基础，使这一制度体系成为公共政策过程规范（通过公共政策运行主体不断创造的制度激励机制，强化制度的规范性建构）。

5.2.2.1　我国城市设计运作制度的发展和问题

"内部制度安排"是城市设计在外部制度环境制约下进行的自身制度选择，是城市设计自身运作的行为规则，包括城市设计方案编制、评审定案、公众参与、运

---

① 高源.美国城市设计运作激励及对中国的启示.城市发展研究，2005，（3）：59–63.

作实施、调整修订等环节的合理制度安排。大多数国家和地区的城市设计运作同时依赖于"正式"与"非正式"两种制度规则。目前我国的城市设计属于"非正式规划"（非法定规划），同时受"正式制度"和"非正式制度"的双重制约（图5-4）。

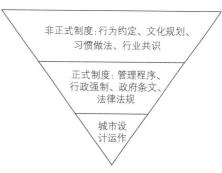

图 5-4　城市设计运作的"正式制度"与"非正式制度"

（资料来源：唐燕，2012，笔者转绘）

1）我国城市设计制度的发展

（1）发展历程

新中国成立以来，我国城市设计制度的建立和发展可简要划分为四个阶段：即前期准备阶段（1949—1978年，效仿苏联的城市规划建设时期）；第一阶段：改革开放过程中城市设计思潮的引进与尝试性实践（1978—1990年）；第二阶段：市场经济体制下城市设计的全面推进（1990—2000年）；第三阶段：繁荣与迷惘共存的城市设计新发展（2000年至今）（田宝江，1996）[1]（表5-2）。

我国城市设计发展阶段及其特征一览表　　　　　　　　表5-2

发展阶段	主要特征
前期准备阶段	城市规划的理论、规划程序、规划方法以及技术标准等全面学习苏联；城市规划与城市设计融合在一起
第一阶段	对西方发达国家城市设计思想和专著的引介研究，城市设计实践雏形开始出现在发达城市
第二阶段	城市设计在20世纪90年代的超常规速度的成长，《城市规划编制办法》（1991）指出城市设计应当贯穿于城市规划的全过程。城市设计在我国开始了从理想蓝图到实践过程、从形体图纸到设计导则、从物质形态构想到城市公共政策的逐步转变。城市设计目的由美学、空间形体环境，向改善和提高城市综合生活环境质量过渡。城市设计项目拓展到"宏观——中观——微观"各个层面，涵盖旧城保护、新区开发、社区规划、重要地段及节点实施工程等多种类型
第三阶段	国内的城市设计研究更加关注本土性和运作、实施问题。"制度建设"和"实施机制"成为城市设计研究的前沿课题

（资料来源：田宝江，1996，笔者整理）

（2）城市设计相关政策演变

改革开放以来的制度环境发展和转型对我国的城市设计产生了重大的影响，主要表现在利益主体多元化，呈现了政府、开发商、普通民众、设计师等多元格局；城市设计成为空间利益分配的重要手段之一，需要新的合作关系来保障公共利益的实现；由于我国法律体系建设滞后于经济建设和社会需求，造成城市设计保障机制缺乏，但也给城市设计运作带来了灵活变通的可能。这些宏观的背景对我国城市设

① 田宝江. 城市设计、城市规划一体论. 城市规划汇刊, 1996, (4): 49.

计制度的发展产生了深刻的影响。

20 世纪 90 年代起，全国各地对城市设计在城市规划及建设中的作用进行了探讨，其中不乏关于城市设计制度创新的讨论。我国城市设计制度构建过程如表 5-3 所示。在我国，城市设计的实现主要依靠作为法定规划的一部分或作为上位规划。对于城市设计的法律地位虽有探索，但缺乏系统性的明文规定，其实施效果尚难以保证。

我国城市设计政策演变情况一览表   表 5-3

时间	相关法律法规	主要内容
1991 年	《城市规划编制办法》	第一章第八条："在编制城市规划的各个阶段，都应运用城市设计的手法，综合考虑自然环境、人文因素和居民生产、生活的需要，对城市环境作出统一规划"
1996 年	《深圳市规划国土局依法行政手册》	对城市设计的编制和审批程序做了明文规定
1999 年	《城市设计实施制度框架研究》（建设部）	目标是为建设部制定城市设计的相关技术政策提供基础理论依据。对城市设计的设施机制、审议制度、资金筹措、公众参与等进行了论述
1999 年	《现代城市设计理论与山东城市设计实践研究》	对"融入不同规划阶段的城市设计"和"独立编制的城市设计"两种情况进行了讨论
2005 年	《重庆市城市设计编制技术导则（试行）》	第一部城市设计技术规范，分为总体城市设计、片区城市设计、地段城市设计三个部分，每部分规定了设计的内容、图纸种类等，主要是为下一层次规划设计及城市设计审查、批准和规划管理提供全面的技术信息。实现城市设计由技术方案向政策方案转变
2005 年	《城市规划编制办法》（修订）	取消了旧版编制办法有关城市设计的阐述（旧规定较为含糊，作为非法定规划不应出现在法定规划的编制程序中）
2010 年	《关于编制北京市城市设计导则的指导意见》	首次明确了城市设计的法定地位即控规的重要组成部分，将城市设计纳入现行规划管理体系。城市设计导则由上位规划解读、规划实施评估、导则编制框架、整体空间意向、公共空间设计导则、建筑设计导则、实施运行方案等部分组成
2010 年	《北京中心城地区城市设计导则编制标准及管理办法》	明确城市设计作为落实控规的主要部分，把公众参与作为不可或缺的组成部分

（资料来源：笔者根据各地相关政策自绘）

2）我国城市设计的运作方式

在我国，城市设计属于非法定规划，其运作主要依靠一系列非正式制度（包括观念认识、行业共识、惯例标准等）。

在组织审批方面，我国的城市设计活动主要采用地方城市规划主管部门的组织和审批为主导的城市设计运作模式。这使得城市设计活动在具有很大灵活性的同时，也容易受制于行政意志。为此，一些城市的规划管理部门已经通过将城市设计的组织和审批的"部门设置"和"职能分工"规定，如成立专门的城市设计审批机构，使城市设计的组织和审批制度逐步趋于正式化。

在方案编制方面，主要有两种形式，包括结合其他规划编制的城市设计专题或研究和单独编制的城市设计。在城市总体规划和城市控制性详细规划等两个规划层次中增加城市设计的相关研究内容，既可以弥补城市规划对空间形体塑造关注不足的缺陷，同时也为城市设计的具体实施创造了条件。独立编制的城市设计是专门针对城市设计问题开展的设计研究，其深度和广度通常都比作为城市规划方案的组成部分的城市设计要大。

在管理实施方面，地方城市规划主管部门负责城市设计的具体实施，主要途径包括把城市设计作为控制性详细规划的一部分，加以实施或作为下层次规划编制的依据。目前，把城市设计成果直接作为规划或建筑审批的依据的情况较少。总之，无论哪一种管理途径，城市设计的非法定性始终是我国城市设计运作的难点。我国城市设计编制及审批体系如图5-5所示。

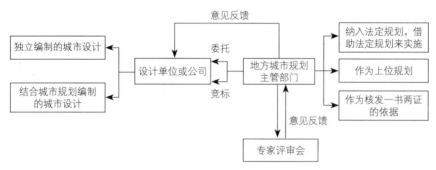

图5-5　我国现行城市设计编制及审批体系

（资料来源：唐燕，2012）

目前大部分实施性的城市设计均采取结合城市控制性详细规划编制的办法，把城市设计导则的内容写进控规导则里。从控规的编制的核心内容及审批程序中可以看出，城市设计并不属于规定的核心内容，只作为控制性详细规划中的专题（表5-4）。作为控规中专项规划的城市设计，成果体现在控规的城市设计导则中，作为强制性审查条件，为空间建构的具体指标控制提供依据（图5-6）。

控制性详细规划核心控制内容　　　　　　　　　　　　　　　　表5-4

控制方向	核心控制内容
用地	土地使用性质及其兼容性
建设强度及开敞空间	容积率、建筑高度、建筑密度、绿地率等
"四线"	基础设施用地、各类绿地范围、历史街区和历史建筑、地表水体保护及控制界线

（资料来源：笔者自绘）

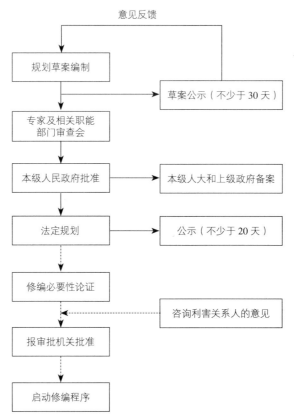

图 5-6 我国现行控制性详细规划编制及审批程序

（资料来源：笔者根据《城市、镇控制性详细规划编制审批办法（2010）》绘制）

3）我国城市设计运作中存在的问题

我国现行的城市设计主要是依附在控制性详细规划中，作为控规的空间控制指标的支撑，或者作为城市的专项规划，提供给下层面的详细设计作为依据，但其运作过程中也存在一些问题。

首先，法律地位不明确，对空间价值的影响效果难以保障。相对于城市规划在我国已经形成了比较完善的运作体系，城市设计的设计内容、编制方法、管理实施、操作程序等都缺乏正式的法规保障，而基本只是作为建筑设计的延伸和规划设计的附属物。

其次，运作媒介多样，技术标准参差不齐。运作媒体是城市设计的核心部分，其直接对城市空间的塑造产生影响。目前我国城市设计运作媒介主要包括设计方案（Design Plan）与设计导则等内容构成，另外一些规划还有文字型的城市设计指引。各地区对城市设计的导则、指引等的核心内容缺乏明晰、固定的要求，导则及指引所规定的内容也有所差别，难以保障城市设计的实施效果。

第三，运作程序不规范，难以保障设计成果的实施。对于城市规划建设中，城市设计应如何发挥作用、什么时候启动编制等并没有明确的程序可依。例如，《广州市城乡规划技术规定（试行）》①第八条规定：城市设计贯穿城乡规划各阶段。重要地块宜遵循自然环境与人工景观、历史文化与现代文明、地方特色与时代特点相和谐的原则开展城市设计。经审定的城市设计应当纳入城乡规划。第三十七条规定：位于珠江两岸一线等城市重要景观控制地区或者具有城市标志性意义、影响城市生态景观的建筑物面宽，城乡规划主管部门应当组织进行城市设计研究。由此可见，广州市的城市设计的编制及评审并不是必需的，具体操作得依靠规划管理者来确定。

第四，运作主体单一，难以保障空间的公共性。城市设计的运作主体包括政府、规划师、开发商、普通民众等，但我国目前主要的参与者为政府、设计师和开发商。规划的参与监督权尚有很大下移空间，社区对城市设计的参与度低。20世纪90年代，随着我国法制体系的日益完善，公民民主意识不断提高，市民参与城市设计的要求日渐提高。南京、上海等地举办城市设计成果咨询展、深圳市成立市规划委员会秘书处等举措都反映出我国在这一方面做出的努力及取得的进步。但也存在成果形成过程中的参与程度较低、公众没有决策权以及缺乏第三方仲裁机构等问题。

第五，运作激励措施有待完善，空间公共性的营造需要全民推动。目前，我国部分地区已经出台一系列的激励措施，如容积率奖励政策、开发权转移等，但措施的实施属于局部地区、个别方案，国内尚未形成系统性、行之有效的激励政策，在城市建设中何种建设活动可以获得激励或惩罚并未明确。

4）美国城市设计运作制度的创新借鉴

相比我国的情况，以美国为代表的西方城市设计运作制度的特点主要集中在以下三个方面：

首先，城市设计的内容方面，既包括宏观的设计政策、方案，也包括微观的设计导则。在导则的编制中，既包括规定性的导则，也包括绩效性的导则。明确了城市发展应强制控制的部分，也明晰了可供设计师自由设计的空间。而我国的现行制度并没有为设计师提供更大的空间，内容的弹性较低。

其次，城市设计过程中的公众参与是多方向、多层次、滚动式的，向不同的利益相关者进行多轮的咨询，公众咨询融入设计方案的每个环节。而我国的城市设计公众参与只限于规划设计方案前期的调研及访谈（非必须）以及规划审批前的规划公示。公众参与的渠道方面，有网络、社区会议、信件函等多种参与方式。在空间层面上，美国的公众参与特别注重社区参与，而我国社区层面的公众参与较为缺乏。

第三，城市设计运作的激励政策方面，通过资金、开发权转移、连带开发等多种措施建立城市设计运作的激励机制，引导开发主体共同推动空间公共性的构建。

---

① 广州市规划在线网站：http://www.upo.gov.cn/pages/news/tzgg/2012/6932.shtml.

对城市开发主体在何种情况下可以享受到何种政策鼓励或获得何种处罚均有明确的规定，并且引导性的政策较多，开发主体的建设能动性较大。我国在城市建设的激励政策方面尚未形成系统的规定，建设主体的能动性受制约。

5.2.2.2 我国城市设计运作的制度化建构

根据公共政策建构理论，城市设计自身运行制度的建构分为政策设计、政策执行、政策评估三个环节。借鉴上述理论研究和西方实践经验总结，我国城市设计制度体系应从以下几个方面进行创新建构。

1）政策设计——重塑政策目标

我国大部分城市现状的城市设计的目标并非侧重于公共利益的保护，主要目标侧重于土地利用、建筑空间布局、建设强度的控制、城市特色风貌的营造，缺乏对公共空间的特别控制措施以及对公共性价值的保障（表5-5）。

部分地区城市设计导则的编制目的　　　　　　　　　　　　　　　表5-5

各省城市设计相关政策	城市设计的目标
《重庆市城市设计编制技术导则》（2007）	总体城市设计从宏观上确定城市空间的总体形态，提出改善城市景观形象和空间环境质量的整体目标；片区城市设计在总体城市设计指引下，深化用地布局、景观系统、空间管制和建设容量要求；地段城市设计对城市局部地段土地使用、空间形态、广场绿地等做详细的安排
《江苏省城市设计编制导则》（2010）	促进城市规划编制的质量，加强城市地区的整体筹划，提升城市品位和特色
《关于编制北京市城市设计导则的指导意见》（2010）	提升城市空间品质，调控城市空间布局。公共空间设计导则、建筑设计导则、确定地区公共空间系统及其构成
《广州市城市规划管理技术标准与准则》（2005）	宏观城市设计确立设计范围内的城市结构、城市形态、景观环境特征，建立长远的城市可视形象总体目标；微观城市设计对重点地区的城市空间景观及相关内容进行深入研究，确定空间景观特征，制定相应要求
《深圳市城市规划条例》《法定图则编制技术规定》	城市设计确定城市空间结构、建筑形态等，控制重点地段的建设开发，落实空间管制指标

（资料来源：笔者自绘）

从诠释学的角度看，城市设计"以某种城市形态表达所公认的城市意义的象征性"的可能性（Castells，1983）[①]。后现代主义城市设计可被视为一种政治治理、经济发展、社会秩序、文化认同的形式和过程，亦即公共性空间价值构建的过程，因此，城市设计制度的建构要完善政策目标，即把空间公共性的塑造作为城市设计政策的主要目标（表5-6）。

---

① Castells M. The City and Grassroots：A Cross-cultural Theory of Urban Social Movement. Berkeley：University of California Press. 1983：303-304.

基于空间公共性价值导向的城市设计目标体系构建的主要内容　　　　表 5-6

宏观目标：城市公共空间价值构建	微观目标：社区空间的公共性价值构建
城市公共空间的构建	社区公共服务设施建设
城市特色空间的塑造	社区特色文化的营造
建筑空间形态控制	社区交往空间的塑造
城市建筑色彩及设施建设	社区建筑色彩及符号控制

（资料来源：笔者自绘）

（1）明确城市设计的法律地位

我国地方法规的立法工作目前仍是法制建设中的薄弱环节，这个层次现行的相关规划法规内容主要是对《城乡规划法》确定的基本原则进行重复表达。地方深化细化国家法律法规的创新空间较小，导致由法律、行政法规等组成的整体制度合力不足（唐凯，2004）[①]。从现阶段的实践情况看，城市设计在我国主要仍是地方规划部门组织编制的技术文件，审批和实施由各地方城市自行进行，但鲜有城市或地区从地方立法的高度来强化城市设计的地位和作用。

从国内外实践看，通过法律法规途径推进城市设计运作的方式主要包括程序法制化、实质内容法制化两方面。程序法制化即在法律法规中明确规定城市设计组织编制、审批、执行所应遵循的程序性内容，以此保证城市设计过程的有效性，但同时不具体规定设计的细节内容以维护城市设计运作的灵活性。内容法制化即通过颁布设计准则、图则、技术规定等法制性文件或条款，明确城市设计的内容要求和具体设计的标准，提高城市设计的组织和管理效率；在内容法制化层面，可以通过颁布法律法规及政策的方式来确保内容的法律地位。

以法令形式颁布城市设计的技术要点与设计准则，是实现城市设计实质内容法制化的重要途径，主要包括以下两种形式：第一，颁布城市设计单行法令或混行法令。单项法令是指将城市设计准则作为独立法规进行颁布，既包括专项法规，如《户外广告设计条例》、《城市标识系统管理规定》等，也包括综合性法规，即针对城市整体（或片区）制定的城市设计综合性要求，如《深圳市城市设计指引》等。混行法令是指将城市设计规定作为其他法律法规的组成部分，与其他规定混合颁布的做法，如《厦门市城市总体规划（2004—2020 年）》中针对城市设计制定的专项规定就是城市设计混行法令的一种。第二，通过控制图则等将城市设计内容法制化，即通过把城市设计的各项具体要求落到地块的法定控制图则上，以此实现城市设计的控制和指引，如《深圳法定图则》等。由于深圳作为经济特区有相对独立的立法权及规

---

① 唐凯.依法行政：改进城市规划管理.建设科技，2004，（29）：10～11.

划管理体制，所以其做法推广起来有一定难度。

当城市设计导则不具备作为法律法规的条件时，可作为公共政策或主要城市建设政策的一部分来实施，如《北京中心城地区城市设计导则编制标准及管理办法研究》，明确了城市设计在北京中心城地区的编制、审批和实施方法，划定了城市设计管理的重点地区，并为统一技术标准建立起专门的城市设计导则要素库。又如深圳市规划与国土资源局颁布的《深圳市规划国土局城市设计指引》的通知（表5-7）。

《深圳市规划国土局城市设计指引》对城市设计内容的要求　　　　　表5-7

类别	具体内容
文字部分	1.区域城市文脉、结构与形态；2.周边建筑物类型、风格与形态；3.与城市环境协调的方式
分析图纸	1.人流、车流交通分析图；2.城市轮廓线与街景分析图；3.公共空间与城市广场分析图；4.彩色透视与灯光效果图；5.三维环境分析图
室外环境图纸	1.室外绿化（含树种、植被）设计；2.公共空间与城市广场设计；3.室外铺地设计；4.广告与橱窗设计；5.建筑小品设计；6.周边道路设施的设计或减少

（资料来源：http://www.wnfc.cn/jys-law/city/Shenzhen/shenzhenlaw.htm，笔者整理）

（2）明确制度的设计及执行机构

首先是完善组织主体、编制主体及审批主体。结合政治治理制度、公共财政制度的重构，完善城市设计自身运作体系中的"政策主体"，主要包括组织主体、编制主体、审批主体、监督主体等。规划权力适当下移，创新城市设计的运作组织。在组织主体方面，具体的变革内容如表5-8所示。

基于背景制度变革的自身组织制度完善　　　　　表5-8

背景制度	具体改革内容	自身制度完善方向
政治治理制度	权力下移	赋予社区适当的城市设计编制及决定权
	行政管理分权	社区对公共空间规划的监督及管理权
	开发市场的开放	引入企业参与公共空间的建设
公共财政制度	改变公共物品的供给模式	创新管理机构，如成立社区公园管理局，发挥NGO的作用

（资料来源：笔者自绘）

同时，完善公众参与制度，让民众作为参与及监督的主体。公共性价值空间是公民活动的场所，因而公众是空间的最终使用者。巴奈特根据纽约的经验，提出城市设计作为公共政策运作的关键是"城市设计决策过程中的开放性公众参与"。城市设计不能只是政府进行政策制定的权利，而是要反映不同利益集团的诉求。加强城市设计的社会参与，保障城市设计的方案及运作体现公众意志。通过建立专门监督机构或渠道保障公共物品落实，如武汉市每年发表《武汉市城市总体规划白皮书》发布各区公共绿地、文物保护、公共设施落实情况，成为新闻媒体、公众监督城市公共空间建设的重要途径。

（3）完善制度主体内容

立足于公共性价值的实现，根据地块的性质、规模、功能等要素，提出弹性的规划内容，主要包括两大类型：第一，绩效型规划，符合上层次城市设计条件的主要控制要求即可自主建设，可以赋予建设主体更多的弹性空间；第二，强制型规划，对公共设施、公共空间（社区）、居住小区等必须编制与上层次规划及周边协调的城市设计。主要内容如表 5-9 所示。

城市设计的主体内容完善框架 表 5-9

控制要素	具体内容	内容性质	可用激励措施
主导性质及兼容性质	地块划分、用地性质兼容性	法定	用地功能灵活组合
管理单元平均容积率	管理单元或地块容积率	法定	开发权转移、转让
五线控制	绿线、红线、黄线、紫线、蓝线	法定	—
道路交通系统及公共服务设施	交通连接及交通设施	法定	承担公共服务设施建设可获鼓励
空间形态	建筑间距、建筑高度、建筑后退、车行出入口、停车泊位	法定	—
特色空间塑造	界面协调、视廊、通廊控制、建筑面宽、建筑特色、色彩	引导	鼓励延续历史界面及文脉

（资料来源：笔者自绘）

2）政策执行——城市设计制度运作

（1）组织机制的转变

我国目前城市设计的组织由镇以上级别的城市政府负责，其着眼点在于城市整体的空间结构及城市重点地区的空间形态；城市社区难以介入城市设计的过程中，对微空间的重视不够，造成社区级别的空间公共性缺失等现象。组织机制的创新应侧重于社区及社会组织的作用，实现公共空间公民建，由一元的组织机制向多元开放型的组织机制转变。城市设计组织机构创新方向如图 5-7 所示。

（2）执行程序的完善

在现行的规划编制及审批体系内，政府城市规划管理部门作为城市设计编制的委托机构，也是城市设计方案的审批及实施监督机构，根据城市设计作用的不同，可以分为独自编制的城市设计及融入各层次规划的城市设计方案。前者是政府专门针对某个地区的建设开发而编制的，后者是各层次规划中的组成部分。城市设计方案经过专家评审及各职能部门的意见咨询，就可报规委会审批或由城市规划管理机构直接审批。通过审批的成果可作为下层次规划编制的指引或作为某地区开发的依据。我国城市设计执行程序如图 5-8 所示。

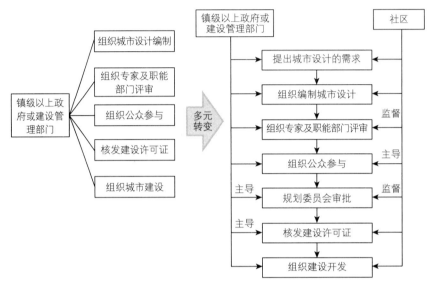

图 5-7　现状城市设计运行主导组织的创新方向

（资料来源：笔者自绘）

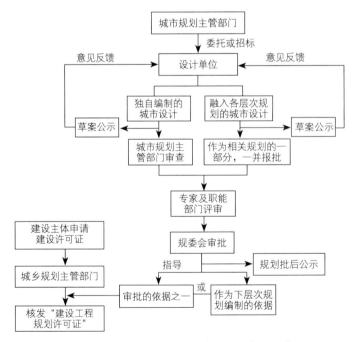

图 5-8　我国目前城市设计的编制及审批程序

（资料来源：笔者根据中华人民共和国《城乡规划法》、《城市规划编制办法》等绘制）

目前执行程序对空间公共性的负面影响主要体现在作为非强制性内容，其编制存在出一定的随意性，规划管理部门的自由决定权过大。同时，审批也重视城市重要地区的城市设计编制，忽视城市微空间（如社区空间等）的城市设计，阶段性的成果审批缺乏公众参与过程，公众难以真正表达自身的诉求。

相比之下，美国的城市设计执行程序更加注重规划审批中的多形式、多轮的公众参与过程，审批的结果更加灵活，包括了许可、有条件许可和否决，审批的结果也作为核发建筑执照的依据（图5-9）。

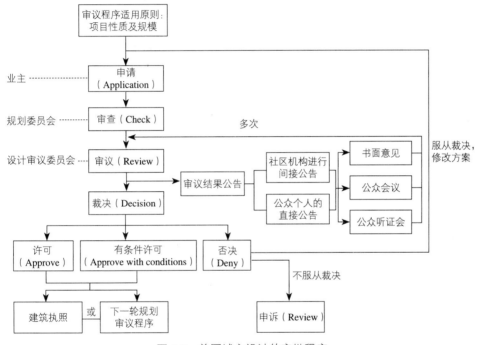

图5-9 美国城市设计的审批程序

（资料来源：唐燕，2012，笔者整理）

因而，在现有的执行程序基础上，设定必须参与导则审议程序的门槛，把政府承担的组织、审查、许可等多种职能部分剥离。主要是发挥基层社区建设的积极性；建立多层次、多场次的公众参与；改变单方面的行政许可，增设有条件许可制度；完善激励措施，引导全民共建公共空间；建立专门的非官方规划实施审查委员会，对城市设计的实施效果进行审查，并作出相应处理，以保障公共性价值空间的顺利建构。具体的运作流程如图5-10所示。

（3）保障实施机制的规范化

保障实施机制包括磋商、激励及监督机制。城市设计磋商制度在程序上是透过建设主体提案并与审查委员、利益相关者的协商，彼此磋商出一个可以互相接受或

满意的方案，共同认定最终空间权利分配模式，这个方案的内容体现了各方的权利
及义务，以实现个体与集体的利益最大化。

　　激励机制的目的是通过政策的倾斜，引导建设行为，充分发挥开发商、一般民
众等多个社会群体在城市建设中的作用，共同建设及维护公共空间。具体政策包括：
容积率奖励政策，即容积率补偿、开发权转让、计划单元整体开发、大街区规划等。
创新税收与财务政策，即在市场机制下，直接经济援助、税收政策、信贷支持、债

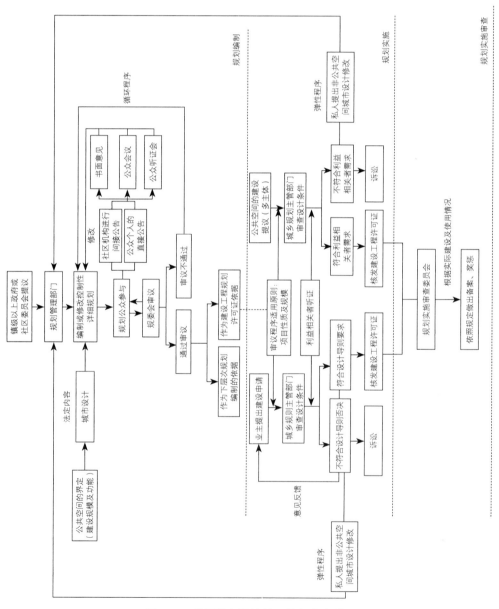

图 5-10　我国城市设计的运作程序完善

（资料来源：笔者自绘）

182

券发行等。运用财务政策干预城市设计运作的几种主要方式（庄宇，2004）[①]：直接经济援助是运用公共基金对重点城市设计项目给予经费支持；税收减免或提高可以鼓励或者抑制某种城市建设活动的发生——税收减免有助于吸引私人资金进入那些原来开发意向不强的地区，而当某些建设促使周边地价或空间增值时，提高税收可以将部分开发收益转移到建设开发者或公共利益中；信贷支持是采用信贷优惠方法，使大型企业、开发组织和银行机构都可能作为参与人或投资者加入城市设计活动中；债券发行是一种政府集资手段，无论是基金还是临时债券都可以拓展财政来源和收入。保障制度创新方向如表 5-10 所示。

基于背景制度变革的城市设计保障实施制度建构　　　　　　　　表 5-10

背景制度	背景制度变革方向	自身制度完善
公共财政制度变革	设立专业性的财政资金	财政奖励：如免税、资金奖励等
	建立社区公共物品反馈制度	利益相关方磋商制度，形成对公共物品的需求反馈
土地产权制度变革	开发权转移	容积率奖励
	协定性开发	空间形态的弹性化

〔资料来源：笔者自绘〕

3）政策评估——城市设计制度评估

（1）评估主体

基于政策理论，政策评估的主体应该是和政策有关的利益主体。因此，城市设计实施政策的评估主体主要包括居民、规委会、政府、其他组织如 NGO 等，同时也应发挥媒体监督作用，确保城市设计政策实施的评估可充分地体现民意。

（2）评估指标及评估方式

城市设计评估即要采取量化的评估，也需要采用访谈等定性评估。由于城市影响因素包括了城市的功能、形态、环境、经济、文化等，主要评价因素及制定指标的依据如表 5-11 所示。

空间公共性评价的主要依据　　　　　　　　表 5-11

类别	具体影响因素
性质	社区级、组团级、城市级、省级
可达性	区位（社区、中心区、远郊）、道路可达性、公共交通的可达性、开敞率、是否收费
功能	商业、文化、休闲、居住、交通

---

① 庄宇. 城市设计的运作. 上海：同济大学出版社，2004：165.

类别	具体影响因素
文化因素	历史遗产、人文活动、生活习俗
空间结构	道路交通组织、开放空间组织、空间肌理
环境影响	自然环境、人工环境

（资料来源：笔者自绘）

（3）城市设计实施评估的评估方式

由规划设计实施审查委员会（非官方组织）进行组织，可以采用社区居民访谈、网络测评、专业机构实地测评等方式，对不同地区制定不同的公共性评价标准，按照指标进行考核，但必须包括当地居民的意见。评估后的结果应反馈给政府规划管理部门，管理部门依据法律法规进行下一步的处理。

5.3 小结

本章从基于公共政策过程的西方城市设计制度化运作经验研究出发，回顾了我国城市设计运作制度的发展历程和存在问题，详细阐述了我国城市设计公共政策运作的"制度化"体系建构路径和策略，即通过城市设计运作的外部制度（制度化过程）以及城市设计的自身运行制度（制度维持过程）研究，提出了基于城市设计运作中的公共政策创新推动的相关规范性制度建构理念和实践方法。本章的研究要点如下：

首先，城市设计运行的外部制度建构是城市设计制度创新的基础性框架。城市设计的实施是在外部制度环境下实现的，以空间公共性价值建构为目标的城市设计制度创新的基础性内容就是外部制度的变革。城市设计运行密切相关的制度包括政治治理制度、公共财政制度及土地产权制度。政治治理制度关系到城市设计实施的主导者及实施方式，财政制度是城市设计实施的支撑，土地产权制度关系到公共利益维护的权利及责任。政治治理制度重构的主导方向是分权治理，赋予社区一定的规划编制及审查权力，引导居民自建社区公共空间。同时，改变治理模式，由单方面的行政许可向许可与激励引导相结合的模式转变；在公共财政制度方面，改变以往的财政拨款、政府职能部门运作的模式，设立专业型基金会等机构，独立管理城市不同类别的公共空间；在土地产权制度层面，通过明晰公共空间的用益物权，确保公共利益不受个体利益的侵犯。创立以土地产权为基础的开发激励机制，引导不同的开发主体在实现自身经济利益目标的同时促进空间公共性价值的实现。

其次，城市设计自身运行制度重构是城市设计制度变革的主体。本章基于公共政策理论对城市设计自身制度的建构进行研究，从政策的设计、政策的执行、政策的评估三方面提出了城市设计自身运作制度实践创新思路。明确了城市设计作为政策工具，其主要目标是维护及建构空间的公共性，政策制定及执行的主体应该包括政府、居民、非政府组织、设计师等利益相关方；其法律地位应进一步明确，成为控规实现的主要载体；在政策执行程序上，由原来的政府组织编制—专家评审—职能部门审批的过程，转变为政府及社区组织—居民及专家审议—职能部门审批的过程，并且由原来的规划方案公示转变为多层次的规划协商及沟通；在政策评估方面，设立第三方的规划实施评估机构，更加关注个体、社区对政策实施的意见，采取多种灵活的评估方式。

第六章

基于公共空间价值建构的城市设计空间文本诠释的"制度扩散"体系建构

城市设计制度体系的重建是基于公共空间价值建构的城市规划制度实践的重要组成部分。我们在上一章中讨论了城市设计政策运作中的制度化和制度维持机理。本章将从语义诠释的角度，探究如何通过城市设计手法实现城市设计文本对城市客体的诠释，从而进一步阐明城市设计空间诠释中的制度扩散作用。

城市设计文本通过从描述物到表现物的文本"替代物"形式，建构了"文本⟷城市"的诠释框架模型，体现了从空间形态到空间实践的诠释过程。其中，空间形态作为"描述物"，奠定了城市空间诠释的语义基础，而空间结构作为"表现物"，诠释了城市空间的社会实践价值。

6.1　城市设计文本诠释的空间设计导引框架

6.1.1　基于空间形态诠释的城市设计手法

索尔（Sauer，1925）[①]认为形态的方法包括在动态发展过程中归纳和描述结构性元素。文脉主义视角下的城市设计认为构成城市形态的三大要素包括人、物质及文脉（刘生军，2012）[②]。

6.1.1.1　空间句法——自由流动的城市文本

比尔·希列尔（Bill Hillier）提出的空间句法（Space Syntax）[③]理论，将空间句法模型作为城市空间结构分析的理论和工具，主要进行理性的空间评价，给城市设计提供理论上的依据。在城市设计手法上，以构建公共性价值空间为目标，通过空间句法的技术手段预测城市土地利用方案，促进城市用地的混合性，保障公共空间用地的落实；分析公共空间的可达性、空间的开敞性、历史文化遗存与公共空间的关系及预测土地利用。

6.1.1.2　要素整合——视觉话语的城市文本

研究城市物质空间要素的相互作用机制是城市空间作为描述物的认知方法之一。针对城市的文本性研究，"互文性"是指城市视觉话语的相互作用，那么城市

①　Sauer C. The Morphology of Landscape. University of California Publications in Geography，1925，2（2）：46.

②　刘生军. 城市设计诠释论. 北京：中国建筑工业出版社，2012：19 ~ 20.

③　空间句法（Space Syntax）理论：由比尔·希列尔（Bill Hillier）创立，其要旨可以概括为"空间的社会逻辑"。空间句法基本观点认为：任何一个城市系统都由两部分组成，即空间物体和自由空间。空间物体主要是建筑物，而自由空间是指由空间物体隔开的、人可以在其中自由活动的空间。空间具有连续性的特征，即从任何一点可以到达空间的任何其他点。空间句法就是对自由空间的表示（刘生军，2012）。

设计也可视为城市空间要素（视觉话语）的整合机制研究。城市要素在复杂的大系统中形成不同层次的整合关系，一般可分为：实体要素整合、空间要素整合等。在城市设计手法上，要素整合的方法表现为公共性要素叠合及多层次空间的叠合，公共性要素的叠合即通过多种公共性要素的并置，增加城市的地方文化性，如公园、绿地、城市小品等要素。多层次空间要素整合即通过不同性质空间的整合，增加城市公共空间的可体验性，包括地上与地下空间、自然与人造空间、历史传统与现代环境等的叠合。

6.1.1.3 文脉体系——时间性的城市文本

城市研究中的文脉研究主要是从时间的角度研究城市形态。在城市的文脉研究中，包括以下几种主要观点：（体系含义的）文脉统合、（位置含义的）文脉并置、（兼顾前面两种内涵的）文脉的延续性。在城市设计手法上，文脉统合通过模仿或复制传统的建筑风格或空间格局，力求延续曾经存在的建筑风格与空间关系，促进地方性空间在时间上的"统一"。文脉并置手法主要是把不同时代建筑群并置的同时保持地方特色和文脉的传承，每个建筑都是自身时代的表达，但新旧建筑之间需要鲜明而又独特的"共处"，既保持历史空间的特征，也结合现代的空间使用要求，才可保障空间公共性的营造（图6-1）。

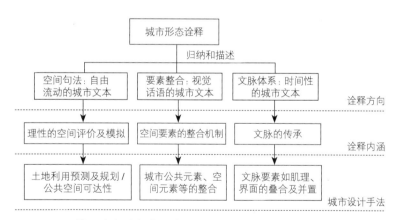

图6-1　基于城市形态诠释的城市设计实现空间公共性价值的手法

（资料来源：笔者自绘）

6.1.2　基于空间结构诠释的城市设计手法

结构一般指一个整体各部分的构成方式，结构主义认为结构不是物质性的，是因人的感知而存在的。诠释学的结构概念认为结构是内在的，具有独立性、整体性、内在性和转换性，以及动态的稳定性，是一个变化的过程。诠释学意义下的结构并不是具体的构造，而是一种为了了解事实而确定的理论模式。结构并不是不可认知的，对它的认识过程正是通过人的感知与诠释的过程。由此可知，城市结构的诠释主要表达城市时间及空间的特征、先验性的发展框架，这个框架主要体现在城市的整体性与秩序性、自然规定性与文化内在性、历史性与现代性上（刘生军，2012）。

6.1.2.1　整体性与秩序性——框架性的城市文本

整体性是结构或系统的首要特征，整体蕴含着一种秩序，秩序是结构保持动态稳定性的"根本要素"。城市的整体性及秩序性是城市结构演变的基础因素，是城市结构"非物质化"的重要载体，也是城市整体框架的核心。城市的整体性及秩序性作为城市的框架性文本，反映着城市的地方性。在城市设计手法上，对城市框架性文本的诠释主要体现在遵循传统城市的格局与秩序，维系空间的整体性及可识别性。

6.1.2.2　历史性与现代性——时空性的城市文本

城市结构的历史性是城市内部各要素的"传统关系"，决定了城市内部各要素的传统关系；城市结构的现代性是在历史性结构基础上的改变。对时空文本的诠释在于历史性与现代性的统一。现代地方性空间的营造离不开对历史性的继承，主要手法包括保持传统的城市尺度；延续传统的城市结构，协调建筑与开敞空间的关系；历史交往空间的再造，实现历史公共空间节点与现代公共空间节点的结合。维系城市结构的历史性与现代性的统一，即是营造城市的特色文化性。

6.1.2.3　自然规定性与文化内在性——地域性的城市文本

自然规定性是城市发展的自然条件，包括城市所在地形、地貌、水文、风向等自然影响要素；文化内在性是城市特有的文化，是城市地域性特征的集中体现。自然约束条件是城市结构形成的基础，内在的文化属性是城市结构的特色之源。自然规定性与文化内在性反映了城市的地域性特征，构成了城市的地域性文本。文化内在性是地方集体记忆营造的重要方面，地方性最终可以体现在地方的文化内在性上，而文化内在性也是在自然规定性的基础上逐步建构起来的。诠释地域性文本可以通过采取因地制宜的设计手法、植入地方文化符号、提供文化活动运作的空间、营造地方文化氛围等手段形成城市的文化特色，增加居民对本地文化的认同感及对本地的归属感（图6-2）。

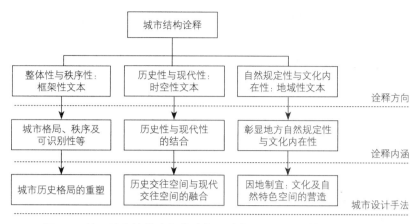

图6-2 基于城市结构诠释的城市设计实现空间公共性价值的手法

（资料来源：笔者自绘）

6.2 案例研究——以广州北京街龙藏社区空间为例

6.2.1 研究背景

6.2.1.1 研究范围

案例研究范围是广州市越秀区北京街龙藏社区和盐运西社区的一部分。北京街道属广州市越秀区，龙藏社区位于北京路商业圈内，社区内部有大佛寺和南越国水闸遗址等保护文物，北临书院群保护区，西临广州市起义纪念馆，东面为千年古道遗址，历史环境底蕴浓厚。研究范围约11公顷，西至教育路，南至惠福东路，东临北京路步行街，北依西湖路和书院群保护区（图6-3）。

图6-3 北京街龙藏社区空间区位关系

（资料来源：笔者自绘）

6.2.1.2 研究缘起

围绕旧城改造中的重点项目建设需要，广州市相关规划主管部门组织了开展一些城市设计编制实践工作。从问题分析看，已完成的城市设计方案强调空间经济效益的最大化，例如在旧城更新过程中，最大限度地进行土地开发，压缩了传统的公共空间，植入大型商贸或居住住宅，原有的社区生活空间被打破，把历史文物作为独立的个体进行保护，原有的集体记忆及公共空间难以再现，空间的公共性价值也受到影响。从社区空间改造实践过程看，龙藏社区在逐步更新的过程中存在着以下的问题：

第一，传统特色文化空间与居民日常生活空间的脱离。龙藏社区位于广州传统中轴线之上，作为传统的生活及商贸中心的重要组成部分，其文化和历史遗存是传统城市生活的主要载体。研究区域周边文物及近现代遗址建筑较多，并且以北京路历史文化街区为纽带串联到一起形成一个系统（图6-4），而研究范围内的文物更是传统社区居民生活的一部分，也是体现城市特色的主要文化符号，主要文物分布如图6-5所示，其公共性价值见表6-1。

图6-4 北京街龙藏社区周边的文物遗存
（资料来源：笔者自绘）

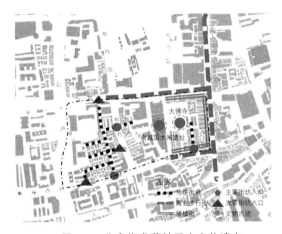

图6-5 北京街龙藏社区内文物遗存
（资料来源：笔者自绘）

龙藏社区和周边的文化遗存空间及其公共性价值 表6-1

历史文物	文化价值
大佛寺	始建于南汉，兼具了岭南地方风格，是传统宗教活动及民众祭祀场所
南越国水闸遗址	岭南古文化的符号，属"室内公共开放性文物"，可了解岭南文化根源
骑楼街	社区沿北京路的界面为保存完好的骑楼街，现为商业街，是岭南传统的商业及居住空间，具有较强的识别性
传统街巷	传统街巷如盐运西正街及一、二巷，九曜坊属于传统的社区空间肌理及空间形态，反映广州普通民居建筑及生活形式

（资料来源：笔者自绘）

现有的城市更新或城市设计的手法更倾向于把文化遗存进行孤立的保护，文化遗存与周边的空间相对独立。由于大型商业综合体、交通主干道等的分割，传统的文化空间及交往空间与现代的生活空间脱离，文化遗存的空间仅仅成为"文物"，文化空间弱化为受现代主流的商业空间支配下的装饰性商业文化符号，脱离了社区生活；其次，由于周边土地被开发，文化遗存所在周边地区的公共空间通达性、识别性较差。

第二，现代商业对传统空间格局的冲击。龙藏社区现状保存较为完善的传统街区有两块，均为民国期间建筑，体现出传统的街巷居住模式和商业模式。但是两片区被光明广场的大体量以及新建商业、办公建筑完全割裂，大面积的私有空间分割了原来的社区公共空间（图 6-6），龙藏社区的肌理破碎，公共空间通达性较弱，现在的更新建设方式严重破坏了社区的传统结构，把大部分的公共空间变成半私有化的商业空间。

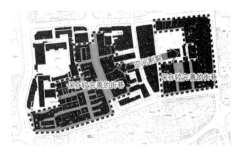

图 6-6　北京街龙藏社区空间格局现状分析
（资料来源：笔者自绘）

第三，传统的城市肌理被破坏。如今传统街区的更新改造方式存在一定的局限性。基于土地价值、商业氛围、车行交通等因素，大型的商业综合体及居住楼盘直接"植入"原有的社区空间，新建筑的介入破坏了原有的街区肌理。虽然在图底关系上能看到更多空白地块，但是它们并不能构成街道的公共空间，而是作为新建筑地面停车、碎片化的绿地等功能的专属空间，传统的城市形态及结构被改变（图 6-7）。

19 世纪 60 年代 ——→ 19 世纪 80 年代 ——→ 20 世纪初

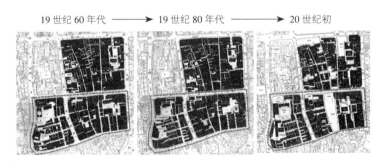

图 6-7　北京街龙藏社区及书院街不同年代的社区空间肌理
（资料来源：笔者自绘）

第四，公共空间可达性的减弱。基于 GIS 空间分析模块，对北京街 1967 年、1974 年、2000 年、2012 年的公共空间的可达性进行了分析，据此分析北京街空间联系的发展演变。以研究区域（主要为盐运西社区和龙藏社区）为例，对比四个时期的可达性分析结果，可以看出 1974 年社区内部到主干道的空间可达性较 1967 年有所提高，2000 年与 1974 年相比，社区内部公共空间的可达性局部弱化程度较大，2012 年较 2000 年社区内部空间可达性略有提高。总体看来，由于市政道路、商业及居住建筑的建设，研究范围内公共空间的可达性逐步减弱，如大佛寺、南国水闸、社区绿地等的步行可达性越来越低（图 6-8）。

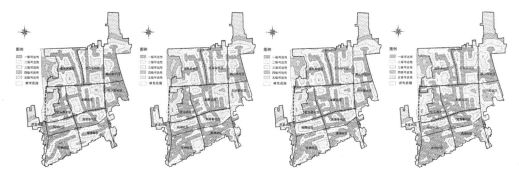

图 6-8 1967 年、1974 年、2000 年、2012 年北京街内部可达性分析图

（资料来源：笔者自绘）

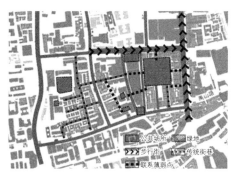

图 6-9 北京街龙藏社区公共空间及绿地分布

（资料来源：笔者自绘）

第五，微空间——社区公共空间及绿地的缺失。龙藏社区内部除了交通性质的传统街道，和大佛寺片区以及光明广场的两处小型公共场地外，没有其他公共场地供人活动和停驻。基地内部绿化多为行道树以及建筑单位内部围合的绿地，缺乏开敞性公共空间。东、中、西三个片区之间的联系较弱，尤其是大体量的光明广场将大佛寺片区分割出去，另外大佛寺片区与步行街之间也缺乏必要的步行及视线联系（图 6-9）。

6.2.1.3 研究目标和意义

由于地理位置优越、轨道交通设施建设等原因，龙藏社区及周边地区的土地价值逐步提升，大型的商业进驻，原来以社区生活和文化共享为主题的空间逐步变为以现代商业空间和交通空间，空间的公共性价值逐渐缺失。本小节旨在通过社区案例，探讨基于诠释学理论的，促进公共性价值空间生产的城市设计手法。因而，下文的研究重点将从城市形态及城市结构诠释的"城市设计文本"出发，探索以社区公共性空间价值建构为目标的城市设计的具体空间设计手法的创新框架。

6.2.2 基于城市形态诠释的公共性价值空间建构

城市形态诠释主要包含自觉流动的文本、视觉文本、时间性文本等三部分内容，空间句法、要素整合、文脉体系的延续等体现了相应的空间设计思路（表 6-2）[①]。

基于诠释学理论的城市设计手法创新　　　　　　　　　　　　　　表 6-2

城市形态诠释	诠释文本	设计手法
	自觉流动的文本：空间句法	土地的混合利用：确保公共空间用地，如广场、公园绿地等
		完善公共空间节点的可进入性，特别是步行可达性
	视觉文本：要素的整合	历史文物、公共活动空间、步行空间、传统商贸业空间等的叠合
		多层次空间叠合：地上与地下、历史建筑与现代建筑的叠合
	时间性文本：文脉的延续	文脉要素的叠合及并置，延续传统临街界面及街道的形态和肌理

（资料来源：笔者自绘）

6.2.2.1　空间句法——自由流动的城市文本诠释

1）强化土地利用的混合性

以更新改造为主，保留原有大部分建筑及功能，整体功能分区成混合状态，包含商贸、生活、传统宗教、居住、休闲等功能。其中传统街巷、大佛寺、公园以及骑楼商业街构成都市传统街道生活的核心部分。另外，为了改善千顷书院周围的建筑环境，拆除原来的研究院，复建盐运西社区的街巷空间（图 6-10）。

图 6-10　北京街龙藏社区用地的多种功能混合
（资料来源：笔者自绘）

2）加强公共性空间的可达性

在城市设计中，通过连接居住小区内部及商场内部的步行系统，建设步行道连接居住区、公共建筑、休憩广场与商贸建筑等不同类型的空间，提高公共活动空间

---

① 此部分研究内容参考刘生军：《城市设计诠释论》（2012）第 6 章中的相应研究框架，并结合本书研究目标进行了重新梳理和阐释。

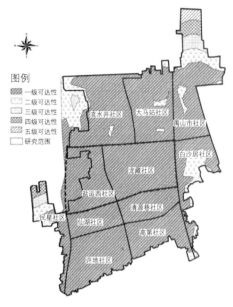

图例
一级可达性
二级可达性
三级可达性
四级可达性
五级可达性
研究范围

图 6-11　北京街城市设计空间优化后的公
共空间可达性分析
（资料来源：笔者自绘）

的步行可达性。基于 GIS 软件，分析设计方案中的公共空间可达性，可知社区公共空间的可达性较现状有所优化（图 6-11）。

6.2.2.2　要素整合——视觉话语的城市文本诠释

1）多公共性元素的整合

为了增强空间公共性的"可读性"，通过城市设计在空间上组织多类型的公共性元素，提升城市重点视觉文本空间的可读性。整理现有的公园、绿地并拓宽原有宗教活动场所，对历史建筑进行保护修缮，增加社区文体设施，修葺骑楼街并在底层赋予商业功能，最大限度地增强广大居民对社区的地方文化感知力。

2）多层次空间的叠合

研究范围内建筑密度较大，大型的商贸业建筑阻隔了空间的连续性，地上公共空间已经不能满足人口需求，因此把商场、公共服务设施、住宅等的地下空间联系起来，为居民提供多层次的公共空间。例如南越国水闸遗址在光明广场地下一层原址保护并对外开放，属全国第一例。大型的地下公共空间如图 6-12 所示。

6.2.2.3　文脉体系——时间性的城市文本诠释

1）延续传统街道的形态和肌理

传统社区的街巷空间组织（民国前的形态）由于大街巷被现代交通取代而呈现明显的大巷和小巷的特征。从街巷的名称以及形制也可以看出坊里制的，即粗放的街廓加上自由生长的小街巷，形成较为明显的树枝状结构，主街一般为南北向，支巷形式比较自由。图 6-13 为 20 世纪 60 年代书院街的空间组织结构，流水井、学源里、小马站为典型的主巷，为南北向，便于通达且利于获得街巷风。主街的排布限定出社区的基本框架，建筑依据进深自由组合，进深较大的地方则由小巷来划分。城市设计中通过保持原有街巷与主街的关系，延续传统的街道形态及肌理，实现了时间性的空间文本诠释。

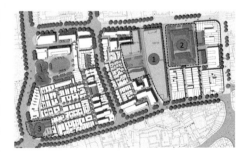

图 6-12　北京街龙藏社区大型地下空间示意图
（资料来源：笔者自绘）

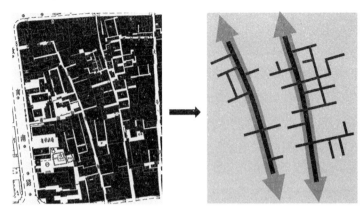

图 6-13　传统的街巷空间肌理提炼

（资料来源：笔者自绘）

2）恢复骑楼街的沿街立面

为了延续街区的文脉体系，在城市设计中应规范沿街建筑的形式及使用功能，确定保护沿街建筑的骑楼形态。具体的方法包括恢复原有的建筑外观，对立面的颜色提出指引，对新建的沿街骑楼提出高度控制等要求，保持沿街立面的传统性，为居民提供传统的消费、交通和居住空间的历史意向。

6.2.3　基于城市结构诠释的公共性价值空间建构

城市结构诠释的目标是在城市设计文本中，为居民认识城市的"先验性结构发展框架"提供空间诠释资源。城市结构具有变化的稳定性，是城市演变的"内在性"因素之一。诠释的主旨在于通过城市设计手法，实现城市整体性与秩序性的延续、历史性与现代性的统一，自然规定性与文化内在性的彰显，达到营造居民的空间认同感及对社区及周边的集体记忆的目标。具体的诠释方向及设计手法如表 6-3 所示。

基于城市结构诠释的城市设计手法　　　　　　　　　　　　　　表 6-3

	诠释文本	设计手法
城市结构诠释	框架性文本：城市整体性与秩序性	维系传统城市格局的整体性与地域性
	时空性文本：城市结构的历史性与现代性	恢复传统的具有岭南特色的街道尺度
		历史公共交往空间再造
	地域性文本：自然规定性与文化内在性	植入地方历史文化符号
		加强公共空间的地域性特征及可识别性

（资料来源：笔者自绘）

197

6.2.3.1 整体性与秩序性——框架性的城市文本诠释

通过城市设计增强街区内部功能区之间的联系，需要使基地功能与外围功能区产生联系，以增强街道片区功能的整体性。教育路为老广州的传统中轴线，与西湖路相交处为人民公园，也是广州市的传统公共空间。为强调龙藏社区教育路沿街面的城市形象，保留和修缮了千顷书院、复建部分盐运社区的传统街巷、结合小学新建了街头公园。北京路步行街是广州最繁华，最具文化氛围的商业街，为了增强龙藏社区与北京路的联系，将大佛寺北面扩建（视线联系）、并在北京路沿街面新增一主一次两个街巷入口（步行联系）。规划整合社区背面的书院街空间，通过入口广场的重新塑造和对景处理增强两者之间的联系。让居民可以感受广州千年的城市轴向与城市格局，实现城市结构的整体性与秩序性诠释，增加民众对社区及城市的认同感（图6-14）。

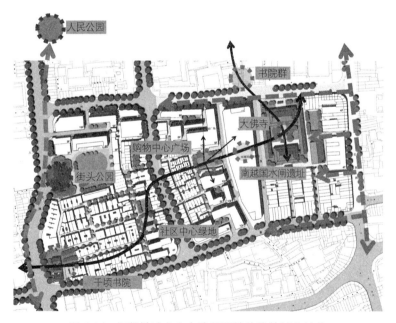

图 6-14　框架性城市文本诠释延续传统的城市结构

（资料来源：笔者自绘）

6.2.3.2 历史性与现代性——时空性的城市文本诠释

1）恢复龙藏及盐运西社区的街道空间尺度

研究范围内盐运西社区内建筑一般为 3 ~ 4 层，而街道的宽度（主街10 ~ 12m，小巷 5 ~ 6m）较窄，H（高）/D（宽）>1.5。在城市设计文本中，对街道的尺度进行指引，延续和恢复传统街道的尺度感，对街道两旁新建筑的建设提出指引，使新旧建筑共同维系传统街道的尺度感，为居民提供传统性的街道空间认知感（图 6-15）。

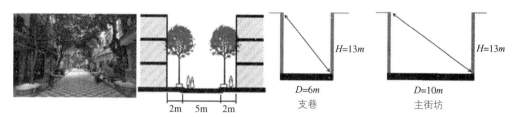

图 6-15　盐运西街空间尺度现状及盐运社区街道设计尺度示意

（资料来源：笔者自绘）

2）历史交往空间与现代交往空间的融合

在城市设计文本中，把历史性的交往空间如大佛寺、书院、骑楼街、民居周边绿地等与现代的交往空间如社区公园、学校、步行街、商业建筑相结合，为居民的生活及交往提供新的公共性空间形式。部分历史文化设施采用扩建、整治的模式，以便于居民的活动。例如，建议大佛寺采用部分扩建的方式，保存其南面的街巷空间，提供居民休憩的场所；在居住校区周边新增若干广场空间，满足居民集体活动的需求（图 6-16）。

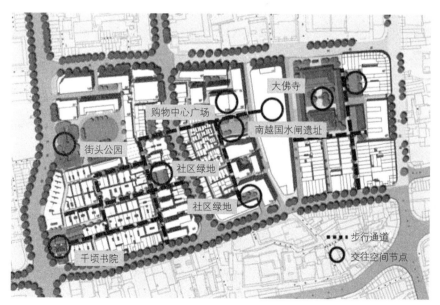

图 6-16　城市设计文本中的公共交往空间示意图

（资料来源：笔者自绘）

6.2.3.3　自然规定性与文化内在性——地域性城市文本的诠释

1）文化符号的植入

注重文化的延续与传承，在设计中应充分考虑植入适当的文化符号，增强公共空间的标识性和文化内涵，营造空间的地域性特色。主要措施包括增建 1 处重檐歇山屋顶的前殿，完善大佛寺的制式，前广场增设相应的标示和景观；在建筑里面特别是一层大厅入口增加南越国厚重感的建筑装饰和相关标识 2 处，开放一层大厅；增加 3 处街坊石质牌坊。

2）增强公共空间的可达性和识别性

通过对传统街道进行梳理，并适当增加公共绿地及广场，将各地块有效地串联起来，使核心区的四大功能区形成一个有机的整体。通过疏通部分街巷，增加一些街巷出入口来增强街区内公共空间的可达性。对不同功能的开敞空间给予不同的布置模式，社区内以开敞场绿地为主，大型商业中心以开放的广场为主，文物保护区以文化展览为主，增强不同开敞空间的识别性（图 6-17）。

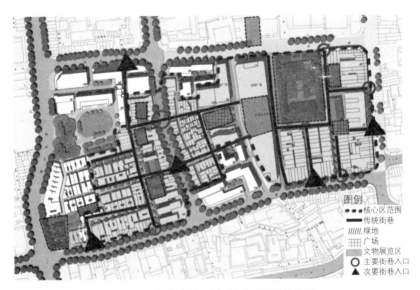

图 6-17　公共空间可达性及可识别性构建

（资料来源：笔者自绘）

6.3　小结

区别于传统的城市设计手法，本章基于诠释学理论对城市设计手法的创新进行探索，并且回应了基于"制度扩散"的公共空间价值建构要求。在第四章中，我们讨论了基于思想观念方面的模仿机制的制度扩散的四种制度要素：符号系统、关系系统、惯例和人工器物。其中，符号系统是制度规则和信念的传递者。理解、理论化、认知框架和重新组合（bricolage）是具有重要作用的机制。另外，"认知框架"作为对符号系统的扩展概念，对于信息或问题"取舍"（framing）具有重要的影响（Douglas，1986）[1]。城市设计是通过对城市空间文本的语义诠释，实现对空间意义的理念表达和实践建构。而语义诠释主要是通过基于符号系统的城市空间文本的指称和表达功能实现的（王燕子，2010）[2]。

在本章中，笔者首先研究了基于空间形态和空间结构诠释的城市设计手法的空间设计导引框架。城市设计的目的是通过空间手法创新实现地方空间权力关系的文化性重构。城市形态是城市空间的"描述物"，城市结构是城市空间关系的内在"表现物"。在城市形态方面，通过延续城市传统文脉，叠合多层次的空间元素，完善公共空间可达性等方面实现公共性。在城市结构方面，维系城市的整体性，实现传统性与现代性的统一，凸显文化内在性。

其次，通过广州市北京路龙藏社区改造的案例研究说明，在城市空间公共性价值的建构过程中，公共空间实体、城市肌理、社区活动、历史事件、文化符号、空间可达性等构成空间公共性价值的整体，这些要素是决定城市空间公共性的核心"影响因子"。城市设计在技术层面应围绕以上要素开展综合的空间体系营造，而不仅是只凸显其中某一方面。

通过城市设计手法实现城市设计文本的诠释方法创新，提升社区空间的公共性价值，是龙藏社区城市设计空间文本创作的根本出发点。基于语义诠释方法的城市设计手法的价值目标与传统城市设计手法的异同见表6-4。

基于诠释学的城市设计手法与传统设计手法的比较　　　　　　　　　　表6-4

	传统城市设计手法	基于诠释学的城市设计手法
设计目的	经济效益的最大化及树立空间形象	空间公共性价值的实现
土地利用	效益最大化为导向	土地的混合利用，确保民众对公共空间的感知与参与
城市形态	视觉效果为导向	建筑风格及特征的延续，建筑与开敞空间关系的协调，社区历史界面的延续，街区历史肌理的延续
交通设计	交通效率是主要考虑因素，步行与商业空间的结合	公共空间的可进入性，更侧重步行的通达性及公共空间与社区的衔接

---

[1] Douglas M. How Institutions Think. Syracuse University Press，1986.

[2] 王燕子. 文本问题的差异与对话——巴赫金与洛特曼的文化符号学理论研究. 内蒙古社会科学（汉文版），2010，31（5）：152–155.

	传统城市设计手法	基于诠释学的城市设计手法
历史文化元素的处理	作为建筑的符号	建筑符号，空间特色的主要元素
城市结构	以现代城市结构及建筑组合形态为主	植入地方历史文化符号，强调传统城市尺度以及结构的延续，历史公共交往空间的再造，提供地方文化事件运作的场所

（资料来源：笔者自绘）

目前，国内一些城市设计创造中所出现的"仿古"效果是通过单纯的模仿古文化符号，来表达地方性文化。但是，"假古董"的最终目的是商业利益及视觉焦点，而不是为居民提供适合他们的公共空间。对于以公共空间价值建构为目标的空间诠释手段而言，应避免流于形式主义，单纯追求"形似"，而造成"神失"。公共空间与文化符号、历史文脉、公众活动形式与习俗等是城市公共性的整体表达，在城市设计中不能分而置之。

第七章

基于公共空间价值建构的社区规
划"制度扩散与创新"体系建构

通过社区组织场域的实践论诠释方法，社区行动实现了哈贝马斯所谓的基于社会交往行为过程的公共性价值的"普通语用学"诠释。从制度建构的创新视角看，基于文化—认知性要素的制度建构，强调以组织和场域为基础的制度化过程，完善与强化人类在社会互动中通过符号系统和认知反馈建立的社会共同建构的知识和信念系统，这亦即体现了通过制度实践而实现的社会交往行动价值的建构过程。社区规划制度体系的建构借鉴西方社会规划的理念与方法，将从形式到内容上对国内现行的以城市规划制度体系作为实践平台的社区规划制度进行根本性变革，旨在提出基于社区行动的公共性价值建构目标，又符合我国当前社区管理实际，实效性较强的制度实践方法。本章将结合国内外社区治理的实践案例，对社区规划制度体系建构与行动计划编制提出详细指引建议。

7.1 社区治理的实践方法——以美国为例

在第三章中，我们讨论了以社会资本的建构为纽带，基于社区赋权和社区权力结构强化的公共治理实践价值。在本节中，笔者将从美国社区治理的历史发展视角，探索社区治理的创新实践方法和有益的借鉴价值。

7.1.1 美国社区治理的历史发展和特征

美国社区治理运动的兴起反映了 20 世纪晚期以来，在新自由主义和社群主义共同作用下，西方公共治理的政治实践重心从政府治理向地方治理的转型。新自由主义主张限制国家权力，增强经济与社会的自我调节能力；而社群主义批评新自由主义的个人中心主义，主张社会个体要从整体的利益出发，尊重共同价值（Bowles S.，Gintis H.，2002）[①]。在此两股思潮影响下的 20 世纪 90 年代，西方发达国家第三条道路的兴起，理论基础就是对新自由主义和社群主义的调和。社区被重新发现，成为地方治理的重点研究社会空间单元。克林顿政府时期提出的"授权区和事业社区"的法案，成为"再创政府"、"复兴美国"的重要手段之一（吴晓林，郝丽娜，2015）[②]。

---

① Bowles S,, Gintis H, "Social Capital and Community Governance". The Economic Journal，2002，112：483.
② 吴晓林，郝丽娜 ."社区复兴运动"以来国外社区治理研究的理论考察 . 政治学研究，2015，1：52–53.

7.1.2　基于社区权力建构与社区治理的公共空间价值建构

博克斯[①]（2005）指出，20世纪90年代以来兴起的美国社区中的公民治理本质上是一种微观层次上的参与民主，其追求的民主属性是强调政策议程自下而上的优先性、公民参与的代议制、实质民主性（王琪，孙立坤，2014）[②]。以下列举美国社区治理实践中的三个典型案例，进一步阐明基于地方性文化空间、社区治理结构和社区治理过程实现的社区权力的空间与语言诠释机制（吴晓林，郝丽娜，2015）[③]。

7.1.2.1　地方性文化空间——社区权力的空间诠释

地方性知识（local knowledge）构成了社区治理的内在环境。地方性知识主要包括居民以血缘关系为纽带的亲戚伦理关系、传统文化习俗和心理认同感。地方性知识是特定区域社区治理的关键因素。研究发现，印第安人通过代表性问题、亲戚关系、家庭和家族联系，共享历史和知识、其他社会价值和经济联系的做法，来促进文化合法性的改变，这些要素基本上与当地的地方性知识重合（Hunt J.and Smith D. E.，2007）[④]。节点治理（nodal governance）成为一个基于社区心理认同感的新研究范畴，节点治理的本质是强调地方能力和知识可以增强贫困地区自我导引的同时，增强、恢复、确认以及再制度化人们的集体社会资本的方式（Shearing C.，Wood J.，2003）[⑤]。研究者们判断，人们容易忠于自己固有的行为习惯，对新事物的接受仍需要时间，因此，社区治理改革要充分考虑居民的地方性知识。

案例一：印第安人原住民社区的部落赋权与文化认同培植（Rivera，Héctor H.，Tharp，Roland G.，2006）[⑥]

在工业文明的冲击下，美国的印第安原住民部落出现了较大的文化困境，并影响了社区的传统文化价值的认同与传承。在此背景下，通过社区教育改革实践，实现了部落授权和文化基因的代代传承，提升了自我认同感和社区的凝聚力。

在新墨西哥城普韦布洛的印第安人"祖尼人"社区（the Pueblo Indian community of Zuni in New Mexico）中，1980年代成立的祖尼公立学校因为禁止教给学生本土语言、文化跟宗教，以防原住民族群势力的扩张，割裂了社区居民与其地方性知识

---

① ［美］理查德. C. 博克斯. 公民治理：引领21世纪的美国社区. 孙柏瑛等译. 北京：中国人民大学出版社，2005：8-9，19，145.

② 王琪，孙立坤. 民主与科学同构的逻辑：一个微观层次参与式民主的探讨——读Richard c. Box《公民治理：引领21世纪的美国社区》. 甘肃行政学院学报，2014，3：50-51.

③ 吴晓林，郝丽娜. "社区复兴运动"以来国外社区治理研究的理论考察. 政治学研究，2015，1：52-53.

④ Hunt J，Smith D. E. "Indigenous Community Governance Project：Year Two Research Findings"，Canberra：Centre for Aboriginal Economic Policy Research Working Paper. Australian National University，2007：36.

⑤ Shearing C.，Wood J. " Nodal Governance，Democracy，and The New 'Denizens'". Journal of Law and Society，2003，30（3）.

⑥ Rivera，Héctor H，Tharp，Roland G. A Native American community's involvement and empowerment to guide their children's development in the school setting. Journal of Community Psychology，2006，（34）4：435-451.

的联系，因而受到了祖尼原住民的极大抵触，辍学率和逃课率居高不下。为了给祖尼儿童创造一个更合适、更有效的教育体系，祖尼社区的居民开始了具有祖尼特色的社区教育体制改革，以维护地方性知识的延续发展。新的教育体系强调两方面内容：一是关于社区的历史、信仰和价值观的教育引导；二是将教育活动与社区实践紧密结合，让孩子们积极参与社区文化实践活动，使对于部落的授权融入孩子们的社会化参与的积极行动中。因此，祖尼社区的教学改革体现了地方文化在创造社区感和社区授权中的重要意义。

7.1.2.2 社区治理——社区权力的行动诠释

1）社区治理结构

社区治理实践包含治理结构和治理过程。社区治理结构是指社区治理中的主体关系，既包括社区组织与外部组织（政府或市场）的结成的关系，也包括社区内部的主体关系。社区与外部治理主体的关系，是国外社区治理研究领域较为集中的研究对象。从结构而言，社区治理则包含国家、公民、社会组织、市场等多重角色。博克斯（2005）指出，社区公民治理系指社区公民（community citizens）、社区代表（community representatives）与社区实务工作者（community practitioners）三者之间的密切合作所组成的统治系统。

美国实行社区自治，其最主要最直接的治理主体是各种官方、半官方和非政府的社区组织。所有城市都有负责社区治理的官方部门。以美国亚利桑那州的坦佩市为例，市政府之下，有3个部门专门负责社区的治理与发展，分别为社区发展部、社区关系部和社区服务部。同时，市政府下还设有公共事业局，负责全市（包括社区）的有关公共事业的基础设施的维护。在美国的大城市中，由于社区的情况更加复杂，因此部分政府也设立了具有半官方色彩的机构，协助政府部门进行治理。以国际大都市纽约为例，纽约市划分为59个行政区，每个行政区都有一个社区委员会。社区委员会实际上是一个半官方的机构，成员可由政府部门指定，也可志愿服务，但不从政府部门领取工资。社区委员会的职责在于制定实现社区目标的计划、聘用社区管理人员、组织社区公众听证会等。更为重要的是，社区委员会反映社区的民意，成为连接政府机构和社区的纽带。

另一个活跃在社区自治领域的主体是社区组织。与社区委员会不同，这种社区或邻里协会（Neighborhood association）是纯粹的非政府组织。再以美坦佩市为例，市政府鼓励市民组织邻里协会，邻里协会可以由于对某种专门事项而组织，也可以为了提高社区的认同意识而组织。社区组织的特征反映了政府与该组织的关系。首先，政府不干预社区组织的运行与决定，赋予该组织最大的自治权；其次，该组织具有强烈的志愿色彩；第三，在需要的情况下，政府给予该组织行政上的支持与操作实践上的协助。

有部分私人企业也成了社区治理的主体，这些企业包括社区化的小企业发展中心、小企业投资公司、社区开发公司、社区贷款中心等，他们在政策与资金方面受到政府的支持。通过与政府建立合作伙伴关系，也承担部分原属于政府的社会管理职能（姜雷，陈敬良，2011）①。

美国的社区发展公司（Community Development Corporation，CDC）是介于公有部门和私人部门之间的非营利组织，是美国联邦政府通过财政转移支付为城市政府和社区提供发展资金的载体，其主要工作是在低收入或中等收入社区增加房屋供应量和工作机会。美国社区发展公司的历史可以追溯到 20 世纪 60 年代至 80 年代，社区发展公司的形式更加多样化，它们与私人机构结合形成伙伴关系，依靠全国性非营利组织的资金和帮助，使社区服务更加专业化，对城市政治、经济和基础设施建设起了重要作用（程又中，徐丹，2014）②。

案例二：洛杉矶少数族裔在选举政治中体现的社区权力的规制性建构特征（Steven H.，Robert R，2002）③

洛杉矶地区的选举很好阐明了民主协商的社区权力是如何分配和构建起规制性的制度的。洛杉矶地区的亚太裔（APA，Asian Pacific American）由于族群分散在不同的地理区域，因此在社区选举时常常因为不能够集中足够的投票人而落选。即使是在洛杉矶、纽约、旧金山这三个亚太族裔主要集中的城市，在七十七个市议员席位中他们一般也只能得到两个，话语权非常薄弱。因此为了更好地了解少数族裔的想法，采用了与传统选举方式不同的、更符合亚太族裔价值需求的选举方式。

洛杉矶有 15 市议会选区，每个选区选举一个委员来代表本选区超过 232000 人的意愿。按照原有的投票规则，只有具备选民族裔比例的相对多数或者人口地理分布的相对集中，才可能使其代表获得议会席位的优势。但是 APA 群体分散的地理分布成为少数派选民的参政瓶颈。为了增大少数群体的话语权，洛杉矶市开始了对选区进行"三席位"或者"五席位"的联合计票制度的改革，这样 APA 群体得到代表席位的机会大大增强，话语权将得到明显提升。

由此可知，美国的社区权力通过地方选区与社区利益族群的政治参与代表制度的设置与改革，得到规制性的实施保障。

---

① 姜雷，陈敬良.美国城市社区治理实践及其对我国社区工作的启示.北京工业大学学报（社会科学版），2011.11（5）：22–23.

② 程又中，徐丹.美国社区发展公司：结构、模式与价值.江汉论坛，2014，1：56.

③ Hill，Steven；Richie，Robert. New means for political empowerment in the Asian Pacific American community. National Civic Review. Winter，2002，91（4）：335.

2）社区治理过程

如果说治理结构关注官方和非官方行动者组织化和制度化的安排，那么，治理过程则通过治理结构的调整和运行，产出相应的治理结果。皮特斯（Peters B. G.，2002）[1] 认为治理作为一种过程，涉及政府社会的互动，如果忽视社会具备理解自身事务、并且寻求解决方案的良好的能力，在做决策时"政府就变成了层级节制和笨拙的结构"。从过程上来看，"过去的统治模式是一种单行道的统治，目前则转变为双向道的治理"。近年来，西方学术界聚焦于"社区赋权"（community empowerment）的研究，实际就是深入社区治理的具体过程，探寻社区治理的密码。

社区赋权研究是通过对社区资本的建设考察完成的。首先，这是一个通过社区参与形成新的公民参与网络的过程，解决了集体行动中的囚徒困境悖论问题。因为在小型共同体特征的公民社区中，相对密集的公民参与网络使每个人对对方行为可以预测，能有效避免机会主义和搭便车行为，降低交易成本，促进合作（乔治，2003）[2]；其次，这也是通过社区参与实现赋权的过程，即重建社区权力结构，向穷人赋权的过程（费里德曼，1997）[3]。在社区建设中，参与式发展的核心是赋权（Empowerment），是对于扶贫发展计划和活动全过程的"权力再分配"，是在平等商谈基础上增强和提高社区穷人和弱势群体的自信、自尊和能力的过程（潘泽泉，2009）[4]。

案例三：爱荷华州小型社区中的社区资本效应，以及社区治理的权力实践过程的观察（Whitham M.，2012）[5]

Whitham 的研究评估了市民网络和聚集地网络这两种社会资本形式在促进成功的社区建设的潜能，即社区运转满足居民需求的程度。Whitham 应用爱荷华州 99 个小型社区数据来研究小镇社会资本的效应，把社区生活的中观和微观层面结合在一起，研究社区层面的社会资本网络与社区个人居住经历如何联系起来。研究结果证明：在市民网络密集的小镇，居民更倾向于对他们的社区、它的政府服务、当地便利设施给予"成功"的评价，而那些聚集地网络密集的小镇，居民更倾向于把整个社区和当地便利设施评价为"成功"。这些结果进一步表明，社会资本对社区一系列积极效果的产生，至关重要。

以上案例研究表明，通过对社区资本的观察与测度，可以形象地阐释社区治理过程中的地方权力结构的变迁，以及促进信任与集体行动的能力。

① Peters B. G. "Governance: A Garbage Can Perspective". IHS Political Science Series，2002，84：6.
② 乔治·B. 社区权力与公民参与. 北京. 中国社会出版社，2003，76.
③ 费里德曼. 再思贫困：赋权与公民权. 国际社会科学杂志中文版，1997，4（2）.
④ 潘泽泉. 参与与赋权：基于草根行动与权力基础的社区发展. 理论与改革，2009，4：70–71.
⑤ Whitham M. Community Connections：Social Capital and Community Success. SOCIOLOGICAL FORUM. 2012，27 2：441–457.

7.2 社区规划制度实践的西方视角——从公共政策到行动纲领

7.2.1 社区规划理论发展的西方脉络

现代城市规划理论起源于西方国家政府为了解决市场经济机制引发的社会、空间和环境问题而进行的城市公共管理实践。在其发展进程中形成了由本体理论和程序理论构成的基本理论框架，反映了城市规划理论中涉及的专业价值认知和社会行动方法等不同的命题。

社区规划是一定时期内社区发展的目标、社区发展的框架、社区发展的主要项目等总体性的计划及决策过程。社区规划将社会规划（social planning）的理念和方法融入传统城市规划（urban planning）体系之中，意味着在城市规划本体论方面从系统综合观向问题、目标和发展导向观的转变；在程序论方面从政策理性路径向交往理性路径的转变。

在西方国家的具体实践中，又可将社区规划根据社区行动的主体及机制差异分为两类：

一是政府资助和主持制定的社区战略发展规划和行动计划——强调"自上而下"以经济发展为目标的社区战略规划和公共政策内涵；主要包括两种模式（威廉·洛尔，2011）[①]：

第一种模式，美国联邦政府以财政资助和税收奖励为主要手段，促进城市更新建设的社区行动计划（CAP: Community Action Program）和模范城市计划（Model City Program）；社区行动计划实施使社区规划跳出了物质空间再开发的狭窄思路，采取社会、经济、政治相结合的综合视角来分析社区发展问题。

第二种模式，政府组织和资助促进公共私人部门合作的社区规划编制，避免以追逐商业效益为目标的传统综合土地利用规划对社区利益的损害。

二是通过政府引导，各类非政府机构和社区组织合作开展的社区规划——强调社会规划中的公众参与和社会行动内涵。

7.2.2 从社会规划到社区规划——社区规划制度发展的社会实践内涵

7.2.2.1 西方社区规划制度的发展历程

不同于国内社区规划制度依托现有城市规划制度体系的特点，西方社区规划制

---

① 威廉·洛尔著. 张纯编译. 从地方到全球：美国社区规划 100 年. 国际城市规划，2011，（2）：85 ~ 99.

度的建立和发展起源于社会规划，并逐步从社会政策制定导向转向重点以社区为载体社会发展行动计划和实践。

1）西方社会规划的发展历程

西方社会规划起源于19世纪末，可分为三个发展时期（表7-1）。

西方社会规划的发展历程 表7-1

时期	时间	主要特征	详细内容	规划案例
起源期	19世纪末至1930年代	面向贫困问题的社会服务规划	现代意义上的社会规划。较长一段时期内，以社会服务为基础的规划思想一起是西方国家解决城市贫困、种族隔离等社会问题的主要手段，地方机构和志愿团体是主要实施者	美国1886年开始的以芝加哥Hull House为代表的住房运动
繁荣期	1930年代至1980年代	国家推动下的社会干预行动	20世纪30年代的经济大萧条推动了美国政府干预下的社会规划的发展。政府开始重新界定他们在经济和社会领域的职责，设立社会机构承担规划、政策的制定以及社会协调和慈善服务等工作，需求评估、服务规划和项目评价等方法也得到普遍使用。1960年代以来，人们开始用制度的观点看待社会福利，社会规划为各群体面对制度变化和社会环境的挑战提供功能性支撑（Kahn，1969）	加拿大多伦多市1937年成立了第一个社会规划团体——多伦多地区福利委员会，积极参与失业保险、可供给住房、健康保险、公共养老金、最低工资待遇、家庭服务及其他社会计划
转型期	1980年代至今	关注社会公正的地方协作规划	进入1980年代，福利国家理论在西方发达国家普遍陷入危机，社会规划逐渐淡出国家层面的政治舞台。1990年代，提供公共服务的地方政府和社会机构开始承担更为广泛的社会规划和服务职责，越来越多的社会组织和团体投入到社会规划活动中。如今，社会规划更多体现为城市、社区一级的地方行为，关注多元化的社会需求的满足和个人选择权利的实现（Zizys，2004）	

（资料来源：刘佳燕，2006，笔者整理）

2）西方社会规划向社区规划的转向

西方社会规划的发展反映了从面向福利和发展的社会公共政策设计，向以社区为基本空间单元的地方社会治理建设的演化路径。

对"社会规划"的解析应根据早期和后期发展的不同特征，赋予不同的概念内涵。Kahn、杨伟民等学者认为，早期的西方"社会规划"与"社会政策"密切关联（杨伟民，2004）[1]；而后期社会规划的过程就是"试图将政策转化为计划和实践"（Kahn，1969）[2]。可见，两者之间体现为目标和手段的承接关系。"社会规划"概念在后期更多融入社区自治发展行动计划之中，体现出以"社区组织"为载体的，公众参与的社区规划特征（表7-2）。

---

① 杨伟民. 社会政策导论. 北京：中国人民大学出版社，2004：7~53.

② Kahn A J, Theory and Practice of Social Planning, New York：Russell Sage Foundation，1969.

	格拉斯哥社区规划	荷兰邻里行动规划	奥克兰第 23 街社区 行动规划
规划 过程	与各种机构建立伙伴关系	焦点小组，非正式地形成社区每月召开 的会议。 　督导委员会会根据每月会议的情况做一 个调查并下发到社区。调查分两次进行。 　由于没有得到租房客和小青年足够的响 应，第一次调查的结果并不能完全代表 社区。 　第二次调查使用更新的数据库和问题， 送到长者、租房客和青年	第一个社区会议 后续会议 第二个社区会议 后续会议和调查 单独会见关键成员
规划 机构\ 参与 团体	格拉斯哥志愿机构理事会 大格拉斯哥的 NHS 委员会 格拉斯哥学院集团 斯特拉克莱德消防及救援服务 斯特拉克莱德警方 格拉斯哥商会 格拉斯 RON CULLEY IanTAYLOR JobcentrePlus	NRP 督导委员会（由民选议员和 1 名 成员由董事会委任）	东湾亚洲地方发展公司 东湾亚洲青少年中心 东区艺术联盟 老挝家庭社区发展中心 圣安东尼奥社区发展 公司
规划 主题	工作格拉斯哥 学习格拉斯哥 健康格拉斯哥 安全格拉斯哥 活力格拉斯哥	社区住房 社区企业 社区犯罪与安全 社区环境 社区青年、家庭和教育 社区艺术 社区交通	安全的街道 艺术和学习 鼓励好的设计经济实 惠混合使用开发 培育邻里服务商业的 发展

国外典型社区规划简介 表 7-2

（资料来源：笔者根据《格拉斯哥社区规划》、《荷兰邻里行动规划》、《奥克兰第 23 街社区行动规划》的项目成果资料总结而成）

7.2.2.2　西方社区规划制度运作的基本框架和社区行动内涵

1）基本框架

（1）选出代表相关利益者的机构

在进行社区规划之前，应选出代表社区中相关利益者的机构（暂称该机构为社区指导委员会），这些机构必须具有普遍的代表意义，时刻关注社区发展，并能够了解社区相关利益团体的需求。为了代表利益相关者，这个机构将会积极保持与社区的接触和对话，是社区规划的编制主体。

（2）公众参与的方法

公众参与的对象包括与社区相关的各种社会群体和组织：社区规划者、管理机构、相关专业专家、利益相关群体（开发商和投资商）和非政府组织等，公众参与的内容包括基线状况研究、社区观察和社区咨询等内容（图 7-1）。

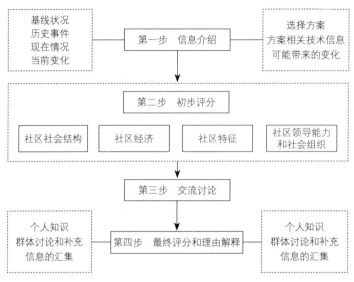

图 7-1　交互式社区讨论会的程序

（资料来源：刘佳燕，2006）

基线状况研究：考察社区现状情况和历史发展趋势。主要包括人口特征、历史背景、环境资源、政治组织制度和社会文化和社会心理等内容。

社区观察：观察社区行为和交往的特点和模式。

社区咨询：是社会分析过程中获取目标群体即时信息和意见的重要途径，一般可分为外部咨询和内部咨询（刘佳燕，2006）[1]。

（3）界定社区问题

社区规划者应该不仅聚集于城市的物质环境，同时也应承担起解决社会问题、实现社会目标的重大职责（Ille，1976）[2]。社会问题总体上可概括为结构性问题、变迁性问题、越轨性问题和道德性问题等四大类。

结构性问题：由某些制度性、政策性因素，或社会发展中不可逾越的阶段引起，如人口膨胀、贫困、失业、社会分异等；变迁性问题：社会发展变迁阶段的特定伴生现象，如二元社会、农村劳动力转移、环境污染、家庭解体等；越轨性问题：一般属于个人行为偏差，包括自杀等一般性越轨和社会犯罪等严重越轨行为；道德性问题：偏离某项社会道德规范的行为。

从社区范畴看，由于我们重点强调"社区"概念的空间邻接性和地方性特征、社会互动参与和行动特征，以及地方治理结构特征，是一种从整体结构层面对基础性社会空间单元进行研究分析的方法，因此，结构性问题和变迁性问题自然成为社

① 刘佳燕.国外城市社会规划的发展回顾及启示.国外城市规划，2006，21（2）：51 ~ 55.

② Ille MM. Social Problems and Collaborative Planning：Toward a Theory and Model of Social Planning：doctoral dissertation. Portland State University，1976.

区规划研究的重点。

（4）确定规划主题

在了解社区发展的现状及问题的基础上，规划团队需要明了社区居民及各种组织的发展需求，从而确定社区发展面临的需要解决的问题，即确定社区规划的主题（Themes）。规划主题跟社区需求密切相关，确定规划主题的过程就是研究社区需求的过程。正如《苏格兰社区规划法定导则（The Local Government in Scotland Act 2003，Community Planning）》（英国）所描述的，"在社区规划合作开发和制订的具体策略和主题应该是一个共享的过程。规划规划的组织者应在这一过程中承担起领导作用。应鼓励合作伙伴参与，从而确定适当的主题。"

社会需求反映了社会和个体追求更高生活质量的理想表达。社区规划中的"社会需求"概念具有更为重要的内涵和意义。它作为"现状"与"期望"之间的差距（Kaufman，1994）[1]，反映出有机体在某种压力状态下，基于行动诱导而追求平衡恢复的动力。根据 Bradshaw 建立的基于供需双方之间契约关系的"需求—规划"模型（图 7-2），在公众参与和自治权利的保障下，需求方可以较好地实现需求的自主表达和传递。而社区规划中的需求研究，也就是各种社会需求向行政和规划决策的专业人员界定的"规范需求"转化进而作用于规划制定的过程（刘佳燕，2009）[2]。

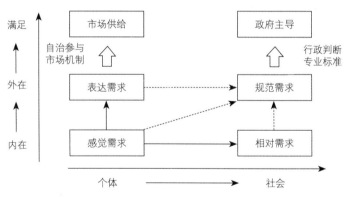

图 7-2　Bradshaw 的需求—规划模型图

（资料来源：刘佳燕，2006）

社区需求研究的目的并不局限于促进对于具体社会问题的认知，而是更多体现在协助决策者制定长远的规划策略。因此，理想的需求研究过程，不仅包括对研究对象的全面再现（需求调查），还包括研究主体的理解和诠释（需求分析），最后形成能指导策略选择的规范性原则（需求评估）（图 7-3）。

① Kaufman R. Auditing Your Needs Assessments. Training &Development，1994，48（2）：22 ~ 23.
② 刘佳燕. 城市规划中的社会规划——理论、方法与应用. 南京：东南大学出版社，2009：101 ~ 113.

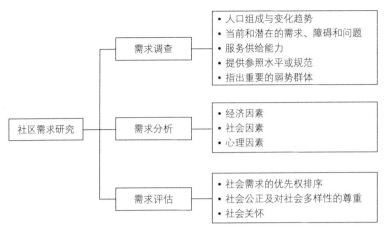

图 7-3　社区需求研究的内容

（资料来源：刘佳燕，2009）

　　需求调查，是收集和整理目标人群的现状信息，界定需求的过程。Harlow[①]（1993）提出了进行规划需求研究的信息金字塔模型。相对于宏观层级的总体规划，微观层级的社区规划更能在付出较低门槛成本的代价下推进至各个层级，从而较易获得各类需求信息。

　　需求分析，是确定需求产生的原因，包括现有和潜在的障碍和问题。传统关于需求和消费的诠释中，通常使用古典经济学中将消费者作为信息充分的"经济理性人"的供求关系模型。随着社会学、心理学在需求和消费领域的研究深入，社会需求的分析中开始强调需要综合考虑多重影响因素，如经济变量（收入、支出水平）、社会变量（社会制度、阶层、文化、家庭等）、心理变量（需求与消费过程中的心理活动、个性偏好、特殊动机等）。"特征——需求服务"矩阵，以"生命周期"、"人口特征"和"服务统一体"等要素作为研究维度，开展交叉研究。其中，服务统一体主要关注健康、教育、文化、商业等社会公共设施，可分为公益性公共设施和经营性公共设施两类。对现状服务供给的分析，主要内容包括：（空间的）可达性、（社会的）开放性、（服务内容的）适宜性、服务质量。

　　需求评估，是通过将需求的实现成本与忽略后所需付出的代价进行比较，从而确定优先权的过程。它是联系需求研究与规划制定的关键环节。评估成果应体现以下三项目标：社会需求的优先权排序、社会公正及对社会多样性的尊重、社会关怀。

　　社区规划的主题是社区规划需要解决的社区重大问题，也是社区内的居民及其他群体最为关心的问题。上述研究已经证明，规划主题的确定是社区各群体和组织共同商讨的结果，每个社区可以有不同的主题。纵观国外一些社区规划，其主题的

① Harlow K S. Turner M J. State Units and Convergence Models: Needs Assessment Revisited. The Gerontologist. 1993，33（2）：190-199.

重点方面又具有某些共性（图 7-4）。

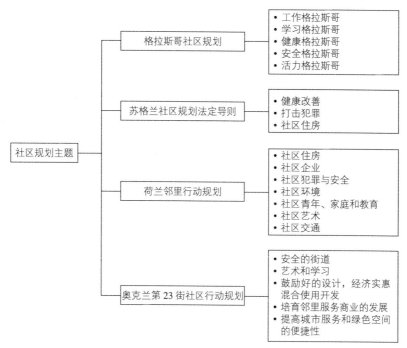

图 7-4　国外社区规划的主题

（资料来源：笔者自绘）

2）社区行动内涵

在国内外的一系列具体实践中，将社区规划根据社区行动的主体及机制差异分为两类：一是政府资助和主持制定的社区战略发展规划和行动计划——强调"自上而下"以经济发展为目标的社区战略规划和公共政策内涵；二是通过政府引导，各类非政府机构和社区组织合作开展的社区规划——强调社会规划中的公众参与和社会行动内涵。而这类社区规划，又以美国、英国、日本和我国台湾较为典型。

在美国，以鼓励自由市场经济为导向，实施"企业区实验"（Enterprise Zone Experiment）、划定"授权区"（Empowerment Zones）和"商业改良区"（Business Improvement Districts）等税收调节措施为手段的社区经济刺激计划（Lloyd 等，2002）[1]。在这一时期，社区发展公司（Community Development Corporation，CDCs）（Perry S.E., 1987）[2] 作为社区规划的编制组织和实施主体发挥了重要作用，意味着城市规划编制和实施的责任及权利的转移，赋予了社区发展公司等中介组织崭新的角色。

---

① Lloyd M G., McCarthy J., McGreal S., Berry J. 美国城市更新中的财政奖励措施，易海贝译. 国外城市规划，2002, 3: 16.

② Perry, S. E. Communities on the way: Rebuilding local economies in the United States and Canada. Albany: State University of New York Press. 1987.

在英国，社区规划合作组织（Community Planning Partnerships，CPPs）推动了社区规划从传统的空间规划（Spatial Planning）向以促进社区参与和提升公共服务水平的行动战略的转变（刘玉亭等，2009）[①]。社区规划一般分为市区、城区和邻里等不同层次，其内容一般包括远景战略、关键主题、监督和审查框架、行动目标和计划等。

在日本，以"社区培育（まちづくり）"计划为代表的公众参与式的社区规划，将实现历史文脉营造、多元文化共生、社区生活场域构筑和可持续环境发展等作为实践目标，成为"自下而上"的社区行动实践的楷模（于海漪，2011）[②]。

在我国台湾，"地区环境改造计划"通过政府资助和专业的社区规划师协助，使自治型的社区市民团体成为社区建设的主角。"社区规划师制度"推动了自发性、主动性的都市空间改造模式发展，并已成为台北市社区规划与实践政策的主轴（许志坚，宋宝麒，2003）[③]。

总之，从规划内涵上，社区规划将社区作为研究和解决城市问题的基本空间单元，反映了城市规划从"物质形体设计"走向全面社会发展规划的重要思想流变（陈眉舞，张京祥，曹荣林，2004）[④]；从规划目标上，有别于传统的以财富增长为主要目标的城市发展战略，社区规划将追求社会福利最大化，促进社区的全面发展作为其根本目标（侯成哲，张弛，2010）[⑤]；从规划方法上，社区规划采用公众参与等社会行动方法，对传统上基于理性综合的城市规划制度体系进行了重大调整（沈锐，2004）[⑥]。因此，从一系列实践看，社区规划反映了其作为社会行动的制度实践的本质内涵。

7.3 中国的社区发展和社区规划制度探索

7.3.1 社区发展和问题分析

我国是发展中国家中最早进行社区建设实验的国家之一，早在20世纪30年代，梁漱溟就发动领导了著名的乡村建设运动。当代中国特色的社区建设起源于1990年代以后城市管理体制的改革发展（姜劲松，2004）[⑦]。由于政治经济发展背景的特

---

① 刘玉亭，何深静，魏立华. 英国的社区规划及其对中国的启示. 规划师，2009，（3）：85 ~ 89.
② 于海漪. 日本公众参与社区规划研究之一：社区培育的概念、年表与启示. 华中建筑，2011，2：16 ~ 23.
③ 许志坚，宋宝麒. 民众参与城市空间改造之机制——以台北市推动"地区环境改造计划"与"社区规划师制度"为例. 城市发展研究，2003，10（1）：16 ~ 20.
④ 陈眉舞，张京祥，曹荣林. 我国城市社区规划的理论构架及其实践机制研究. 南京工业大学学报（社会科学版），2004，4：45 ~ 48.
⑤ 侯成哲，张弛. 城市规划与社区规划的异同和互融. 城市问题，2010，2：63 ~ 67.
⑥ 沈锐. 社区规划的理论分析与探索. 西北大学硕士学位论文，2004：41 ~ 44.
⑦ 姜劲松，林炳耀. 对我国城市社区规划建设理论、方法和制度的思考. 城市规划汇刊，2004，（3）：57 ~ 59.

殊性，我国社区建设的思想、内涵和方法与以地方自治为基础的西方国家的社区实践仍存在着较大差异，因此，必须对我国转型背景下的社会管理组织的变迁历程进行系统考察，才能准确地把握我国社区建设发展的基本脉络和当前存在的主要问题。

在计划经济体制下，中国的社会组织形式呈现出以"单位制"为主，"街居制"为辅的总体性社会特征。这种"国家—民众"的二层结构形式实现了国家对社会秩序的完全控制的同时，也消解了基础社会组织的作用。改革开放以来，随着市场经济的发展和社会流动的加剧等因素的影响，"单位制"逐步走向崩溃，而"街居制"也面临着职能超载、职权有限和角色尴尬等新的问题。在此背景下，社区制管理理念得以引入（何海兵，2006）[①]。2001年3月九届人大四次会议正式将"社区建设"写进了《中华人民共和国国民经济和社会发展第十个五年计划》，标志着城市社区建设工作的全面推进。

与西方国家普遍采用的政府行为与社区行为相对分离的社区自治模式比较，我国的城市社区建设大多是与基层政权建设结合在一起的，在一定程度上是基层政权建设的重要内容，形成"行政区—社区"叠合构成模式。（程玉申，2002）[②]。从社区组织单元构成的空间边界看，2000年底，《民政部关于全国推进城市社区建设的意见》已经明确将城市基层社区定位在"社区居民委员会"，并提出目前城市社区的范围一般是指经过社区体制改革后作了规模调整的居民委员会辖区。这就进一步将社区建设纳入行政管理的制度框架之中（刘君德，2002）[③]。近年来，在国家民政部的推动下，通过"全国社区建设实验区"的实践，逐步探索形成了行政型、自治型和混合型等三种主要的社区制管理模式。以此为基础，对应两种未来社区建设取向：第一类将社区制看作加强政府对基层社会控制的一种替代的工具，实际上是通过政府权力重心下移，促进各类社会组织的资源整合，实现对基层政权的重建；第二类强调应建构"小政府、大社会"的社会治理模式，通过培育社区内的社会中介组织，走向社区自治。以上两种理论可概括为"行政化"倾向和"自治化"倾向（何海兵，2006）。

7.3.2　中国社区规划的制度实践研究

7.3.2.1　社区规划的发展和问题分析

1）引入社区规划理念，指导规划编制与社区建设

西方社区规划起源于1950年代联合国组织推进的社区发展行动，1960—1970年代快速兴起，目前已成为西方发达国家推进社会发展、促进旧城社区复兴的重要

---

①　何海兵. 我国城市基层社会管理体制的变迁：从单位制、街居制到社区制. 管理世界，2006，（6）：52.
②　程玉申. 中国城市社区发展研究. 上海：华东师范大学出版社，2002.
③　刘君德. 上海城市社区的发展与规划研究. 城市规划，2002（3）：39–43.

手段。随着国内城市规划的发展以及城市自身发展的不断完善，规划内容更加细化、也更加强调从微观空间尺度入手，国内部分学者开始逐渐引入西方社区规划理念。如刘玉亭等[①]（2009）通过对英国社区规划的起源、内涵、内容、框架、经验等进行分析，提出社区规划应是一种"多行政层次"的新型规划形式，并认为国内社区规划应更加重视过程（社区公众参与），建立多部门合作（并非城市规划部门独当一面）的系统操作框架；张纯[②]（2011）编译了美国学者威廉·洛尔所著的《从地方到全球：美国社区规划100年》，对美国社区规划的发展历程、主要内容及编制和实施操作的形式进行了全面介绍。同时，城市规划领域的有关学者借鉴西方社区规划，对国内近年来编制的社区规划进行了反思。如亢晶晶[③]（2008）在对比了国内与西方社区规划基础上，认为"与英美社区规划更多关注社会发展和经济领域不同，我国社区规划更多关注物质环境建设、城市文化传统的保护"，并将国内社区规划的主要问题概括为缺乏指导社区规划实践的系统理论方法的总结、缺乏社区人居环境评价指标体系、针对社区物质环境规划的系统研究还不足、社区规划公众参与缺乏系统的总结、缺乏社区规划在城市中的应用模式研究等方面。

吴培琦[④]（2007）、郑东旭[⑤]（2008）通过对社区发展规划在当代西方社会实践中的本质解读，指出了公众参与和社会行动在社区发展规划中的核心地位。吴培琦认为，起源于20世纪20年代的西方社区重建运动是社区发展规划的实践先锋。公众参与过程培育了社区共同意识和认同感，促进了社区自治组织建设，这些都是构成社区公共性价值的重要社会保障。借鉴安斯汀的"参与梯子"理论，吴培琦提出了"推进式参与"的实践应用框架。张文忠等[⑥]（2005）提出参与式的地方可持续发展规划行动方案。总体上看，参与主体的多样性和复合性，参与方式的交流互动性，以及目标计划实施参与进程中的动态协商与调试特征，都反映出社区发展规划从组织实践层面，践行着社区公共性的价值诉求和公共领域的建构。而过程设计、议题选择、认知感受、信息处理、宣传教育和官方支持将是有效推进现阶段公众参与社区发展规划的关键问题。

2）国内社区规划的基本组织、编制运行制度框架

社区规划工作在我国开展较晚。在原有计划经济体制下，社区发展受到抑制，没有形成以自治管理为基础的社区规划制度和社区发展行动纲领。随着市场经济体

① 刘玉亭，何深静，魏立华.英国的社区规划及其对中国的启示.规划师，2009，（3）：85～89.
② ［美］威廉·洛尔.从地方到全球：美国社区规划100年.国际城市规划.张纯编译，2011，26（2）：89-91.
③ 亢晶晶.精明增长理论下的城市社区规划研究.华中科技大学硕士论文，2008.
④ 吴培琦.论公众参与社区发展规划的理论与实践——以上海市友谊路街道社区发展规划为例.同济大学硕士学位论文，2007：25-48.
⑤ 郑东旭.公众参与城市社区规划管理——以杨浦单位公房社区为例.复旦大学硕士学位论文，2008：10-16.
⑥ 张文忠，齐晓明，李业锦等.参与式的地方可持续发展规划行动方案设计.地理科学进展，2005，24（4）：2-9.

制的建立和社区建设的发展，一些沿海大中城市逐步开展了社区规划的探索和实践试点。我国较明确的社区规划实践起步于20世纪90年代，经历了一个由住区规划向社区规划，由物质规划向社会规划发展的过程。

通过考察上海、广州、深圳等地社区规划开展情况，现将各地社区规划的主要内容和特点总结如表7-3所示。

上海、广州、深圳等地社区规划简介　　　　　　　　　　　　表7-3

规划名称	规划内容和工作重点	规划特点
上海市宝山区吴淞街道社区发展规划	主要工作内容分为四个板块： 社区现状研究板块； 社区资源整合板块； 社区管理整治板块； 社区特色挖掘板块	从社会学与城市规划专业的角度，突破纯空间组织与物质设施环境规划的传统框架，力求突出对作为社区主体的"人"的关注和对社会问题的研究（林雪艳，2007）
广州市萝岗区社区整体发展规划	根据社区发展特征，将萝岗区内各社区分为居住社区、产业社区、跨越发展型、产业主导型、生态友好型五类； 对五种类型的社区从社会发展、经济发展、空间发展三方面作出指引，并提出对控规的调整建议	提出以革新社区管理为抓手，完善社区服务功能。建议在区、街上层党组织和社区党支部领导下，由社区居民大会选举产生的社区居委会对社区进行自治，统筹社区各项事业发展，同时实现传统农村管理模式向现代传统模式转变
深圳市"龙岗社区"试点规划整体研究	以"规划先行、统筹兼顾、试点推进、重点突破"的思路提出促进龙岗社区和谐发展的措施建议； 根据社区发展特征，将龙岗区内各社区分为居住型、产业型、混合型、工业主导型、旅游主导型五类； 对五种类型的社区从社会发展、经济发展、空间发展三方面作出指引； 提供了龙岗区社区规划编制思路。提出社区规划主体内容包括社区社会发展规划、社区空间发展规划、社区经济发展规划三部分内容	将龙岗社区规划界定为：以法定规划为指导，以空间为载体，统筹整合社会、经济、政治、文化等资源，构建综合性、参与性、实施性规划。社区规划是法定规划的重要补充，落实法定规划的有效手段； 提出社区规划中包括了社区社会发展规划，其主要内容有社区组织、社区管理、社区服务、社区文化、社会关系和人的发展等，突出了社区规划趋近于社会规划的相关内容； 将自下而上的参与式社区规划制度纳入法定规划管理体系

（资料来源：笔者根据《上海市宝山区吴淞街道社区发展规划》、《广州市萝岗区社区整体发展规划》、《深圳市"龙岗社区"试点规划整体研究》的项目成果资料总结整理而成）

3）社区规划制度发展存在的问题

纵观我国社区规划发展的现状，虽然一些社区规划在规划理念和规划手法上有所创新，但仍然存在一些问题，亟待研究解决。具体表现在：

第一，对社区规划的本质认识模糊，规划目标定位不清，规划方法因循守旧。从社区规划的价值理念看：我国目前实行的"行政区—社区"管理模式，将行政区等同于社区，使社区规划成为自上而下的行政性政策过程，扭曲了以社区需求为导向的社区自治行动的本质（姜劲松，林炳耀，2004）[①]。社区规划（Community

---

① 姜劲松，林炳耀. 对我国城市社区规划建设理论、方法和制度的思考. 城市规划汇刊，2004，（3）：57～59.

Planning）中的规划是持续的规划过程（Planning）而非成果（Plans）。因此，社区规划是一种行动模式（姜雷，陈敬良，2011）[①]；从社区规划的目标策略看：以民政部门为主导开展的社区规划虽然将重点放在社区服务体系的建设上，但由于缺乏必要的手段和方法的支撑，其结果往往流于形式。而现阶段我国规划部门主导的社区规划在本质上属于居住区物质空间规划，近年来虽然在村庄建设规划和控制线详细规划等内容中引入了更多的社区参与机制，但距离融合政治、经济和社会人文建设的社区发展目标仍相距较远（姜劲松，林炳耀，2004）；从社区规划的技术方法看：社区调查、社区参与和社区规划实施评价等重要的社会规划技术方法缺乏针对性和实效性，影响了规划成果的质量。

第二，缺乏完善的社区规划编制和管理体制建设，规划执行的立法保障不足。从社区规划发展的体制背景看：社区规划的编制和管理受到上层集权式行政审批体制的规定和制约，正在改革创新中的居委会和其他社区基层自治管理组织发挥积极作用的社会管理体制环境尚不健全；从社区规划编制和管理的主体与对象关系看：单一的政府行政管理主体不利于构建由政府、市场和社会多元合作参与的社区治理格局。而基于房地产市场逻辑的由开发商主导的居住区规划则更难实现实质上的公众参与和空间公平。另外，由于行政空间管理单元仍然是目前社区规划的主要空间载体和对象，造成有利于行政管理的片面的社区发展思维，使诸多面向民生需求的社区发展问题被忽视；从社区规划实施管理的法律保障看：目前社区规划实施管理的立法保障措施主要是城市规划体系中将公众参与过程融入控制性详细规划法定导则的做法，然而"导则"的控制主要局限于对空间分配的控制，对于其他经济社会制度层面的引导缺乏强制性约束能力。

第三，公众参与体现不足，且缺少面向社区公众规划参与权益保护的直接立法。我国社区规划中规划过程公众参体现不足，公众参与没有伴随着规划的全过程。

第四，建立在现有城市规划管理框架下的社区规划方法，不能适应社会治理的新形势的发展需求。从社区规划组织模式看，当前的西方社区规划主要包括政府资助和主导的社区发展战略规划和社区组织主导的自下而上的社区行动计划。而无论在哪一种模式中，社区参与都是其重要的内涵。而且规划的目标已经大大超越了传统物质空间规划的范畴，扩展至社会、经济和文化建设的各个层面。而我国现有城市规划体系中的社区规划基本上局限于第一种规划类型，而且大多停留于物质空间层面。因此，一方面需要结合我国的规划管理实际体制背景，拓宽现有规划编制和管理的思路；另一方面，建构基于社区自治管理需要的新型的社

---

① 姜雷，陈敬良 . 作为行动过程的社区规划：目标与方法 . 城市发展研究，2011，（6）；15～19.

区规划体制，并与社区基层自治组织的建设结合起来。

在这一小节中，我们对当前中国社区规划的发展状况进行了研究分析。在接下来的三个小节中，将结合对广州市北京街道三个案例社区的调查，进一步阐述基于社区资本与组织场域视角的社区规划制度扩散与创新实践行动策略。

7.3.2.2　案例社区概况及社区治理经验、问题和需求分析

1）案例社区历史发展沿革和现状概况

我们将选择广州市越秀区北京街道的三个社区作为本小节的案例社区进行研究。北京街道历史上在广州最古老的城垣"任嚣城"、"番禺城"和"赵佗城"中，于数百年前已经是风景游览胜地。北京路（双门底）一直是广州政治中心所在地，位于广州城内近中心区，是广州最早形成的商业中心。南有城门，北有衙门的北京路是广州古城中轴线。北京街自古至今名人荟萃，历史沉淀深厚。居住在高第街内的许氏家族，曾产生了许应骙、许崇智、许广平等一大批历史人物；高第街、古书院群见证了广州传统文化与商业文明交相辉映的发展历史（图7-5）。

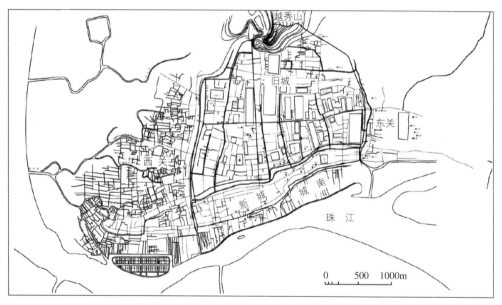

图7-5　清中后期广州城域图

（资料来源：广州市文物普查汇编）

如今的北京路是广州市一条集文化、娱乐、商业于一体的街道，是广州市有史以来最繁华的商业中心，日均人流量约35万人次。北京路云集了大量的知名品牌。随着名盛广场、光明广场等大型商厦全面招商的展开，将有更多的知名品牌落户北京路商圈。

2）社区治理经验和问题

北京街道是广州市越秀区属下的一条行政街道，是在1999年4月越秀区调整街道行政区域时将原北京街、大南街合并而组成的。面积0.51平方公里，下设9个社区居民委员会管理。龙藏社区、流水井社区和盐运西社区是北京街道中三个最具历史文化代表性的传统社区，也是本次研究的案例社区。

在社区类型上，北京街地处广州老城区，是典型的广州传统街坊社区。在社区发展阶段上，北京街在管理体制上属于由传统街居制向现代社区制全面发展的阶段。2010年3月，北京街被定为广州市基层管理体制改革和社区综合服务中心建设的双试点街道。

西方社区概念强调社的自治能力建设，倡导通过自下而上的治理模式体现公共性，强调"社会互动"与"社区认同"。通过对北京街社区管理制度进行考察，发现其在社区自治管理方面取得了较大突破，在我国现代社区建设中具有先进性：一是对社区居委会的职能进行调整，使其职能更接近于居民自治组织。街道把居委会的工作从原来的136项减为91项，使居委会腾出更多精力服务社区居民，同时增设居民自治专职岗位，在社区居委会设立居民议事厅，组织居民开展自治管理，建立社区自治平台。居委会根据社区实际情况，定期或不定期召开议事会，将本社区遇到的较大矛盾和问题，发出告示，发动社区居民代表、群众来讨论，实现社区的事情居民监督；二是根据北京街历史文化背景，积极挖掘社区资源，培育建立居民片长、楼长自治队伍，组建由大学老师、法官、律师、记者、艺术家等组成的"社区能人库"。北京街划分为65个片区，推选片长65人，楼长139人，把居民自治具体落实到每栋楼。

通过实地访谈和问卷调查，同时利用社会学研究中的质性分析和数理统计分析方法，我们总结归纳出社区居民反映的社区治理和社区参与方面存在的问题如下：

（1）商业文化（消费文化）对传统文化的冲击

在城市文脉方面，北京街的街道形态、节点和标志物是广州市古老的遗址文化、广府文化的载体，"千年古道"、"千年古楼"、"千年水闸"等都彰显着北京路千年历史的文化底蕴。同时，北京街作为广州历史悠久的老城区，也体现广府文化的特征。改革开放以来，北京街的经济得到了长足发展，无论是零售商业或是专业批发商业在广州均具有龙头地位。北京街经济发展的同时，重商主义、消费文化在北京街日益盛行，并对北京街的传统岭南文化造成侵蚀。如今，北京街给人最强烈的感觉是它浓厚的商业氛围。可见，若在地区建设发展中过于强化广府文化的功利性、重商性，则会歪曲它的本质，湮灭其他更具内涵的地域文化特色，如手工艺、粤剧文化、饮食文化、民俗、南国韵味的建筑艺术等（刘泽煜，肖玲，

2008）[①]。

（2）商业空间不断蚕食社区公共空间和居住空间

北京街所在辖区是广州城建设之始的所在地，从西汉南越国时期起至清代均是广州城的中心地区。北京街周边地区沉淀了大量历史风貌与文化古迹，汇聚了秦代造船工场遗址、南越国御苑遗址、西汉水闸遗址、千年古道遗址、千年古楼遗址和大佛寺等具有悠久历史的文物古迹。同时，北京街一带曾经是古代书院的集中地，人文荟萃，积聚了浓厚的文化底蕴，是广府文化的代表（焦雨虹，方文全，2010）[②]。

20世纪80年代后，因北京路商业发展的需要，北京街的商业空间得到了进一步的扩展，一些具有文化历史价值的建筑及一些住宅被拆迁，取而代之的是商业广场及商铺等商业设施。商业空间对社区公共空间和居住空间的蚕食，一是压缩了居民公共活动空间；二是商业活动对居民生活空间的影响，商业文化对社区传统的宁静安逸生活的影响；三是一些旧的住宅楼被拆迁改造，造成社区居住人群结构的变化。通过问卷调查发现，社区居民对社区公共场所的文化活动、配套设施、卫生条件、活动空间的评价中，对社区活动空间的满意率最低。另外，据问卷调查结果，社区公共场所的不足之处突出表现为"公共场所不够"（60.8%）、"配套设施不全"（54.5%）。各社区居民对本社区的邻里关系、卫生条件、配套设施、活动空间、文化活动的满意度都超过45%。各社区公共场所的不足之处突出表现为公共场所不够、配套设施不全，其中龙藏社区和流水井社区"公共场所不够"是第一位的，盐运西社区排第一的是"配套设施不全"。各社区居民对文化活动空间的需求最为突出，龙藏社区和流水井社区的休闲空间、盐运西社区的休闲空间和购物空间需求较突出。这些都反映出社区公共空间缺乏对社区生活的影响。

年龄越大，对社区内活动场所的需求越大。由交叉分析可以发现，被调查者的年龄与活动场所有着密切关系。年龄越大，活动场所越倾向于在社区内，年龄越小，活动场所越倾向于在社区外。20岁及以下被调查者闲暇时间主要活动场所在社区外的占了92.9%；60岁及以上被调查者闲暇时间主要活动场所在社区内的占了71.1%。由此可见，在北京街老年人口比较多的社区中，对社区内活动活动场所的需求较高，在以后的规划建设中应给予重视（表7-4）。

---

① 刘泽煜，肖玲.北京路步行街场所精神的探寻.华南师范大学学报，2008，3：125-130.
② 焦雨虹，方文全.传统风貌空间的变迁及其文化阐释——以广州北京路步行街为例.国际城市规划，2010，（25）4：62～66.

不同年龄人群闲暇时的主要活动场地　　　　　　　表 7–4

	社区内	社区外
20 岁及以下	7.1%	92.9%
21～30 岁	30.5%	69.5%
31～45 岁	42.6%	57.4%
46～59 岁	57.3%	42.7%
60 岁及以上	71.1%	28.9%

（资料来源：笔者根据问卷调查结果分析得出）

居住时间对在社区公共场所停留的时间有一定的影响。分析显示，居住时间与在社区公共场所停留的时间有一定的关系。对在社区公共场所停留的时间，与年龄、户籍、收入、居住时间进行相关分析。可以发现年龄、户籍、收入与在社区公共场所停留的时间相关系数很小，分别为 -0.025、-0.049 和 -0.012，都小于 -0.05，没有显著相关关系。居住时间与在社区公共场所停留的时间在置信度（双测）为 0.05 时，相关性是显著的，相关系数为 0.076。由此可见，在社区公共场所停留的时间与居住时间有显著的关系，与年龄、户籍、收入没有显著关系（表 7-5）。

社区公共场所停留的时间相关性分析　　　　　　　表 7–5

			年龄	户籍	居住时间	收入	社区公共场所停留时间
Kendall 相关	社区公共场所停留的时间	相关系数	0.025	-0.049	0.076*	-0.012	1
		Sig.（双侧）	0.445	0.218	0.023	0.748	.
		N	538	529	538	518	538

*. 在置信度（双测）为 0.05 时，相关性是显著的。

（资料来源：笔者根据问卷调查结果分析得出）

（3）社区行动障碍

北京街道办对本街道社区组织管理实施了一系列创新举措，社区居委会设立居民议事厅，培育建立居民片长、楼长自治队伍，建立社区自治平台，对组织居民开展自治管理有一定推动作用。但社区居民自治管理的效果仍不够理想，出现社区行动障碍：

首先，居民参与本社区公共事务决策过程的参与率偏低。据问卷调查分析，受访居民中有 46.8% 的居民表示偶尔参与，40.2% 的受访居民没参与过，只有 12.9% 的受访居民经常参与。总体来看，社区居民对社区公共事务决策过程的参与率偏低（图 7-6）。

从人群户籍类型进行细分，可发现本社区居民对公共事务的参与度最高，外地户口对公共事务的参与度最低，没参与过的比例高达 66.7%。本社区居民"偶尔参与"的比例最高（50.3%），而"没参与过"的比例最低（35.1%）。户籍与参与社区公共事务决策具有显著相关关系。笔者对参与决策情况按经常参与、偶尔参与、没参与过进行参与热度从高到低进行排序，对户

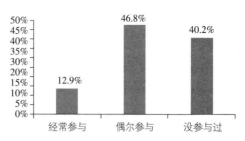

图 7-6　居民对社区公共事务决策过程
参与频率
（资料来源：笔者自绘）

籍按本社区户口、非本社区的广州户口、外地户口进行由本地到外地进行排序，进行 Spearman 相关分析，得出的相关系数为 0.173，在置信度（双测）为 0.01 时，相关性是显著的。由此可见，户籍是影响人们参与社区公共事务决策的重要因素，本地户籍参与次数比外地户籍好。这也反映出社区新居民参与本社区事务意识不强，对本社区不认同程度较高（表 7-6）。

户籍与参与决策情况相关分析　　　　　　　　　　　　　　表 7–6

			参与决策情况	户籍
Spearman	参与决策情况	相关系数	1.000	0.173**
		Sig.（双侧）	.	.000
		N	649	637
	户籍	相关系数	0.173**	1.000
		Sig.（双侧）	.000	.
		N	637	652

注：在置信度（双测）为 0.01 时，相关性是显著的。
（资料来源：笔者根据问卷调查结果分析得出）

从职业来看，退休人员对公共事务决策的参与度最高，"经常参与"及"偶尔参与"的比例较为突出，下岗／待业或无业人员、工厂／商贸服务业员工、个体劳动者／自由职业者的参与率偏低，"没参与过"的比例最为突出。在所有居民参与渠道都是一样的前提下，调查结果反映出在本社区居民心目中，社区决策参与仅仅是退休人员"茶余饭后"的无关轻重的事情，上班人员则"无暇"顾及，社区居民对社区自我组织自我建设的认识有待提高。

其次，社区居民了解社区信息渠道传统。据问卷结果分析，在社区居民了解社区信息的渠道方面，社区宣传栏（59.1%）、电视（51.5%）、报纸（42.6%）成主要渠道。

通过"上门宣传"、"电台/收音机"、"网络"来了解社区信息的比例较低，分别为25.7%、24.6%、14.1%。其他的渠道占5.8%。据笔者所知，电视、报纸和电台较少就广州某一社区的社区性事务进行报道，可知社区宣传栏在传播社区信息中扮演着主要作用。在国外，面对面的交流是居民了解本社区信息的主要来源，相比之下，案例社区居民了解社区信息的渠道较为传统。居民了解社区信息只是一种简单的"被告知"的关系，缺乏针对这些信息的沟通交流（图7-7）。

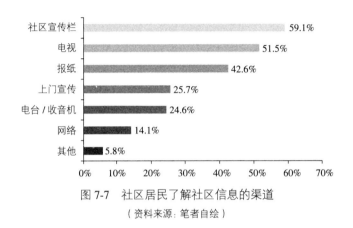

图7-7　社区居民了解社区信息的渠道

（资料来源：笔者自绘）

再者，居民参与社区建设渠道有限。据问卷结果分析，社区居民参与社区建设的渠道仍然有限。调查发现，不参与社区事务决策过程的原因主要为两种，一是"想参与，但没时间参与"（45.3%）；二是"不想参与"（25.6%）。此外，"不知道怎么参与"、"想参与，但没机会"也占一定比例，分别为17.7%、11.4%（图7-8）。

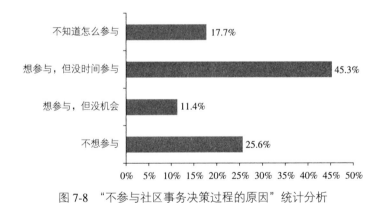

图7-8　"不参与社区事务决策过程的原因"统计分析

（资料来源：笔者自绘）

社区行动障碍只是社区治理问题的表象，其实质是社区资本及居民对社区的认同问题。从社区资本的角度可以发现案例社区社区行动障碍的一些深层次的原因：

首先，社区异质性加深，社区资本持续降低，社区归属感下降。对居民长者进行访谈发现，随着北京街商业空间扩展的旧城改造在北京街持续推进，社区居住人口的构成发生了变化：本地居民减少，外来人口增加。这种人口构成的变化对其生活已造成负面影响，原来生活了几十年的"老街坊"减少了，社区居民交流互动的对象减少了；外来人增多，生活习惯不同，社区居民有意识地对外来人员进行防范，摩擦机会也增大。龙藏社区一麦姓居民说："以前居民比例大，现在以商业为主，外来人多，导致人与人之间的关系淡薄……治安变成了最大的问题，这里都是半封闭式的"。流水井社区一周姓居民说："有一个文化站，安排星期一至五都有活动，跳舞，唱歌，曲艺，兴趣小组……在文化站自娱自乐，都是原著居民。"这些都反映出社区异质性加深带来的种种问题。日益增多的劳动力流动和住房商品化过程导致社区人口的异质性增强；

其次，新居民对社区认同程度不高，社区关系网络弱化。据访谈了解，北京街内的外来新居民主要有两类，一类是在旧城改造中新建楼盘的外来居住户，一般经济收入较高；另一类是北京街及周边的商业机构/商铺职工，在本区租房居住，一般收入不高，且流动性较大。新居民与本社区的互动性不强，对社区认同程度不高。新居民较少利用社区中的公共服务设施（如社区活动室），很少跟本地居民来往互动，也很少跟社区居委会接触。流水井社区一周姓居民说："觉得现在人口的结构变化大是一个问题，社区改革开放前很安静，西湖路一带很少人做生意，由于房子比较小不够住，所以大部分人到外面买房子住，以至于社区里面大概三分之二的房子在出租的。外来人多，人口流动性强，导致管理问题，居民认同感不强。"问卷调查也发现，"遇到困难时，会找谁帮忙"的问题中，非本社区的广州户籍居民及外地居民认为社区居委会及同学、同事、老乡等朋友向其提供帮助最多，而非邻里街坊（图7-9）。另外，在问及休闲活动时的交流对象时，问卷反映出，本社区户籍居民与邻居交流的比例最高，非本社区广州户籍居民与邻居交流的比例次之，外地户籍居民与邻居交流的比例最低。可以看出，社区对于新居民来说，只是一个居住地，而不是他们社会关系网络的重心（图7-10）。

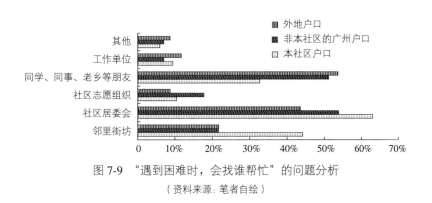

图7-9 "遇到困难时，会找谁帮忙"的问题分析

（资料来源：笔者自绘）

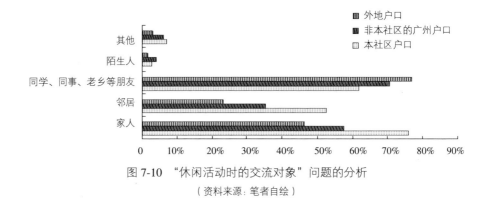

图 7-10 "休闲活动时的交流对象"问题的分析

（资料来源：笔者自绘）

随着北京街商业经济的进一步发展，本地居民减少，外来人口增加将成为北京街人口结构变化的主要趋势。而目前，案例社区的社区关系网络趋于弱化，不利于社区资本的形成。

（4）社区老龄化问题

中国已经步入老龄社会，而北京街也面临社区老龄化问题。北京街 60 岁以上老人 8021 人，占总人口的 20.05%，其中 80 岁以上老人 1842 人。在问卷调查的样本中，受访居民的年龄结构以中老年人为主，其中，46～59 岁的中年人占 32.4%，60 岁以上的老年人为 23.8%，二者合计 56.2%。同时，老年人在社区参与中扮演着十分重要的角色，也是公共空间的重要行动主体。

问卷调查分析显示，老年人／退休人员的活动场所在社区内的比例远高于在社区外的比例。从社区参与程序来看，老年人/退休人员对公共事务决策的参与度最高，"经常参与"及"偶尔参与"的比例较为突出。

3）社区需求分析

根据 Bradshaw 建立的"需求—规划"模型（刘佳燕，2009）[①]，笔者采用了社会调查、群体讨论、代表人物访谈等方法获取社区需求信息，其后，对信息进行需求评估，对社区需求的优先权进行排序，并兼顾社会公正和社区多样性。在商业化冲击下，建设更包容开放更有活力的可持续社区，是社区发展的愿意。

第一，居民自我建设能力的提升。根据问卷调研分析，北京街三个社区的居民普遍反映其参与社区建设，特别是社区自我管理的能力较弱，出现了社区行动障碍，包括社区居民对社区公共事务决策过程的参与率偏低、社区居民了解社区信息渠道传统、居民参与社区建设渠道有限等问题。在问及如何提高居民对社区管理的参与度的方法时，"加强社区居民自治"也成为居民的重要选择（45.7%）。因此，扫除

---

① 刘佳燕. 城市规划中的社会规划——理论、方法与应用. 南京：东南大学出版社. 2009：102.

社区行动障碍，提升居民自我参与社区管理的能力，加强社区组织的建设，是社区居民的普遍需求（图 7-11）。

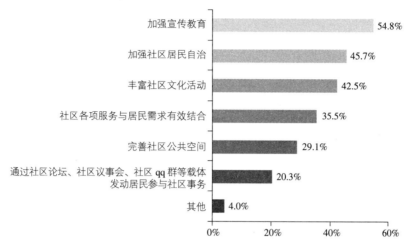

图 7-11　居民对社区参与的意见

（资料来源：笔者自绘）

利用 NVivo 质性分析软件，以社区参与活动为编码的节点，以社区组织为关键词，采用多节点属性值的方式的分析表明，龙藏社区和流水井社区都倾向于由政府来主导社区参与活动。通过问卷可知，盐运西社区主要倾向于"居民自治组织"，居民自治程度越高的地区，越倾向于认同居民自治组织的主导地位（图 7-12）。

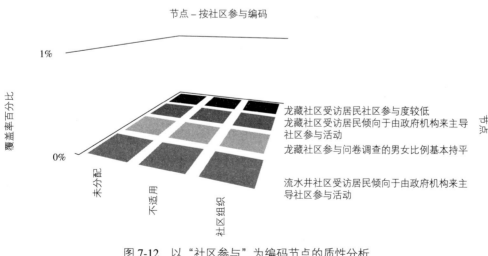

图 7-12　以"社区参与"为编码节点的质性分析

（资料来源：笔者自绘）

第二，更有凝聚力的社区关系网络。笔者对居民长者的访谈反映，现在北京街外来人员增加，本地居民减少，社区异质特征越加明显，导致社区资本持续降低，社区归属感下降。另外，调查发现，新居民对社区认同程度不高，社区关系网络呈弱化趋势。因此需要营造更和谐的本外关系，更多的认同和归属感，拓展更广泛的参与渠道，增加社区资本。

第三，社区可持续发展能力支撑。笔者与当地居委会负责人及居民代表座谈时发现，在北京路商业文化及商业行为的冲击下，社区可持续发展压力明显增大。特别是在商业快速发展过程中保持社区自身的独立性，在传统文化、经济能力、社区环境等方面持续协调发展，提高社区在本地区开发中的话语权，是社区发展的重要目标。

在问卷调研结果中，问及"加大社区建设力度应采取的措施"时，居民普遍认为"加强基础设施建设，改善社区环境"（65.8%）、"加强公共空间的建设，服务社区居民"（53.4%）、"建立健全各项制度，完善社区自治功能"（39.3%）是重要的措施（图7-13）。

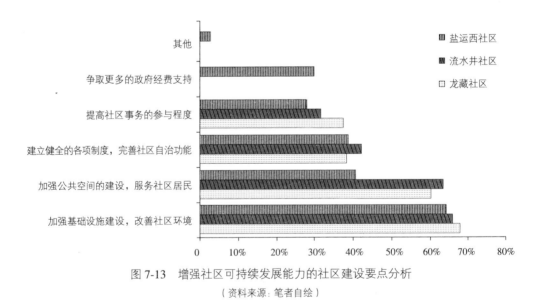

图7-13　增强社区可持续发展能力的社区建设要点分析

（资料来源：笔者自绘）

第四，老龄人老有所养。调查发现，北京街面临社区人口老龄化问题。同时，老年人在社区参与中扮演着十分重要的角色，也是公共空间的重要行动主体。问卷调查分析显示，老年人/退休人员的活动场所在社区内的比例远高于在社区外的比例（图7-14）。从社区参与程序来看，老年人/退休人员对公共事务决策的参与度最高，"经常参与"的比例较为突出（图7-15）。因此，让社区中的老年人安享晚年生活，老有所养，老有所用，也社区发展的重要需求。

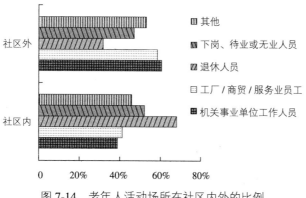

图 7-14　老年人活动场所在社区内外的比例

（资料来源：笔者自绘）

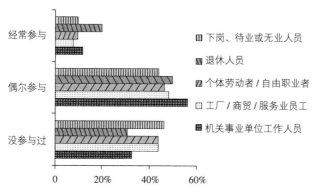

图 7-15　老年人"是否参与社区公共事务决策"的问卷结果

（资料来源：笔者自绘）

7.3.2.3　基于社区资本视角的社区规划制度扩散体系

第四章阐述了基于"组织场域"视角的社区规划制度实践方法。我们认识到，空间化的社区组织结构构建了场域空间，促进了以社区行动为基础，以社区治理为根本内涵的公共性权力的价值实践活动的开展。因此，在社区规划制度建设层面，应当结合我国在相关实践中面临的各种问题，在规划制度目标管理体系、新型社区治理的权力结构设计和社区组织的自治能力培育等方面进行改革探索。基于文化—认知性要素的制度建构理论，将上述机制视为以认知系统为核心的社会组织模式。其中，"组织场域"建构的制度生活领域，推动了自下而上的通过设计解决集体行动问题的制度框架建设，同时，建构了一种制度与行动之间相互作用的周期性循环导致变迁的制度实践模型。

另外，社会学制度主义还强调了模仿性制度扩散机制在制度建构中的重要性。本小节将结合上述研究，重点阐述以结构性和认知性社区资本建设为目标的社区行动计划，同时也关注通过优化现状社区的政治治理结构，增强国家社会化介入对社区资本建设的积极效应，减少其行政化介入的消极作用，进一步夯实制度建构基础。

1）结构的社区资本建设行动

"历史—结构"模型在社会内部和历史上寻求社会资本的塑造力量，主要包括社区的宗教文化传统和共同的历史经验认知等正式和非正式的社会规范。同时，这些社会规范也构成了一套"惯例"性社会价值体系，成为模仿性制度扩散要素，推动制度实践运行。据此，结合社区观察、社区咨询及居民问卷调查与分析结果，以及案例社区居民提出的"商业文化对传统文化的冲击"等造成的社会的原子化和社会信任的削弱等相关问题，提出以下社区行动计划。

（1）确立结构的社区资本建设目标

通过建立正式与非正式的制度安排，建立守望相助的规范和行动共识，减少社区治理所带来的成本。普特南（Putnam，1993）[1] 指出，规范是社会资本形成的核心要素。研究指出，我国社区建设中出现了共识性规范缺位的问题，影响着社区资本的形成。案例中的北京街是广州传统历史街区，具有较深要文化底蕴，又是广州市基层管理体制改革的试点街道，已经形成了一定的社区行动规范。但从目前的社区参与情况及异质化社区的特点来看，社区规范尚有改善之处。社会资本中的规范包括正式法律制度规范和非正式的伦理道德约束（孙璐[2]，2007；王扩建[3]，2010）。

（2）提出行动项目

第一，建立正式法律制度规范。建立正式的规范就是把社区行动的行动制度化和规范化，形成社区管理运行的行动法则。首先，要加快社区居民委员会直选，并按照"议行分设"的原理改革社区居委会体制架构，使社区日常管理工作符合《中华人民共和国城市居民委员会组织法》（1989 年）和《广东省实施〈中华人民共和国城市居民委员会组织法〉办法》（1996）的要求；其次，规范社区发展所必需的各项规章制度，比如民主管理制度、民主决策制度、民主监督制度，使社区发展有章可循；三是建立一些共识性的规章制度，如《社区居民行为规范》、《十不准》、《楼栋文明公约》等，用这种非强约束性的共识性制度指引人们的行为方式。这一手段也可以理解为通过国家权力的社会化介入，主要是为社区自治组织的建设创造法规平台，从而扩展居民的交流机会，促进共同参与社区管理的经验分享。

第二，培育平等交换的非正式社区规范。随着社会发展，传统以血缘和亲缘为

① Putnam R. D. Making Democracy Work: Civic Traditions in Modern Italy. Princeton，N. J. Princeton University Press，1993.
② 孙璐，缺失与重建：中国城市社区社会资本探析. 理论导刊. 2007，（5）: 43 ~ 46.
③ 王扩建. 城市和谐社区建设非制度因素的深层检视——以社会资本存量为视角. 云南行政学院学报，2010，5: 94 ~ 97.

主的社会资本在现代化过程中逐渐消解，而与市场经济相对应的以契约、互惠、诚信为主的现代道德约束还没有建立起来，因此，出现了诸如城市社区"规范"社会资本凌乱和缺失的问题（孙璐，2007）。笔者建议，在北京街日常宣传教育工作中，应大力弘扬培育平等交换的社区规范（张广利，2005）[①]。人们可预期其他人将作出相同的贡献，个人便能够不计较眼前的得失而为他人或群体的利益作出贡献。

2）认知的社会资本建设行动

认知的社会资本是通过个人社会网络的组织形成的，而其中的"认知框架"正是通过符号系统诠释的社会关系建构的，这也展现了模仿性制度扩散的另外两种要素作用。基于结构洞（structural holes）和网络封闭（network closure）理论的网络结构分析，阐释了社会资本的两种产生机制。据此，结合社区居民提出的：商业空间不断蚕食社区公共空间和居住空间；社区异质性加深，社区资本持续降低，社区归属感下降；新居民对社区不认同程度高，社区关系网络弱化等相关问题[②]，提出以下社区行动计划：

（1）确立认知的社区资本建设目标。

从结构洞理论出发，增强基于职业内部场域的"科层关联度"和外部场域的"市场关联度"的社会网络中各群体之间的弱联系（weak connections）的拥有和控制，争取更多的资源和更大的竞争优势，从而扩充社会资本；从网络封闭理论出发，强化同质性文化社区建设，增强社区归属感和凝聚力。依托基层政府组织的动员和统筹作用，完善社区养老等福利保障体系，提升社区可持续发展能力和社区资本的建构基础。

（2）提出行动项目

第一，为新居民参与社区活动和决策创造更公平的平台。有学者将新居民称为边缘群体，并提出开放的体制有利于他们更好地融入城市社会，维持主流社会与这些群体间的被称为"公民意义上"的平等（饶小军，邵晓光，2001）[③]。因此，要保证社区活动参与主体的多元性，在活动初期要邀请新居民广泛参与。在上文提到的社区居民委员会机构人员安排，居民议事厅、兴趣爱好群众团队、社区志愿活动等社区行动，尽量安排或邀请新居民参与其中，给他们充分的话语权，让他们体会到自己在社区的重要作用，是社区建设的一分子。

第二，减少社区公共资源（建设）的异质化。在公共设施建设中，既体现功能

---

① 张广利. 社会资本与和谐社区建设. 华东理工大学学报（社会科学版），2005，（2）：1～6.

② 通过总结问题特征，商业化冲击下的社区人口异质性，是目前北京街社区社会结构的最大特征。对于社区内部的异质性与邻里社会资本之间的关联，学界主要有两种观点，一种是认为同质性有助于提高社区的社会资本，社区内部异质性提高容易引起居民心理上的相互不认同，从而降低邻里社会资本；另外一种观点认为随着群体、组织内部异质性的增加，它的社会资本也会增加，社会资本具有正向功能，那些内部异质性大的社团、组织更高效。

③ 饶小军，邵晓光. 边缘社区：城市族群社会空间透视. 城市规划. 2001，（9）：47～51.

上的多样性，也要体现使用人群的同质性。如笔者调查发现北京街道社区的一些活动室，功能比较单一，如棋牌、阅览等，基本都是本地居民，特别是本地老人使用较多，鲜有新居民使用。因此，建议活动室应配有供新居民（特别是外来租客）使用的板块。通过一些硬件的建设，促进社区建设同质化，减少空间分割，增加公用设施、场地的开放程度，使全体社区享有共同的使用权利。

第三，组织举办针对外来租户的文化活动。如举办关于广州市、北京街社区知识的有奖问答比赛；与外来租户进行座谈，了解他们的诉求。

第四，推动老龄人社区照顾行动。老龄化问题是目前北京街社区面临的突出社会问题，直接影响到社区的基层治理、自治组织建设以及可持续的经济发展与文化传承。问卷调查分析显示，老年人/退休人员的活动场所在社区内的比例远高于在社区外的比例。因此，亟须探索开展老龄人社区照顾服务。"社区照顾"包括室内保健、居住地保健和福利机构服务、家庭外医疗服务、日间照管服务，以及有助于保证老人生活质量的社交的、休闲的和教育的设施等等（苏珊·特斯特，2002）[①]。本案例社区照顾模式宜分成社区邻里互助系统、社区居家照顾体系、社区养老机构照顾体系等三个子系统：

其一，社区邻里互助系统：规划应鼓励以健康的中、轻年老人群体为基础的社区邻里互助。老年群体内部有一些素质较高、有特定社会技能的老人，以及健康年轻老人、中年老人，可以通过老人之间的互助，作为解决社会老龄化问题的宝贵资源。目前上海有社区正在实践了一种接力式的"时间储蓄"老人互助服务，鼓励一些退休的健康老人照顾其他需要被照顾的老人，当这些健康老人自己以后需要被照顾的时候，又可以得到其他老人的照顾（王颖，杨贵庆，2009）[②]。

其二，社区居家照顾体系：社区居家照顾体系是社区向其中的老年人提供上门照顾服务，其目的是可以使老年人增加留在家中养老的时间，以应对社区中家庭养老护理功能的弱化。社区居家照顾主要是针对那些日常生活能够自理的老年人，通常是由社区服务机构、志愿者队伍以及其他形式的慈善、互助组织提供服务，其中的社区服务机构可以是企业性质的或者是政府主办的。社区居家照顾体系的功能体系包括：①老人医疗保健中心；②老人家务助理服务中心；③老人日间护理中心；④老人综合性社区服务中心；⑤应急支援中心（徐祖荣，2007）[③]。

其三，社区养老机构照顾体系：社区养老机构照顾体系，是为了应对老年人随着年龄的增高、健康状况的恶化最终导致日常生活完全不能自理的困境。研究表明，由于地缘及人缘观念的关系，老年人生活在自己所熟悉的环境中，最利于他们身心

① 苏珊·特斯特.周向红，张小明译.老年人社区照顾的跨国比较.北京：中国社会出版社，2002：9.
② 王颖，杨贵庆.社会转型期的城市社区建设.北京：中国建筑工业出版社，2009：113～154.
③ 徐祖荣.人口老龄化与城市社区照顾发展的目标模式探析.学习与实践，2007，（6）：119～124.

的健康，社区则是老年人最重要的活动空间（徐祖荣，2008）[①]。因此，社区养老机构照顾是分散在社区中的小型、开放的养老院，住院的老年人可以走出院舍进入他们生活的社区。

第五，提升社区可持续发展能力行动项目。通过制定行动目标、创建政策支撑平台和管控协调的方式，上级政府应积极组织协调社区可持续发展能力行动项目的计划和实施工作。本案例社区可持续发展能力提升行动项目主要包括保护社区环境、激活传统文化和提高经济活力三个方面的行动：

其一，保护社区环境：北京街作为一个城市社区，其内没有大型的山水自然环境，因此，环境的可持续主要是尊重环境、注重生态，用现代规划理念结合科技手段节能增效，同时建设良好的城市型硬件环境基础设施。主要采取项目如下：①有活力的社区依赖于具体的空间形式，在社区规划设计方面，要尊重社区原有风貌，保留当地富有特色的风景和人文空间，特别是建设高质量的公共空间和设施，通过户外环境的打造，提高社区自发性活动水平，激发出丰富多彩的社会活动。具体措施包括增加座椅、儿童游戏和康体、体育设施；改善步行与自行车交通出行环境；规划设计优良的住区和公共空间等。②运用现代科技发展可循环的水处理系统、垃圾回收等环保措施，在住宅中推行饮用水节水计划。③将对资源需求方的教育（如节约用水）作为一项教学计划引入幼儿园或小学。

其二，激活传统文化：该行动的目标是唤醒社区文化记忆，丰富社区文化活动，增强社区文化认同。北京街有着深厚的历史文化沉淀，是老广州文化的代表，本社区原来也居住着一些具有代表性的文化名人。但近年来北京街的传统文化发展面临一系列的冲击：一是随着一些历史建筑的拆除，或被商业设施侵占，原来的历史文化痕迹渐渐淡化；二是原居住在此的文化名人搬离社区，使得原有的文化氛围下降；三是北京路商业文化的进入和各种商业行动的冲击。为此，主要采取行动项目如下：积极开展社区艺术节、绘画摄影比赛（内容主要针对本社区）、粤剧节等社区文化活动。成立各类社区活动组织，通过开展形式多样、健康有益的群众性文化、体育、科普、教育等活动，把社区居民组织起来，参与进来；组织关于社区历史、传统文化、历史建筑的专题宣传教育活动，包括宣传、讲座、知识竞赛等活动。各类讲座的主讲人是居民中的专家学者和行政干部。街道、社区与教育部门合作，将社区历史、传统文化、历史建筑等内容设成本街道内中小学的必修课程。将社区图书室同时开辟成社区学生作业室，课余时间容留社区少年学童坐在一起写作业、看书读报，方便社区群众的同时，也增加了学生、学生家长之间的了解和互信。

---

① 徐祖荣. 城市社区照顾模式研究. 人口学刊, 2008,（1）: 49 ~ 53.

其三，提升经济发展活力：北京街作为广州市的商业中心，本身是一个具有经济活力的地区，但地区商业经济发展不等于社区经济活力提升。社区经济活力提升主要体现在两个方面：一是为社区居民创设一个好的学习环境和氛围；二是培育邻里服务商业的发展，为社区居民提供更多的就业机会。

7.3.2.4　基于组织场域视角的社区规划制度创新体系

本小节将通过对国内社区治理发展及现状研究，结合案例分别从社区组织和社区治理运行空间构建的角度，提出基于组织场域视角的社区规划制度创新实践策略。

1）中国地方管理体制的历史演变和当代建设

（1）地方管理体制的历史演变

从社会的管理体制的发展历史看，宋代以来的"乡约"① 规范化地方社会组织管理模式建构了早期基层社会治理的基本形式。明代（1368—1644 年）开始实行的保甲制度甚至对当今的"街道办事处"、"居民委员会"和"居民小组"等基层社会组织模式产生了影响。它将农村的居民分成家庭小组，每个小组设一名主管。主管负责公共安全、税收和人口登记。保甲的成员要为个别成员的错误或犯罪共同负责。清朝继承了这种制度，县主管的任务是将居民分成牌（每牌 10 户居民）、甲（每甲100 户居民）和保（1000 户居民）。每个单位的主管都由县政府提名。通过这种方式，国家控制组织网络成功地拓展到乡村和家庭内部。虽然这种制度随着清朝的没落而消失，但在 20 世纪初却作为"地方自治"的一种形式而重新被理想化。在 20 世纪30 年代，国民党在地方自治的名义下重建了保甲制度，为这种自治建立了法律框架。随后，在抗日战争期间国民政府沿用了城市的保甲制度。

从具有现代特征的社会组织建构功能的社区的发展渊源看，该类社区实际上在新中国成立以前已经存在，它们主要限于街道空间。自愿结成的组织通过以集体活动为基础的各类节庆活动，以及体现对神灵的敬仰和崇拜的各类宗教仪式活动（这些活动通常是伴随着戏曲表演、木偶戏和其他表演的），将居民和社区以共同信仰的方式联系起来，成为自我管理的社会组织纽带（海贝勒，舒耕德，2009）②。

新中国成立后，虽然官方取消了保甲制度，在以后的发展演化中，"单位制"、"街居制"交替成为城市基层社会管理的主导模式（何海兵，2006）③：

第一阶段，单位制为主，街居制为辅的时期：新中国成立后的计划经济时期，为适应工业发展从"一穷二白"快速"赶英超美"，产生了以"单位"为形态的社会组织形式，并广泛影响了其后几十年的社会发展。总体而言，"单位制"整合了人、

---

① 在宋朝时期（960—1279 年），"乡约"成为集体和地方政府进行地方社会管理的规范和思想纽带。
② 海贝勒，舒耕德. 从群众到公民：中国的政治参与，张文红译. 北京：中央编译出版社，2009：41 ~ 43.
③ 何海兵. "国家—社会"范式框架下的中国城市社区研究. 上海行政学院学报，2006，7（4）：96 ~ 106.

236

财、物等生产要素，推动了特定时期的工业化发展和社会建设，但同时也造就了个体的依赖性——衣食住行完全靠"单位解决"，为后续的社会改革带来了较为沉重的负担。另一方面，在"大跃进"、人民公社运动的背景下，街道办事处职能得到进一步膨胀，"街居制"成为"单位制"组织形式的有益补充。此后，"文化大革命"时期虽然街居制得到一定抑制，但仍然是除"单位制"之外的另一种重要形式。

第二阶段，单位制崩溃，街居制主导的时期：市场经济体制确立后，企业取代政府成为经济发展的主体，这种变化不仅从根本上调整了我国的所有制结构，对社会结构的变迁也产生了深远影响。政府主导下的"企业办社会"模式开始向企业与社会分离变迁。这使得计划经济时代的"单位制"管理模式失去了土壤，并走向瓦解。而同一时期，随着革委会被取消，街道办事处、居委会职能逐渐恢复，特别是1980年代末《城市居民委员会组织法》的颁布，"街居制"逐渐回归成为我国城市基层社会的主要组织形式。

第三阶段，街居制面临困境，社区制全面发展时期。随着社会改革的不断深入，街道办、居委会受权力限制难以发挥被赋予的众多职能，并衍生了许多新的社会问题（何海兵，2006）。在这一背景下，国内城市（如上海、杭州、青岛等）开始探索市、区、街三级管理架构的关系，有效推进了社区管理体制的完善。2000年以来，国务院及相关部委相继出台一系列社区管理的文件和制度规范，进一步规范了社区建设工作。

（2）中国社区建设的类型

改革开放后，我国社区从原有的均衡型社区向多层次多类型社区转变。特别是随着社区自治组织的建立，居委会的管理职能面临着极大的挑战。在市场经济体制下，随着居民收入的差距逐渐拉开，不同社会群体对居住的需求水平差异随之加大，城市社区从旧的均衡状态下开始分化。有学者根据社区管理形式划分社区类型，如张俊芳提出分为物业管理型社区和非物业管理型社区两种类型（张俊芳，2004）[①]；也有许多学者根据居民的居住状态去划分社区类型（表7-7）。

中国社区类型及其主要特点　　　　　　　　　　　　　　表7-7

社区类型	主要特点
传统街坊社区	以城市旧城区的老街坊为主，多具有较长的历史，其中很多居民是在城市居住了几十年的老居民； 社区建筑形式和社区空间构成比较有地方特色和传统特色； 社区内的住宅与商业、服务业、生产用地兼容比较多
单位公房社区	居住功能较为单一，居住环境尚好，生活设施配套，往往有多功能的小型商业中心； 居民间的互动性不强，居民多以单位住房分配的形式获得住房的使用权。

① 张俊芳. 中国城市社区的组织与管理. 南京：东南大学出版社，2004.

社区类型	主要特点
高价商品房社区	以房地产开发为主体投资兴建； 位于城市中心区，环境条件比较优越； 配套设施条件以及管理比较完善，社区居民以高收入群体为主。
中低价商品房社区	以房地产开发为主体投资兴建； 多位于外围城区或较偏远的区位，房价偏低，居住者主要是工薪阶层的中等收入群体。
社会边缘社区	以城市扩展和乡村向城市渗透为特点； 社区功能混乱，居民职业构成复杂，服务配套设施不全； 居民相当部分是城市动迁居民，还有原地居住安置的农民，此外还有比较多的租房住的流动人口，社区内部构成比较混杂

（资料来源：王颖，杨贵庆，2009，笔者整理）

（3）当代地方治理的探索——以广州市社区自治体系的建立为例

以上研究总结了新中国成立以来我国地方管理体制的演变历程，从单位制到街区制，再到社区制，地方治理的核心是分权治理制度。这是计划经济转向市场经济转变以及公民社会发展的必然历程。分权的主要治理方式包括协调规划、调整行政区划、其他行政手段等，我国的上海、沈阳、广州等城市均在社区治理上进行探索。上海提出"两级政府、三级管理、四级网络"的管治结构，推行居委会直选及"议行分设"制度，强化街道办的职能及凸显居委会的议事功能；沈阳提出由社区党委、居委、议事委员会和成员代表大会组成的"四位一体"的社区组织体系。下面将以广州市的社区改革为例，阐述在分权改革大趋势下，基层社区治理的新探索和新问题。

①广州市地方治理创新的背景

广州市作为广东省的经济及政治中心，城市化的发展带来人口及产业的迅速集聚，社区的问题和矛盾日益突出。城市基层机构的街道办事处负责的工作日益繁杂，为此把工作"分摊"给各居委会，使得居委会成为街道办的"外派机构"，缺乏"自治组织"的本质特征。居委会工作的现状是"上头千条线，下面一根针"，据不完全统计，社区居委会承担的各职能部门工作任务达140[①]多项。2000年以来，广州开展了"议行分设"的试点、幸福社区创建等社区治理工作，目的是根据不同的社区类型，设定社区治理线路，推动居民参与社区公共事务，提高社区自我管理、自我服务、自我监督能力，以适应城市发展对社区治理的要求。虽然广州市对社区治理提出了一系列的改革办法，但在实际运作中过度行政化影响了社区自治的效果。随着社区居民构成日渐复杂化以及民众维权意识的加强，原有的社区关系产生变化，

---

① 资料来源：广州市民政局提供的《广州市新型城市化发展专题座谈会发言稿》（2012）.

社区自治成为广州地方治理的重要议题。

②地方治理的探索——社区自治的实践过程

1997 年，广州市开展城市管理体制改革工作，确定"两级政府、三级管理、四级网络"的改革思路，两级政府即市、区县；"三级管理"即市、区县和街道或乡镇；"四级网络"即市、区县、街道或乡镇、居或村委会，正式把居委会纳入管理架构内。2001 年国家民政部颁行社区调并规定，提出社区居委会作为群众自治组织，社区居委会的自主地位逐渐加强。2002 年，广州市在全市 30 个社区展开"议行分设"机制试点工作，把议事机构与执行机构分开，在社区所在街道的居委会基础上再设立社区事务站，即"一会一站"的管理模式。"一会"即社区居委会，负责组织居民讨论，提出建议或作出决策；"一站"指社区事务工作站，负责执行街道及居委会的决议。这剥离了居委会的部分职能，让居委会更具有独立性，而不是单纯作为街道办的执行机构。2005 年 6 月，越秀区选取建设大马路社区、白云街东湖新村社区等 5 个社区试行"两委一站"的社区管理运作模式。"两委"即社区居委及社区党委，"一站"即政务工作站。此模式的核心是分开政工事务及社会事务，社区党委是落实上级党委的任务及领导和协调社区居委级政务工作站的工作，社区居委会主要处理辖区范围内居民的事务，政务工作站的工作职能是完成社区"两委"及有关政府职能部门交办的工作，2007 年 9 月，越秀区政府颁布《越秀区关于推广社区两委一站运作模式指导意见》，全面推广"两委一站"的管理模式。"两委一站"模式的主要特点是社区居委会的自治功能得到加强，可以更专注于居民的事务。2012 年，广州提出城乡"幸福社区"创建工作方案，提出按照"一居一站"模式设立社区服务站；积极培育社区社会组织，建立以社区义工组织为依托，社区为阵地的"社工 + 义工"联动机制；至"十二五"规划期末，每个社区社会组织不少 5 个，有 50% 居民至少参加 1 个以上适合自己的社区社会组织。完善社区自治功能，提升城乡社区居民的幸福指数（表 7-8）。

③社区自治的实践效果

基层事务的细分，剥离了居委会的部分职能，居委会可更专注于居民的社区事务。"一居一站"或"两委一站"的治理模式的本质是放权，既减轻街道办和居委会的负担，也借助专业的社区事务运作机构提升服务质量。居委会服务社区职能的加强可增强居委会在社区居民中的影响力及号召力，鼓励居民参与到居委会的日常工作。

采用购买社会服务的模式，提高社区服务的效率及质量。在社区事务上，采取项目化的购买模式[①]，把原来居委或街道负责的工作外包给社会工作机构，主要购买

---

① 根据居民群众服务需求和特点，设立相应的服务项目，设定具体服务指标、人员配备、服务要求等标准，通过政府购买的形式由具备资质的民办社会工作服务机构承接提供服务。

项目包括以社会工作服务为核心的青少年服务、长者服务、家庭服务、残障康复、社区矫正、社区戒毒、劳动就业及社工义工联动等专业服务项目。

广州市城乡"幸福社区"综合评估体系中的社区自治建设考核指标 [1]　　　表 7-8

社区自治建设	社区自治组织建设	社区党组织成员建设
		社区党小组长队伍建设
		居委会成员队伍建设
		社区楼（组）长队伍建设
	居委会自治制度建设	社区党支部议事制度
		居委会议事制度
		居民大会议事制度
		居民代表会议议事制度
		居务公开工作制度
		居民公约
		社区两委成员联系居民制度
		居民代表联系居民制度

（资料来源：笔者自绘）

通过分权，充分发挥社会组织功能，培育社区自治力量。改变以往单一的自上而下的行政治理手段，探讨自下而上的治理模式，鼓励社会组织介入社区治理。社会组织的发展主要体现在义工组织的壮大上，全市 12 个区（县级市）成立了义工协会，绝大部分街道成立了义工联络处，社区设立义工工作站，基本形成市、区（县级市）、街道和社区四级义工组织网络。广州市全市已有 100 多家民办社工机构，并提出了 2015 年，全市每万人中有 5 名社工的目标。

细化社区自治架构，充分调动居民的积极性，鼓励自我管理及自我协商。在对越秀区北京街的访谈中可知，北京街全街划分为 66 个片区，有居民片长、楼长、层长共 377 人，在居委会组织下，形成类似于小区物业管委会的"楼栋管委会"，把居民自治落实到每个楼栋。同时设立居委议事厅，鼓励居民在议事厅中共同商议社区问题及解决社区纠纷。

④广州市社区自治面临的问题

第一，现行行政管理制度下，社区居委会难以真正为社区居民服务。虽然进行

---

① 广州市民政局：《关于再次征求广州市城乡"幸福社区"创建工作方案（征求意见稿）意见的函》（穗民函〔2012〕475 号）

"议行分设"，但居委会尚需要协助政府完成大量的行政工作，对于何种工作应交由居委负责并没有专门的规定，受人员、经费等方面的制约，居委会"无暇顾及"社区工作，自治能力不足。同时需要应对来自街道办及区政府的各种考核等，因而无法实现完全自我管理、自我服务的功能。

第二，财政权及人事权的非独立性导致基层自治组织难以"去行政化"。《中华人民共和国城市居民委员会组织法》第十七条规定居委会的经费来源及办公用地等均由当地人民政府解决，经济上并不具备独立的权力。居委会的成员选举存在流于形式的情况，选举结果需要街道办审定认可，甚至出现街道办事处随意任免社区委员会成员等情况，或者街道办成员兼任居委会成员的情况。以上两种情况导致居委会必须依赖街道办，成为具有"行政性质"的机构，而并非真正意义上的自治机构。

第三，现状的社区自治方式主要停留在"外部"因素的培育上，尚未涉及核心政治治理制度。现在采取的主要方式是大力培育社会性组织，借助社会力量参与社区治理。虽然可以直选居委会成员，但对于如何保证居民直选的居委会独立运作、如何协调民选的居委会与街道办的关系并没有明确的指引。

第四，居民参与社区自治的积极性尚有待提高。大部分居民对社区事务的参与更多是停留在协助居委会开展工作的层面，参与社区议事并不积极，参加社区活动的居民也大多是社区内的老人或妇女儿童等，并没有完善的议事规则以及居民对于居委的工作的权责规定。

2）基于组织场域视角的社区规划制度创新空间建构

无论从理论演绎还是从问题分析与需求研究看，完善社区治理中的组织建设，提升居民参与社区管理的能力，对于社区规划制度创新建构都将是基础性社会工程。社区组织建设的空间化模式研究，阐释了基于组织建构的社区场域空间的权力实践功能：

受西方中国研究学者的影响，"国家—社会"理论模式成为社会转型时期的中国政治研究的重要理论基础，也成为认识当代中国基层社会的一个主流分析框架（Victor，1989）[1]。张静[2]（1998）、何海兵[3]（2006）等学者将"国家—社会"的分析框架分为三个方向："国家中心"说、"公民社会"说和"社会中的国家"说（表7-9）。

[1] Victor N. A. Theory of Market Transition: From Redistribution to Markets in State Socialism. American Sociological Review. 1989，54：267～282.
[2] 张静. 国家与社会. 杭州：浙江人民出版社，1998.
[3] 何海兵. "国家—社会"范式框架下的中国城市社区研究. 上海行政学院学报，2006，7（4）：96～106.

中国城市社区研究的范式框架　　　　　　　　　　　　　　　表 7-9

理论名称	核心思想	代表学者
国家中心理论	在认同"小政府、大社会"的社会组织框架基础上，强调政府在中国社区发展建设中的主导作用，提出了"强国家、强社会"的模式。	朱健刚、白益华、李学举、万鹏飞、施凯、潘烈清、桂勇、崔之余、刘晔、胡兵
社会中心理论	将"公民社会"作为社会发展的主体和动力源泉，认为社会自主空间是社会和国家提升自身活力的基础，城市社区实质上已经成为具有中国特色的市民社会。	邓正来、张静、李学春、徐道稳、黄杰
社会中的国家理论	引入"策略行动"分析，将互相作用作为国家和社会这一动态过程的基础。	张静、朱健刚、强世功、孙立平、桂勇

（资料来源：何海兵，2006，笔者整理）

　　一些学者从行动者视角出发，认为社会政治生活的变迁是行动者集团的互动结果，他们把社会中的各个不同行动者引入分析模式之中，把邻里"空间"看作是一个行动外部条件的集合体，一个具有政治—社会性质的复合体，由社会结构、制度安排、运作机制等组成，不再是一个纯粹的物理空间（桂勇，2005）[1]。另外，奥斯特罗姆也提出了"行动空间"的概念，阐明了社区运行空间的"场域"空间公共性权力实践内涵。她将行动空间视为一种社会空间，包含了行动情境变量和行动者变量的概念单元（埃莉诺·奥斯特罗姆，2004）[2]。而社区运行空间则是以居住地域为尺度的社会行动空间，它包括了社区党组织、社区居委会等正式组织机构，以及一些非正式组织或机构（王学伦，2008）[3]（图 7-16）。

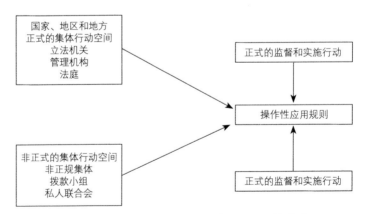

图 7-16　正式和非正式集体行动空间之间的关系

（资料来源：王学伦，2008，笔者改绘）

① 桂勇.城市邻里研究："国家—社会"范式及一个可能的分析框架 // 复旦社会学论坛.上海：上海三联书店，2005.
② 埃莉诺·奥斯特罗姆.制度性的理性选择：对制度分析和发展框架的评估 // 萨巴蒂尔，彭宗超、钟开斌.政策过程理论.上海：三联书店，2004：56.
③ 王学伦.社区运行的制度解析——以奥斯特罗姆制度分析与发展框架为视角.山东大学硕士学位论文，2008：19.

结合上述研究，笔者以广州市越秀区北京街为例，提出以下行动计划完善和加强社区自治组织建设：

（1）确立行动目标

促进社区治理主体由单一化转变为多元化，提升社区组织的自治型场域空间建构能力。自治组织建立及成功发挥作用的关键，是形成与政府平等的，也是互动的管理关系，并以此形成横向的居民参与网络。普特南认为，信任最容易产生于水平联结及自愿形成的组织中。因此，组织构建的横向性非常重要。为此，自治组织需要建立起与政府平等的管治主体关系，才能促进平等的、横向的居民参与网络的建立。

（2）落实行动项目

首先，是加快社区居民委员会直选并改革社区居委会体制架构。虽然北京街的社区居委会进行了职能的简化，但居委会仍然不能完全代表民众，它在体现自治功能的基础上也代表着政府对城市基层行使行政管理权（桂勇，崔之余，2000）[①]。在社区建设初期，社区居委会的行政化倾向具有其客观的必然性。现在，社区居委会需要设计新的制度设计来体现居民参与的主动性。

一是加快社区居民委员会直选。2011年出台的《中共广州市委广州市人民政府关于全面推进街道、社区服务管理改革创新的意见》提出，到2015年，全市社区居民委员会直选比例达到50%。北京街是广州市基层管理体制改革和社区综合服务中心建设的双试点街道，应尽快实现社区居民委员会直选；

二是按照"议行分设"的原理改革社区居委会体制架构。首先设立"一站一居"，在社区居委会层面建立社区服务站，作为"执行层"被导入，帮助政府承担一些以前或目前街道希望居委会做的权责，负责那些繁杂的与本小区居民有关的政府交办的行政事务。居委会由此可以相对独立出来，实现居民自治，结束目前存在的社区被基层政权完全覆盖的现象。根据上海等地的经验，服务站人员不一定是本小区居民，作为上班族，他们的工资由街道办事处支付（刘春荣，2006）[②]，然后，将直选出来的新居委会作为"议事层"导入（图7-17）。

其次，要加强对社区民间组织的扶持，

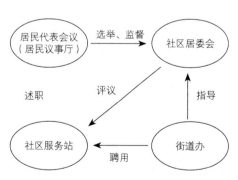

图7-17　社区议行分离的组织模式

（资料来源：刘春荣，2006，笔者结合北京街
实际情况改绘）

---

① 桂勇，崔之余.行政化进程中的城市居委会体制变迁——对上海的个案研究.华中理工大学学报，2000，3：1～5.
② 刘春荣.国家介入与邻里社会资本的生成.社会学研究，2006，（2）：60～77.

为社区民间组织的发展开辟政策法律空间。要进一步加大对社区民间组织培育的力度，做好指导和监管，为社区民间组织的发展开辟政策法律空间。有学者提出，现阶段，应重点培育和发展五类社区民间组织，在此不详述（杨贵华，2010）[①]。

需要强调的是，以兴趣爱好为基础的社区群众团队，是重要的社区自治组织。社区群众团队是指在社区范围内，由群众自发成立的、以健身、娱乐、休闲、公益服务等为主要活动内容、组织松散的、未依法进行登记的群众性组织（翟桂萍，2007）[②]。目前北京街经常出现的以舞蹈、健身拳法、做操、书法、戏剧、音乐等为主题的群众团队，它们具有自发性和自主性、开放性和自由性、交流性和信任性、平等性和协商性、网络性和合作性的特点（翟桂萍，2009）[③]。人们在团队活动中容易就社区中的一些生活问题和社区公共事务及一些重大政治问题进行交流，从交往沟通中获取信息，在交往中增长知识、学会谅解、互信合作，增强信任感和社区认同感。因此，在进行各种宣传活动、组织发动和调查研究工作时，可以适当借助社区群众团队的力量。

第三，应该大力开展社区志愿服务。动员、吸纳户籍居民和外来务工人员加入到社区义工队伍当中来，在社区建设各方面，广泛开展经常性的、大规模的社区志愿服务活动，营造"社区服务就在身边"的氛围。创新志愿工作的激励制度，尝试建设一种管理制度，把义工参与社区活动小时数与升学、评优等相结合。建立志愿服务"时间银行"就是一种非常好的尝试。

7.4 小结

本章系统阐述了基于公共空间价值建构的社区规划"制度扩散与创新"体系框架与内容。在第四章中，笔者讨论了基于新制度主义的价值建构及其方法论。其中，基于文化—认知性要素的制度建构机制，强调了制度扩散的"要素传递"和制度创新的"组织场域"等两个分析视角。在本章中，我们沿着这两种路径，开展了社区规划中的制度实践研究。

本章首先回顾了西方社区规划理论与实践发展的基本脉络和社区行动内涵，接着针对我国在社区建设和社区规划制度发展中存在的问题进行了比较研究，指出了我国的社区规划经历了一个由住区规划向社区规划，由物质规划向社会规划发展的过程，提出了社区规划中存在的理念模糊、体制不健全、社会实践性不强等问题。

---

① 杨贵华.社区共同体的资源整合及其能力建设——社区自组织能力建设路径研究.社会科学，2010，（1）：3.
② 翟桂萍.社区群众团队：不容忽视的基层组织力量.社区，2007，23.
③ 翟桂萍.公共空间的历史性建构：社区发展的政治学分析.北京：军事科学出版社，2009.

其次，阐述了基于社区资本视角的社区规划制度扩散体系建构的具体内容。

在本章的结尾部分，围绕"组织场域"视角，笔者将第二章中的基于公共性价值导向的社会交往实践建构机制研究、第四章中的文化—认知性制度建构机制研究和本章中的社区规划制度创新体系研究进行了完整地串联，将公共性价值建构的社会实践理论、制度创新方法和城市规划制度创新方向，通过社区空间和社区规划研究，进行了系统的诠释。

"社区治理"是社区规划制度创新的核心命题，是行动，也是伦理；是价值观，也是方法论。2016年中央城市工作会议指出，"统筹政府、社会、市民三大主体，提高各方推动城市发展的积极性。城市发展要善于调动各方面的积极性、主动性、创造性，集聚促进城市发展正能量。要坚持协调协同，尽最大可能推动政府、社会、市民同心同向行动，使政府有形之手、市场无形之手、市民勤劳之手同向发力。政府要创新城市治理方式，特别是要注意加强城市精细化管理。要提高市民文明素质，尊重市民对城市发展决策的知情权、参与权、监督权，鼓励企业和市民通过各种方式参与城市建设、管理，真正实现城市共治共管、共建共享"。社区是城市的基本社会空间单元，社区治理是创新城市治理的基础社会工程。当前，我国的社区治理建设方兴未艾，前景广阔。本章也通过对广州市社区治理实践的考察，总结经验，分析问题，并提出了未来社区行动的目标愿景和项目策略。

"公共性"既是是一个古老而宏大的理想价值命题，又在当代全球化社会发展背景下，成为政治伦理批判和城市治理实践的价值导向与重要关切。无论从历史深度还是空间广度看，其学术内涵都是如此的浩瀚繁复，难以驾驭。笔者试图从城市规划制度创新的视角，重新诠释古典公共性价值的当代内涵，以社区治理实践探索为突破口，广泛凝聚政府、市场、社会以及学术研究领域的创新智慧，共同描绘民主、开放的未来城市治理的全新图景。